ERGEBNISSE DER MATHEMATIK
UND IHRER GRENZGEBIETE

UNTER MITWIRKUNG DER SCHRIFTLEITUNG DES
„ZENTRALBLATT FÜR MATHEMATIK"

HERAUSGEGEBEN VON

L. V. AHLFORS · R. BAER · R. COURANT · J. L. DOOB · S. EILENBERG
H. RADEMACHER · F. K. SCHMIDT · B. SEGRE · E. SPERNER

NEUE FOLGE · HEFT 3

ANALYTISCHE FORTSETZUNG

VON

LUDWIG BIEBERBACH

MIT 2 TEXTABBILDUNGEN

SPRINGER-VERLAG BERLIN HEIDELBERG GMBH

1955

ISBN 978-3-662-01271-0   ISBN 978-3-662-01270-3 (eBook)
DOI 10.1007/978-3-662-01270-3

BRÜHLSCHE UNIVERSITÄTSDRUCKEREI GIESSEN

Vorwort.

Das gemeinsame Thema der neueren Untersuchungen, die dieser Bericht zusammenfaßt, betrifft die Beziehungen zwischen einem WEIERSTRASSschen Funktionselement und den Eigenschaften der analytischen Funktion im großen. Freilich kann dieser Artikel nicht alles bringen, was unter diese weitschichtige Fragestellung gerechnet werden könnte. So bleiben z. B. die Koeffizienteneigenschaften der schlichten und der beschränkten Funktionen ebenso beiseite, wie die Theorie der ganzen und der meromorphen Funktionen. Nicht behandelt wird auch die analytische Fortsetzung durch die verschiedensten Summationsmethoden der TAYLORschen Reihen; diesen Dingen habe ich in meinem Encyklopädieartikel einen recht breiten Raum verstattet, und es ist in den letzten Jahrzehnten wohl wenig dazugekommen. Anders steht es mit den Fragestellungen, die ich in meinem Lehrbuch der Funktionentheorie in einem Kapitel mit der Überschrift „Analytische Fortsetzung" zusammengestellt habe. Hier hat sich in den letzten $2^{1}/_{2}$ Jahrzehnten — zu einem guten Teil unter dem Einfluß von PÓLYAs erster Lückenarbeit — eine sehr lebhafte Weiterentwicklung vollzogen. Hier habe ich für diesen Bericht einen Teil herausgegriffen, der ein in sich geschlossenes Ganzes mit engen gegenseitigen Verflechtungen bildet. Man ersieht das Nähere aus dem Inhaltsverzeichnis. Ich habe die neuere Entwicklung geschildert und bin auf ältere Arbeiten nur bei Bedarf eingegangen, zumal ja auch über die ältere Entwicklung schon verschiedene aus dem Literaturverzeichnis ersichtliche Berichte — unter anderen Titeln — vorhanden sind. Gleichwohl glaube ich, daß aus meinem Bericht in ihren wesentlichen Zügen auch die Forschung der älteren Zeit, freilich im Lichte der neueren Entwicklung, zu ersehen ist.

Die weltweite Zerstreuung der Zeitschriften, die notwendige Kürze der Artikel in den Referatenorganen, machen heute derartige zusammenfassende Darstellungen notwendiger denn je. Wie mir scheint, haben die in diesem Bericht behandelten Dinge einen Stand ihrer Entwicklung erreicht, der einen rückschauenden Überblick ermöglicht und geboten erscheinen läßt. Die Arbeit war mühsam, und so gilt mein aufrichtiger Dank allen denen, die mir in hochherziger Weise die Bestände ihrer Institutsbibliotheken zugänglich machten oder die mir in anderer Weise die Einsichtnahme in die Literatur ermöglichten oder bei den Korrekturen behilflich waren.

Berlin, Ende 1954.   BIEBERBACH.

Inhaltsverzeichnis.

§ 1. Grundlegende Sätze.

1.1. Die Laplace-Borelsche Transformation.

Eine ganze Funktion $A(z)$ heißt vom *Exponentialtypus*, wenn sie höchstens dem Normaltypus der Ordnung 1 angehört, d. h. wenn es reelle Zahlen a gibt, derart, daß für genügend große $|z|$ die Abschätzung

$$|A(z)| < e^{a|z|} \tag{1.1.1}$$

gilt. Die untere Grenze der Zahlen $a = H$, für die (1.1.1) gilt, heißt der *Typus* von $A(z)$. Ist $H > 0$, so spricht man vom *Mitteltypus* oder *Normaltypus*. $H = 0$ ist der *Minimaltypus*. Die ganzen rationalen Funktionen, sowie die ganzen Funktionen von einer Ordnung kleiner als Eins sind hier dem Typus 0 der Ordnung 1 eingeordnet. Bekanntlich ist

$$H = \limsup_{r \to \infty} \frac{\log M(r)}{r} \; , \quad M(r) = \operatorname*{Max}_{|z| = r} |A(z)| \; . \tag{1.1.2}$$

Analog versteht man unter dem Typus von $A(z)$ im Winkelraum $\alpha \leq \arg z \leq \beta$ die untere Grenze der Zahlen $a = h_{\alpha, \beta}$, für die (1.1.1) für genügend große $|z|$ dieses Winkelraums gilt. Dann ist

$$h_{\alpha, \beta} = \limsup_{r \to \infty} \frac{\log M_{\alpha, \beta}(r)}{r} \; , \quad M_{\alpha, \beta}(r) = \operatorname*{Max}_{\alpha \leq \varphi \leq \beta} |A(r e^{i \varphi})| \; . \tag{1.1.3}$$

Insbesondere ist für $\alpha = \beta = \varphi$

$$h(\varphi) = \limsup_{r \to \infty} \frac{\log |A(r e^{i \varphi})|}{r} \tag{1.1.4}$$

der *Strahltypus* von $A(z)$ für $\arg z = \varphi$. Man nennt $h(\varphi)$ auch den *Indikator* von $A(z)$. Offenbar ist $h_{\alpha, \beta} \leq H$ und insbesondere

$$h(\varphi) \leq H \; . \tag{1.1.5}$$

Satz (1.1.I).

$$A(z) = \sum_0^{\infty} \frac{a_n}{n!} z^n \tag{1.1.6}$$

ist dann und nur dann vom Exponentialtypus H, wenn H der Konvergenzradius der Reihe

$$a(z) = \sum_0^{\infty} a_n/z^{n+1} \tag{1.1.7}$$

ist, d. h. wenn (1.1.7) für $|z| > H$ konvergiert, und für alle $|z| < H$ divergiert.

Der Beweis von Satz (1.1.I) beruht auf der aus der Theorie der ganzen Funktionen bekannten Beziehung

$$H = \limsup_{n \to \infty} \frac{n}{e} \sqrt[n]{|a_n|/n!}\,, \tag{1.1.8}$$

die auf Grund der STIRLINGschen Formel zu

$$H = \limsup_{n \to \infty} \sqrt[n]{|a_n|} \tag{1.1.9}$$

führt. Das ist aber der Konvergenzradius von (1.1.7).

Man hüte sich vor der falschen Annahme, daß aus der Beschränktheit von $|h(\varphi)|$ in $\langle 0, 2\pi \rangle$ umgekehrt folgt, daß $A(z)$ dem Exponentialtypus angehört.

Die Beziehung zwischen der ganzen Funktion $A(z)$ und ihrer nach PÓLYA [22] sog. BORELschen *Transformierten* $a(z)$ ist aber noch enger. Zunächst hängen nämlich diese beiden Funktionen durch LAPLACEsche Transformation zusammen, wie wohl zuerst S. PINCHERLE [1] angegeben hat.

Satz (1.1.II). *Es ist*

$$A(z) = \frac{1}{2\pi i} \oint a(t)\, e^{zt}\, dt, \ |t| = H + \varepsilon,\ \varepsilon > 0, \quad z\ beliebig \tag{1.1.10}$$

$$a(z) = \int_0^\infty A(t)\, e^{-zt}\, dt,\ z > H,\ t > 0. \tag{1.1.11}$$

Man nennt $a(z)$ die *Unterfunktion* und $A(z)$ die *Oberfunktion* der Transformation.

Man rechnet das nach, indem man unter den Integralzeichen die Reihen (1.1.7) bzw. (1.1.6) einsetzt.

Wir wollen uns aber nicht mit diesem Hinweis begnügen, sondern wollen diese Integraltransformation näher untersuchen.

Satz (1.1.III). *Es sei L eine abgeschlossene beschränkte Menge und L' ihre Komplementärmenge. Die durch (1.1.7) in der Umgebung von $z = \infty$ erklärte Funktion sei in dem $z = \infty$ enthaltenden Teilgebiet von L' regulär und eindeutig. Es sei K die konvexe Hülle von L und es sei $k(\varphi)$ die durch*

$$k(\varphi) = \operatorname*{Max}_{z \in K} \Re(z e^{-i\varphi}) = \operatorname*{Max}_{z \in L} \Re(z e^{-i\varphi})$$

$$\Re(z e^{-i\varphi}) = x \cos\varphi + y \sin\varphi,\ z = x + iy$$

erklärte Stützwinkelfunktion von K. Dann ist

$$A(z) = \frac{1}{2\pi i} \oint_L a(t)\, e^{zt}\, dt = \frac{1}{2\pi i} \oint_K a(t)\, e^{zt}\, dt \tag{1.1.12}$$

eine ganze Funktion höchstens der Ordnung 1, für deren durch (1.1.4) erklärten Strahltypus

$$h(\varphi) \leqq k(-\varphi) \tag{1.1.13}$$

gilt.

Dabei ist unter $\oint_L$ ein Integral verstanden, das über eine Kurve erstreckt wird, die in L' liegt* und die L einmal im positiven Sinn umschließt. Analog ist $\oint_K$ erklärt.

Weiter folgt aus der Darstellung (1.1.7) von $a(z)$ die Darstellung (1.1.6) von $A(z)$. Hierbei ist $H = \operatorname{Max} k(\vartheta)$, $0 \leq \vartheta \leq 2\pi$ anzunehmen.

Zum Beweis kann man in (1.1.12) als Integrationsweg insbesondere eine Kurve wählen, die im Abstand $\varepsilon > 0$ parallel zum Rand von K in K' verläuft. Setzt man dann $z = re^{i\vartheta}$, so ist auf dem Integrationsweg

$$\Re(zt) = \Re(tre^{i\vartheta}) \leq r\left[k\left(-\vartheta\right) + \varepsilon\right],$$

und daher ist

$$|A(z)| < e^{r\left[k(-\vartheta) + \varepsilon\right]}$$

für jedes $\varepsilon > 0$ und genügend große r. Daher gilt (1.1.13). Setzt man (1.1.7) in (1.1.12) ein und wählt als Integrationsweg einen Kreis $|t| = H + \varepsilon$, $\varepsilon > 0$, so findet man (1.1.6). Weiter gilt

Satz (1.1.IV). *Ist $A(z)$ eine ganze Funktion höchstens erster Ordnung vom Strahltypus $h(\varphi)$ und Typus H, so stellt*

$$a(z) = \int_0^\infty A(t)e^{-zt}\,dt \qquad (1.1.14)$$

eine in $\Re(ze^{i\varphi}) > h(\varphi)$ reguläre Funktion dar. Ist $h(\varphi) = -\infty$ für ein einziges φ, so ist diese Funktion identisch Null. Anderenfalls folgt aus der Darstellung (1.1.6) von $A(z)$ die Darstellung (1.1.7) für $a(z)$, die in $|z| > H$ gilt. Dabei ist der Integrationsweg in (1.1.14) die Gerade $\arg t = \varphi$. Für alle diese Wege stellt (1.1.14) die analytische Fortsetzung der gleichen analytischen Funktion dar, die in der Umgebung von $z = \infty$ durch (1.1.7) dargestellt wird. Für diese Funktion gilt

$$k(-\varphi) \leq h(\varphi). \qquad (1.1.15)$$

Zum Beweis von Satz (1.1.IV) betrachte ich das Integral

$$a^*(z) = \int_0^\infty A(t)e^{-zt}\,dt. \qquad (1.1.16)$$

Dabei sei $\arg t = \varphi$ der geradlinige Integrationsweg. Es sei $h(\varphi)$ der Strahltypus der ganzen Funktion $A(t)$. Dann konvergiert das Integral (1.1.16) gleichmäßig in der Halbebene

$$\Re(ze^{i\varphi}) \geq h(\varphi) + \varepsilon, \quad \varepsilon > 0 \text{ fest.}$$

Denn für genügend große $|t|$ ist

$$|A(t)| < \exp\left\{|t|\left(h(\varphi) + \varepsilon_1\right)\right\}, \quad 0 < \varepsilon_1 < \varepsilon$$

und es ist

$$\Re(zt) \geq |t|\left[h(\varphi) + \varepsilon\right].$$

---

*) $L' =$ Komplementärmenge von L.

Daher ist

$$|A(t)\,e^{-zt}| < e^{|t|(\varepsilon_1 - \varepsilon)}\,.$$

Es ist also $a^*(z)$ in $\Re(z\,e^{i\varphi}) > h(\varphi) + \varepsilon, \varepsilon > 0$ regulär. Ist $h(\varphi) = -\infty$, so ist $a^*(z)$ in der ganzen RIEMANNschen Ebene regulär und daher identisch Null.
Weiter ist

$$a^*(z) = \int\limits_0^\infty e^{-zt} \sum_0^\infty \frac{a_n}{n!}\, t^n\, dt == \sum_0^\infty \frac{a_n}{n!} \int\limits_0^\infty e^{-zt}\, t^n\, dt = \sum_0^\infty \frac{a_n}{z^{n+1}}\,.$$

Die hier benutzte Vertauschung von Integration und Summation beruht auf der Abschätzung

$$\left| \int\limits_0^\infty e^{-zt} \sum_m^{m+p} \frac{a_n}{n!}\, t^n\, dt \right| = \left| \sum_m^{m+p} \frac{a_n}{n!} \int\limits_0^\infty t^n\, e^{-zt}\, dt \right| = \left| \sum_m^{m+p} a_n/z^{n+1} \right| < \eta$$

für $m > M(\eta)$, $p > 0$ beliebig. Die letzte Abschätzung folgt daraus, daß (1.1.7) nach Satz (1.1.I) in $|z| \geq H + \varepsilon$ gleichmäßig konvergiert. Daher hat auch $a^*(z)$ die Reihendarstellung (1.1.7). Daher ist $a^*(z) = a(z)$ und so auch die Integraldarstellung (1.1.14) bewiesen.
Das Bewiesene lehrt, daß

$$k(-\varphi) \leqq h(\varphi) \tag{1.1.17}$$

ist.

Einen wesentlichen Teil der Sätze (1.1.III) und (1.1.IV) kann man in dem folgenden Satz (1.1.V) zusammenfassen.

Satz (1.1.V). *Eine notwendige und hinreichende Bedingung dafür, daß die in der Umgebung von ∞ durch (1.1.7) definierte Funktion in der Komplementärmenge K' eines konvexen Bereiches K regulär und eindeutig ist und daß sie in keinem größeren Gebiet gleicher Art regulär und eindeutig ist, besteht darin, daß die Stützfunktion $k(\varphi)$ von K und die Strahlfunktion $h(\varphi)$ der ganzen Funktion (1.1.6) durch die Beziehung*

$$h(\varphi) = k(-\varphi) \tag{1.1.18}$$

verknüpft sind.

Der Strahltypus einer nicht identisch verschwindenden ganzen Funktion, die höchstens dem Mitteltypus der Ordnung 1 angehört, ist demnach Stützfunktion eines konvexen Bereiches $\overline{K}$, der durch Spiegelung an der reellen Achse aus dem größten konvexen Bereich K entsteht, in dessen Komplementärgebiet K' die der ganzen Funktion (1.1.6) *assoziierte* Unterfunktion (1.1.7) holomorph ist. Man nennt $\overline{K}$ auch das *Indikatordiagramm J* und K das *konjugierte Diagramm $\overline{J}$*.

Die durch die besprochenen Integraldarstellungen bewirkte Transformation ist eine LAPLACEsche Transformation. Sie hängt nach PÓLYA [22] eng mit der BORELschen Summation in der Theorie der divergenten Reihen zusammen. Man spricht daher nach PÓLYA auch von LAPLACE-BORELscher Transformation.

Aus dem Dargelegten ergeben sich nach bekannten Eigenschaften der Stützfunktion eines konvexen Bereiches einige Eigenschaften von $h(\varphi)$, unter denen ich die folgenden nenne.

$h(\varphi)$ ist eine stetige Funktion. Ihr Maximum ist der Typus H. Es gilt

$$h\left(\varphi - \frac{\pi}{2}\right) + h\left(\varphi + \frac{\pi}{2}\right) \geq 0 , \qquad (1.1.19)$$

wie sich unmittelbar daraus ergibt, daß

$$x \cos \varphi + y \sin \varphi \leq h(\varphi)$$

für alle $z = x + iy$ des Bereiches $\overline{K}$ gilt. Endlich gilt für jedes Tripel $\varphi_1, \varphi_2, \varphi_3$ mit

$$\varphi_1 < \varphi_2 < \varphi_3, \quad \varphi_2 - \varphi_1 < \pi, \quad \varphi_3 - \varphi_2 < \pi$$

die Abschätzung

$$h(\varphi_1) \sin(\varphi_3 - \varphi_2) + h(\varphi_2) \sin(\varphi_1 - \varphi_3) + h(\varphi_3) \sin(\varphi_2 - \varphi_1) \geq 0 . \quad (1.1.20)$$

Die hier aufgezählten Eigenschaften von $h(\varphi)$ haben schon E. PHRAGMÉN und E. LINDELÖF [1] auf anderem Wege abgeleitet.

Folgender Zusammenhang ist einleuchtend. Wenn z. B. $H e^{i\varphi_0}$ ein (extremer) Punkt des Indikatordiagramms ist, so ist $\arg z = \varphi_0$ eine Linie stärksten Wachstums für $A(z)$: $h(\varphi_0) = H$. Zugleich ist $H e^{-i\varphi_0}$ eine singuläre Stelle von $a(z)$. Hier ist ein abbauwürdiger Parallelismus zwischen Wachstumseigenschaften von $A(z)$ und Singularitäten von $a(z)$ angekündigt, den PÓLYA [22] und andere ins einzelne verfolgt haben. Er wird in diesem Bericht nur am Rande erscheinen.

Die vorstehenden Ausführungen legen nach J. DUFRESNOY et CH. PISOT [1] die folgende Bemerkung nahe.

Lemma (1.1.I). *$\alpha(t)$ sei auf der rektifizierbaren Kurve Γ stetig. Dann ist*

$$A(z) = \int_\Gamma \alpha(t) e^{zt} \, dt \qquad (1.1.21)$$

eine ganze Funktion, die höchstens dem Normaltypus der Ordnung 1 angehört. Ihre Unterfunktion ist

$$a(z) = \int_\Gamma \frac{\alpha(t)}{z - t} \, dt. \qquad (1.1.22)$$

In der Tat ist $a(z)$ in dem $z = \infty$ enthaltenden Teilgebiet der Komplementärmenge Γ' von Γ holomorph. Ferner ist die $a(z)$ assoziierte ganze Oberfunktion

$$A^*(z) = \frac{1}{2\pi i} \oint_\Gamma e^{z\tau} \, d\tau \left(\int_\Gamma \frac{\alpha(t)}{\tau - t} \, dt \right) = \int_\Gamma \left(\frac{1}{2\pi i} \oint_\Gamma \frac{e^{z\tau}}{\tau - t} \, d\tau \right) \alpha(t) \, dt$$

$$= \int_\Gamma e^{zt} \alpha(t) \, dt = A(z) .$$

Die vorstehende Darstellung des Beweises für $k(\varphi) = h(-\varphi)$ folgt im wesentlichen Pólya [22]. Etwas anders geht A. O. Gelfond [6] vor.

Einen Beweis für $k(\varphi) = h(-\varphi)$ gibt auch E. Boller [1]. A. Denjoy [4] beweist diesen Satz als Anwendung der Mandelbrojt-schen Formel für einen $z = 1$ nächstgelegenen singulären Punkt auf dem Konvergenzkreis einer Potenzreihe, deren Konvergenzradius Eins ist. Auf diese Formel, welche die bekannte Cauchy-Hadamardsche für den Konvergenzradius einer Potenzreihe ergänzt, beziehen sich die Arbeiten von S. Mandelbrojt [19, 20], J. Hadamard [5], R. de Misès [1], A. Denjoy [1, 2, 3, 4], O. Perron [5], die eine ganze Reihe analoger Formeln gewinnen, A. Dvoretzky [1, 2]. Eine der hierher gehörigen Formeln ist (4.1.4).

1.2. Die Koeffizienten als ganze Funktionen ihrer Nummer.

Satz (1.2.I). *Es sei*

$$f(z) = \sum_{0}^{\infty} f_n z^n, \quad \limsup_{n \to \infty} \sqrt[n]{|f_n|} < \infty . \tag{1.2.1}$$

Dann gibt es stets ganze Funktionen $A(z)$, die höchstens dem Mitteltypus der Ordnung 1 angehören, derart, daß

$$A(n) = f_n , \quad n = 0, 1, 2 \ldots . \tag{1.2.2}$$

Ist γ ein Integrationsweg, der $\tau = 0$ einmal im positiven Sinn umläuft, so ist nach Cauchy

$$f_n = \frac{1}{2\pi i} \int_{\gamma} f(z) z^{-n-1} dz . \tag{1.2.3}$$

Substituiert man $z = e^{-\sigma}$, so wird aus γ ein zwei Punkte P und Q mit $\Im(Q - P) = 2\pi$ verbindender Integrationsweg Γ. Setzt man $f(z) = f(e^{-\sigma}) = F(\sigma)$, so ist

$$f_n = \frac{1}{2\pi i} \int_{\Gamma} F(\sigma) e^{n\sigma} d\sigma . \tag{1.2.4}$$

Nach Lemma (1.1.I) ist aber

$$A(\tau) = \frac{1}{2\pi i} \int_{\Gamma} F(\sigma) e^{\tau\sigma} d\sigma \tag{1.2.5}$$

eine ganze Funktion, die höchstens dem Mitteltypus der Ordnung 1 angehört und es gilt (1.2.2).

Bemerkung. Änderung von γ bzw. Γ führt zu anderen Funktionen $A(\tau)$ mit den im Satz genannten Eigenschaften. Sind Γ und Γ^* zwei solche Wege und verbindet Γ^* die Punkte P^* und Q^* mit $\Im(Q^* - P^*) = 2\pi$ so ist

$$A^*(\tau) - A(\tau) = B(\tau) \sin \pi\tau \quad \text{mit} \quad B(\tau) = \frac{e^{i\pi\tau}}{\pi} \int_{P}^{P^*} F(\sigma) e^{\tau\sigma} d\sigma . \tag{1.2.6}$$

Diese Feststellungen legen die Frage nach Koeffizientenfunktionen von möglichst kleinem Typus nahe und führen zu der Aufgabe, den Zusammenhang der Eigenschaften von $f(z)$ mit den Eigenschaften von $A(\tau)$ zu untersuchen. Eine solche Aussage enthält Satz (1.3.I).

1.3. Die Funktionen $\sum\limits_0^\infty A(n)\, z^n$, $A(z)$ ganz.

Satz (1.3.I) CARLSON [1]. 1. *Es sei $A(z)$ eine ganze Funktion vom Exponentialtypus mit dem Indikatordiagramm $\overline{K}$. Durch*

$$f(z) = \sum_0^\infty f_n\, z^n \qquad (1.3.1)$$

mit

$$f_n = A(n), \quad n = 1, 2, \ldots \qquad (1.3.2)$$

wird für jedes f_0 eine in dem $z = 0$ enthaltenden Teilgebiet der Komplementärmenge $(e^{-K})'$ von e^{-K} reguläre und eindeutige Funktion definiert.

2. Falls e^{-K} die Punkte 0 und ∞ nicht trennt, mit anderen Worten, wenn die Breite von K in Richtung der imaginären Achse $< 2\,\pi$ ist, dann läßt sich $f(z)$ radial nach ∞ fortsetzen und es gilt in der Umgebung von $z = \infty$ die Darstellung

$$f(z) = f_0 - \sum_1^\infty A(-n)z^{-n} . \qquad (1.3.3)$$

3. Falls K eine konvexe beschränkte Menge ist, die in Richtung der imaginären Achse eine Breite $< 2\,\pi$ hat, und falls (1.3.1) eine Funktion definiert, die in dem 0 und ∞ enthaltenden Teilgebiet der Komplementärmenge $(e^{-K})'$ von e^{-K} holomorph und eindeutig ist, dann gibt es eine ganze Funktion $A(z)$ mit einem in $\overline{K}$ enthaltenen Indikatordiagramm, so daß (1.3.2) gilt.

Man kann aus Satz (1.3.I) den folgenden Satz (1.3.I') extrahieren:

Satz (1.3.I'). *Die notwendige und hinreichende Bedingung dafür, daß (1.3.1) in dem $z = 0$ enthaltenden Teilgebiet der Komplementärmenge $(e^{-K})'$ von e^{-K}, K abgeschlossene beschränkte konvexe Menge, und in keinem größeren Gebiet gleicher Art holomorph und eindeutig ist, besteht darin, daß K in Richtung der imaginären Achse eine Breite kleiner als $2\,\pi$ hat, und daß eine ganze Funktion $A(z)$ vom Exponentialtypus mit dem Indikatordiagramm $\overline{K}$ existiert, für die (1.3.2) gilt.*

Der Satz (1.3.I) stammt von F. CARLSON [1] 1914, [4]. Einiges davon schon vorher bei L. LEAU [1], E. LINDELÖF [4] und S. WIGERT [1]. Den Spezialfall, daß K ein Kreis ist, hat später 1920 HARDY [2] besonders behandelt. Hier handelt es sich um das Komplementärgebiet der Menge

$$z = re^{i\vartheta}, \; 0 \leq r \leq H, \; 0 \leq \vartheta < 2\,\pi ,$$

wenn H der Typus von $A(z)$ (oder eine größere Zahl) ist. Das ist aber das Gebiet

$$|\log z| > H .$$

Der Spezialfall $K =$ isolierter Punkt, insbesondere Nullpunkt, ist der Satz (1.3.II) von S. WIGERT [1] 1899, den G. FABER [1, 2] 1905 wieder entdeckt hat und zu dem bereits L. LEAU [1] einen Beitrag gegeben hatte. Man kann diesen als Satz von WIGERT bekannten Satz so formulieren:

Satz (1.3.II). *Die notwendige und hinreichende Bedingung dafür, daß (1.3.1) eine ganze Funktion von $1/(1 - z)$ ist, ist die Existenz einer ganzen Funktion $A(z)$, die höchstens dem Minimaltypus der Ordnung* 1 *angehört, und für die (1.3.2) gilt.*

Eine Verallgemeinerung des Satzes (1.3.I) kann man einer Arbeit von J. DUFRESNOY und CH. PISOT [1] entnehmen.

Satz (1.3.III). 1. *Es sei $A(z)$ eine ganze Funktion vom Exponentialtypus und $\overline{L}$ eine abgeschlossene beschränkte Menge, die in dem Indikatordiagramm $\overline{K}$ von $A(z)$ enthalten ist und die so beschaffen ist, daß die Unterfunktion $a(z)$ von $A(z)$ in dem $z = \infty$ enthaltenden Teilgebiet der Komplementärmenge L' von L holomorph und eindeutig ist. Dann wird durch (1.3.1) mit (1.3.2) eine in dem $z = 0$ enthaltenden Teilgebiet der Komplementärmenge $(e^{-L})'$ von e^{-L} holomorphe und eindeutige Funktion definiert.*

2. Falls e^{-L} die Punkte 0 *und* ∞ *nicht trennt, läßt sich $f(z)$ — auf im allgemeinen krummen Wegen — bis ∞ fortsetzen und es gilt in der Umgebung von $z = \infty$ die Darstellung* (1.3.3).

3. Falls L eine beschränkte abgeschlossene Menge ist derart, daß e^{-L} die Punkte 0 *und* ∞ *nicht trennt, und falls (1.3.1) eine Funktion definiert, die in dem* 0 *und* ∞ *enthaltenden Teilgebiet der Komplementärmenge $(e^{-L})'$ von e^{-L} holomorph und eindeutig ist, dann gibt es eine ganze Funktion $A(z)$ vom Exponentialtypus, deren Unterfunktion $a(z)$ in dem* ∞ *enthaltenden Teilgebiet der Komplementärmenge L' von L holomorph und eindeutig ist, deren Indikatordiagramm also die konvexe Hülle von $\overline{L}$ umschließt und für die* (1.3.2) *gilt.*

Ich beweise Satz (1.3.III). Darin sind die Sätze (1.3.I) und (1.3.II) enthalten.

Ich beginne mit der Behauptung 1 von Satz (1.3.III). Nach (1.1.12) ist dann

$$f_n = \frac{1}{2\pi i} \oint_L a(t) e^{nt}\, dt, \quad n = 1, 2, \ldots . \tag{1.3.4}$$

Führt man das in (1.3.1) ein, so wird

$$f(z) - f_0 = \frac{1}{2\pi i} \oint_L a(t)\, \frac{z\, e^t}{1 - z\, e^t}\, dt . \tag{1.3.5}$$

Das gilt zunächst für hinreichend kleine z-Werte aus dem Konvergenzkreis von (1.3.1). Das Integral (1.3.5) ist aber eine reguläre Funktion von z an jeder Stelle z der Komplementärmenge $(e^{-L})'$. Man lege nur jeweils den Integrationsweg hinreichend dicht an L heran. Die Integraldarstellung leistet also jedenfalls die analytische Fortsetzung von $f(z)$ in das $z = 0$ enthaltende Teilgebiet dieser Komplementärmenge und definiert eine darin eindeutige Funktion. Macht man noch die zusätzliche Annahme, daß e^{-L} die Punkte 0 und ∞ nicht trennt — Punkt 2 von Satz (1.3.III) —, so ist $f(z)$ auf passenden Wegen ins Unendliche fortsetzbar. Es gilt dann bei $z = \infty$, wie man aus (1.3.5) entnimmt, die Darstellung (1.3.3).

Führt man $z = e^{-s}$ ein, so erkennt man, daß man die in Punkt 2 von Satz (1.3.III) zusätzlich gemachte Annahme auch dadurch formulieren kann, daß man sagt, die Mengen $L + 2h\pi i$, $h = 0, \pm 1$, $\pm 2 \ldots$ sollen paarweise punktfremd sein. Ist insbesondere L wie in Satz (1.3.I) eine konvexe Menge K, so bedeutet dies, daß ihre Breite in Richtung der imaginären Achse kleiner als 2π sein soll. Man sieht dann, daß es in der s-Ebene Parallelen zur reellen Achse gibt, die keine der Mengen $K + 2h\pi i$ treffen. Diesen Parallelen entsprechen in der z-Ebene radiale Verbindungen von 0 nach ∞, längs denen man $f(z)$ fortsetzen kann.

Nun fehlt noch Behauptung 3 von Satz (1.3.III). Ich gehe von (1.2.3) aus, d. h. von

$$f_n = \frac{1}{2\pi i} \int_\gamma f(\tau)\tau^{-n-1}\, d\tau, \quad n = 1, 2, \ldots . \qquad (1.2.3)$$

Hier ist γ ein hinreichend kleiner Kreis. Da $f(z)$ bei $z = \infty$ sich regulär verhält, ist

$$0 = \frac{1}{2\pi i} \int_{\gamma_\infty} f(\tau)\tau^{-n-1}\, d\tau, \quad n = 1, 2, \ldots,$$

wenn γ_∞ ein hinreichend großer Kreis ist. Wegen der über e^{-L} gemachten Annahme kann man γ und γ_∞ durch zwei Kurven verbinden, die so dicht beieinander liegen, daß zwischen ihnen $f(z)$ regulär ist. Daher kann man aus diesen Verbindungslinien und zwei Bogen von γ und γ_∞ einen Integrationsweg C bilden, der e^{-L} umschließt und für den auch

$$f_n = \frac{1}{2\pi i} \int_C f(\tau)\tau^{-n-1}\, d\tau, \quad n = 1, 2, \ldots \qquad (1.3.6)$$

ist. Substituiert man $\tau = e^{-\sigma}$, so wird aus C bei passender Wahl von σ ein Weg C_σ, der L umschließt und man hat

$$f_n = \frac{1}{2\pi i} \int_{C_\sigma} f(e^{-\sigma}) e^{n\sigma}\, d\sigma, \quad n = 1, 2, \ldots . \qquad (1.3.7)$$

Offenbar kann man, ohne den Integralwert zu ändern, C_σ beliebig dicht an L heranlegen. Das gilt auch für die Funktion

$$A(z) = \frac{1}{2\pi i} \int\limits_{C_\sigma} f(e^{-\sigma}) e^{z\sigma} \, d\sigma \, .$$

Das ist nach Lemma (1.1.I) eine ganze Funktion vom Exponentialtypus. Ihre Unterfunktion ist nach jenem Lemma

$$a(z) = \frac{1}{2\pi i} \int\limits_{C_\sigma} \frac{f(e^{-\sigma})}{z - \sigma} \, d\sigma \, .$$

$a(z)$ ist nach jenem Lemma in dem ∞ enthaltenden Teilgebiet der Komplementärmenge C_σ' holomorph und eindeutig. Da man C_σ, wie gesagt, beliebig dicht bei L wählen kann, ohne $a(z)$ zu ändern, so ist $a(z)$ in dem ∞ enthaltenden Teilgebiet der Komplementärmenge L' holomorph und eindeutig.

Der Zusammenhang zwischen den bisher betrachteten Funktionen $f(z)$, $F(s) = f(e^{-s})$, $A(z)$, $a(z)$ kann nach MACINTYRE [1] noch durch die Bemerkung ergänzt werden, daß $F(s)$ und $a(s)$ in L die gleichen Singularitäten haben. Dabei ergeben sich nach DUFRESNOY und PISOT [1] noch einige weitere Formeln. Ich hebe besonders hervor:

Satz (1.3.IV). *Unter der zusätzlichen Annahme, daß die Mengen $L + 2h\pi i$, $h = 0$, ± 1, $\pm 2, \ldots$ paarweise punktfremd sind, ist $F(s) - a(s)$ in L regulär analytisch.*

Aus (1.3.5) folgt nämlich

$$F(s) - f_0 = \frac{1}{2\pi i} \oint\limits_{L} a(t) \, \frac{e^{t-s}}{1 - e^{t-s}} \, dt \, . \tag{1.3.8}$$

Dabei kann unter der zusätzlichen Annahme der Integrationsweg so gewählt werden, daß er zwar L umschließt, daß er aber keine der anderen Mengen $L + 2h\pi i$ trifft oder umschließt. Weiter ist dann

$$a(s) = \frac{1}{2\pi i} \oint\limits_{L} \frac{a(t)}{s - t} \, dt \, . \tag{1.3.9}$$

Dies ergibt sich aus der CAUCHYSCHEN Integralformel, wenn man beachtet, daß $a(s)$ im Unendlichen verschwindet. Beide Formeln (1.3.8) und (1.3.9) gelten für alle s aus

$$\left[\bigcup_{h \in \mathfrak{N}} (L + 2h\pi i) \right]' , \quad \mathfrak{N} = \{0, \pm 1, \pm 2, \ldots\} \, .$$

Nun aber ist in

$$F(s) - f_0 - a(s) = \frac{1}{2\pi i} \oint\limits_{L} a(t) \left[\frac{e^{t-s}}{1 - e^{t-s}} - \frac{1}{s - t} \right] dt$$

der Integrand auch auf dem Integrationsweg und in seinem Inneren holomorph. Daher gilt das gleiche für $F(s) - a(s)$. Damit ist Satz (1.3.IV) bewiesen. Man kann daher statt

$$A(t) = \frac{1}{2\pi i} \oint_L e^{\tau t}\, a(\tau)\, d\tau$$

auch schreiben

$$A(t) = \frac{1}{2\pi i} \oint_L e^{\tau t}\, F(\tau)\, d\tau\,.$$

Daher lehrt das Lemma (1.1.I), daß auch

$$a(t) = \frac{1}{2\pi i} \oint_L \frac{F(\tau)}{t-\tau}\, d\tau$$

gilt. Im ganzen haben wir also die folgende Formelfolge, in der die unterstrichenen Formeln unter der zusätzlichen Annahme, daß die $L + 2\,h\,\pi\,i$ paarweise punktfremd sind, gewonnen wurden, während die übrigen ohne diese Annahme gelten.

$$A(z) = \frac{1}{2\pi i} \oint_L e^{zt}\, a(t)\, dt = \frac{1}{2\pi i} \oint_L e^{zt}\, F(t)\, dt\,. \tag{1.3.10}$$

$$F(s) - f_0 = \sum_1^\infty A(n)\, e^{-ns} = \frac{1}{2\pi i} \oint_L \frac{a(t)e^{t-s}}{1-e^{t-s}}\, dt = -\sum_1^\infty A(-n)\, e^{ns}\,. \tag{1.3.11}$$

$$a(z) = \int_0^\infty e^{-zt}\, A(t)\, dt = \frac{1}{2\pi i} \oint_L \frac{F(t)}{z-t}\, dt\,. \tag{1.3.12}$$

Als Anwendung bringe ich einen Beweis des Carlsonschen Nullstellensatzes nach Dufresnoy und Pisot [1].

Satz (1.3.V). *Es sei $A(z)$ ganz und höchstens vom Mitteltypus der Ordnung* 1. *Das Indikatordiagramm J von $A(z)$ habe in Richtung der imaginären Achse eine Breite* $< 2\,\pi$ $\left(\text{d. h. } h\left(-\frac{\pi}{2}\right) + h\left(\frac{\pi}{2}\right) < 2\,\pi\right)$. $\left(\text{Carlson setzte statt dessen } h\left(\pm\frac{\pi}{2}\right) < \pi \text{ voraus}\right)$. *Dann ist*

$$h(0) = \limsup_{n\to\infty} \frac{\log|A(n)|}{n}\,. \tag{1.3.13}$$

Falls insbesondere

$$A(n) = 0, \quad n = 1, 2, \ldots \tag{1.3.14}$$

gilt, so ist

$$A(z) \equiv 0\,. \tag{1.3.15}$$

(1.3.13) ist der Zusatz von Dufresnoy und Pisot [1]; Carlson [1, 4] hat nur (1.3.14) und (1.3.15).

Es ist nur (1.3.13) zu beweisen, Denn es wurde bereits in Satz (1.1.IV) festgestellt, daß $h(0) = -\infty$ die Eigenschaft $a(z) \equiv 0$ zur Folge hat. Dabei ist $a(z)$ die zu $A(z)$ assoziierte Unterfunktion. Dann ist aber nach (1.3.10) auch $A(z)$ identisch Null.

Setzt man

$$\alpha = \limsup_{n \to \infty} \frac{\log |A(n)|}{n},$$

so ist

$$F(s) = \sum_{1}^{\infty} A(n)\, e^{-ns}$$

in $\Re s > \alpha$ holomorph. Da $F(s)$ und $a(s)$ in $\overline{J}$ die gleichen Singularitäten haben (Satz (1.3.IV)), so ist auch $a(s)$ in $\Re s > \alpha$ holomorph. Daher ist $h(0) \leqq \alpha$. Da aber $h(0) \geqq \alpha$ nach der Definition von $h(0)$ sein muß, so ist (1.3.13) richtig.

Es ist nicht Aufgabe dieses Berichtes, die reiche Literatur zu schildern, die sich an diesen Satz angeschlossen hat. Man vergleiche J. M. WHITTAKER [1] und R. C. BUCK [3, 4, 6], wo sich weitere Verweise finden.

Ein Beispiel zu dem allgemeinen Satz (1.3.I) hat PÓLYA [22] besonders hervorgehoben.

Satz (1.3.VI). *Die notwendige und hinreichende Bedingung dafür, daß*

$$f(z) = \sum_{0}^{\infty} f_n z^n \tag{1.3.16}$$

in der vollen RIEMANN*schen Ebene singuläre Stellen nur auf*

$$|\arg z| \leqq \Delta\pi,\ 0 \leqq \Delta < 1,\ |z| = 1 \tag{1.3.17}$$

besitzt, ist die, daß es eine ganze Funktion $A(z)$ gibt, die höchstens dem Mitteltypus der Ordnung 1 angehört, für die

$$f_n = A(n),\quad n = 1, 2, \ldots \tag{1.3.18}$$

gilt und deren Indikatordiagramm eine Strecke der imaginären Achse ist, die zwischen $-i\Delta\,\pi$ und $+i\Delta\,\pi$ liegt.

Man kann hinzufügen: *Nach Satz (1.3.III) ist überdies (1.3.17) natürliche Grenze für (1.3.16) mit (1.3.18) dann und nur dann, wenn die zu $A(z)$ im Sinne von 1.1. assoziierte Unterfunktion $a(z)$ die Strecke $-i\Delta\,\pi$ bis $+i\Delta\,\pi$ der imaginären Achse zur natürlichen Grenze hat.*

Solcher Hinweis kann natürlich auch allgemeiner gefaßt werden. Es genügt, das Prinzip an diesem Beispiel hervorgehoben zu haben.

Für spätere Anwendung ist es nützlich, mit PÓLYA noch den folgenden Satz hervorzuheben.

Satz (1.3.VII).

$$A(z) = \prod_{1}^{\infty} \left(1 - \frac{z^2}{\varrho_k^2}\right) \tag{1.3.19}$$

gehört jedenfalls dann höchstens dem Mitteltypus der Ordnung 1 an und hat als Indikatordiagramm die Strecke der imaginären Achse zwischen $-i\Delta\,\pi$ und $+i\Delta\,\pi$, wenn $\{\varrho_k\}$ eine Zahlenfolge mit den folgenden

Eigenschaften ist:

  a) $0 < \varrho_1 < \varrho_2 < \cdots$.

  b) $\varrho_{k+1} - \varrho_k \geqq l > 0$, $k = 1, 2, \ldots$; *l von k unabhängig*.

  c) Die Dichte von $\{\varrho_k\}$ *ist* Δ, $0 \leqq \Delta < 1$.

Hier ist die *Dichte* einer Zahlenfolge $\{\varrho_k\}$ so erklärt: Es sei $N(r)$ die Anzahl der Glieder von $\{\varrho_k\}$, die höchstens gleich r sind. Dann heißt

$$\Delta = \lim_{r \to \infty} \frac{N(r)}{r}$$

die Dichte von $\{\varrho_k\}$, falls dieser Limes existiert. Stets existiert aber

$$\Delta^+ = \limsup_{r \to \infty} \frac{N(r)}{r}$$

und heißt *obere Dichte* und existiert

$$\Delta^- = \liminf_{r \to \infty} \frac{N(r)}{r}$$

und heißt *untere Dichte*. Die Dichte Δ existiert, wenn $\Delta^+ = \Delta^-$ ist und ist dann diesem gemeinsamen Wert gleich. Die Folge heißt dann auch *meßbar*. Neben oberer und unterer Dichte wird mehrfach auch die *Maximaldichte* und die *Minimaldichte* vorkommen. Maximaldichte einer Folge $\{\varrho_k\}$ ist die Dichte der dünnsten meßbaren Folge, von der die Folge $\{\varrho_k\}$ eine Teilfolge ist. Minimaldichte einer Folge $\{\varrho_k\}$ ist die Dichte der dicksten meßbaren Folge, die in $\{\varrho_k\}$ als Teilfolge enthalten ist. Wegen dieser Begriffe vgl. PÓLYA [22] oder V. BERNSTEIN [2].

Satz (1.3.VIII). *Die in Satz* (1.3.VII) *genannte ganze Funktion hat überdies die Eigenschaft*

$$\lim_{r \to \infty} \frac{\log |A(r)|}{r} = 0 , \tag{1.3.20}$$

falls die Zahl r beim Grenzübergang für ein festes l_1 *stets eine Bedingung*

$$|r - \varrho_k| \geqq l_1 > 0, \quad k = 1, 2, \ldots ; \ l_1 \text{ von } k \text{ unabhängig} \tag{1.3.21}$$

erfüllt.

Der Beweis der Sätze (1.3.VII) und (1.3.VIII) soll nicht in extenso vorgeführt werden. Man findet ihn bei PÓLYA [22] und bei V. BERN-STEIN [2]. Es soll nur kurz skizziert werden, worauf der Beweis nach PÓLYA beruht. Setzt man im Falle von Satz (1.3.VII)

$$\varphi(x) = \log |1 - x^{-2} e^{2i\vartheta}| , \tag{1.3.22}$$

so ist

$$\lim_{r \to \infty} \sum_1^\infty \varphi\left(\frac{\varrho_k}{r}\right) \frac{1}{r} = \Delta \int_0^\infty \varphi(x)\, dx \tag{1.3.23}$$

$$\int_0^\infty \varphi(x)\, dx = \pi\, |\sin \vartheta|, \quad \vartheta \not\equiv 0, \ \pi \ \mathrm{mod}\ 2\pi$$

$$h(\vartheta) = \limsup_{r \to \infty} \frac{\log |A(r e^{i\vartheta})|}{r} = \lim_{r \to \infty} \sum_1^\infty \varphi\left(\frac{\varrho_k}{r}\right) \frac{1}{r} = \Delta\, \pi\, |\sin \vartheta| .$$

Setzt man für Satz (1.3.VIII)

$$\varphi(x) = \log |1 - x^{-2}| \,, \qquad (1.3.24)$$

so ist

$$\lim_{r \to \infty} \sum_{1}^{\infty} \varphi\left(\frac{\varrho_k}{r}\right)\frac{1}{r} = \varDelta \int_{0}^{\infty} \varphi(x)\, dx \qquad (1.3.25)$$

$$\int_{0}^{\infty} \varphi(x)\, dx = 0$$

$$\lim_{r \to \infty} \frac{\log |A(r)|}{r} = \lim_{r \to \infty} \sum_{1}^{\infty} \varphi\left(\frac{\varrho_k}{r}\right)\frac{1}{r} = 0 \,.$$

Hier muß beim Grenzübergang r der Bedingung (1.3.21) genügen.

Es mag noch erwähnt werden, wie in (1.3.22) und (1.3.25) die Dichte hineinkommt. Nehmen wir an, es sei für irgendeine positive Zahl a eine Funktion $\varphi(x)$ durch

$$\varphi(x) = \begin{cases} 1, 0 \leq x \leq a \\ 0, x > a \,, \end{cases} \qquad (1.3.26)$$

definiert. Dann ist

$$\frac{1}{r} \sum_{1}^{\infty} \varphi\left(\frac{\varrho_k}{r}\right) = \frac{N(ar)}{r} \,, \quad \lim_{r \to \infty} \frac{N(ar)}{r} = a\varDelta = \varDelta \int_{0}^{\infty} \varphi(x)\, dx \,.$$

Wenn nun (1.3.23) für die Funktionen $\varphi_1, \varphi_2, \ldots, \varphi_\lambda$ gilt, dann auch für $c_1 \varphi_1 + \cdots + c_\lambda \varphi_\lambda$, wenn die c_j irgendwelche reellen Zahlen sind. Durch lineare Kombination von Funktionen der Art (1.3.26) kann man Treppenfunktionen bilden und mit solchen gewisse andere Funktionen approximieren. Für die Anwendung auf die Funktionen (1.3.22) und (1.3.24) muß dann der Einfluß des Anfangs und des Endes des Integrationsintervalls und für (1.3.24) noch der Einfluß der Unstetigkeitsstellen $r = \varrho_k$ besonders abgeschätzt werden.

Für den Fall $\varDelta = 0$ finden sich die Sätze (1.3.VII) und (1.3.VIII) schon bei G. FABER [3, 5]. Vgl. auch den Beweis von A. PRINGSHEIM [2].

Ein weiteres Beispiel zu Satz (1.3.I) ist der Satz (1.3.IX), den PÓLYA [25] angegeben hat. Seiner Formulierung schicke ich eine Definition voraus. *Gut zugänglich* heißt die singuläre Stelle $z = 1$ für eine in $|z| < 1$ reguläre Funktion $f(z)$, wenn es einen zur negativ reellen Achse symmetrischen Winkel $\mathfrak{W}$ einer Öffnung $> \pi$ mit Scheitel in $z = 1$ gibt, so daß $f(z)$ für genügend kleine $\delta > 0$ in $\{\mathfrak{W} \cap (|z - 1| < \delta)\}$ bei geradliniger Fortsetzung von $z = 0$ aus regulär bleibt. Ein Spezialfall ist die *fast isolierte* singuläre Stelle $z = 1$. So heißt die gut zugängliche singuläre Stelle $z = 1$, wenn der Winkel $\mathfrak{W}$ die Öffnung 2π hat, d. h. wenn in einer gewissen Umgebung von $z = 1$ bei geradliniger Fortsetzung von $z = 0$ aus keine singulären Stellen angetroffen werden.

Satz (1.3.IX). *Die notwendige und hinreichende Bedingung dafür, daß (1.3.16) auf ihrem Konvergenzkreis nur die eine singuläre Stelle $z = 1$ besitzt und daß diese gut zugänglich ist, ist die Existenz einer ganzen Funktion $A(z)$, die höchstens dem Mitteltypus der Ordnung 1 angehört, und die Existenz einer Zahl ϑ aus $0 < \vartheta < \dfrac{\pi}{2}$, so daß*

$$f_n = A(n), \quad n = 0, 1, \ldots \tag{1.3.27}$$

und

$$h(\varphi) = 0, \ -\vartheta \leqq \varphi \geqq \vartheta, \ h(\varphi) = \overline{\lim} \ \frac{\log \left|A(r\,e^{i\,q})\right|}{r} \tag{1.3.28}$$

gilt.

Zum Beweis wähle man $\varrho > 1$ und Θ aus $0 < \Theta < \dfrac{\pi}{2}$ so, daß $f(\tau)$ in $\left\{(|\tau| < \varrho) \cap \left(\Theta < \arg(z - 1) < 2\,\pi - \Theta\right)\right\}$ holomorph ist. Dies Holomorphiegebiet sei von einer Kurve C begrenzt. Man verwende wieder die Integraldarstellung (1.2.3) und gehe zu (1.2.4) und dann (1.2.5) über. Als Integrationsweg γ wähle man eine Kurve in dem von C berandeten Holomorphiegebiet von $f(\tau)$, die durch einen Punkt $-e^\delta$, $\delta > 0$ der negativ reellen Achse hindurchgehen möge. Über δ wird noch verfügt werden. Die entsprechende Kurve Γ liegt dann rechts von dem Bild C_σ von C und verbindet die beiden Punkte $-\delta - i\,\pi$ und $-\delta + i\,\pi$. Sie gehört dem Holomorphiegebiet von $F(\sigma)$ an. Die Kurve C_σ bildet im Punkte $\sigma = 0$ eine Ecke, deren beide Schenkel einen zur negativen reellen Achse symmetrischen Winkel von der Öffnung $2\,\Theta < \pi$ bilden. Man wähle δ so klein, daß die beiden geraden Strecken $-\delta - i\,\pi$ bis 0 und $-\delta + i\,\pi$ bis 0 (außer dem Punkt $\sigma = 0$ selbst) noch diesem Holomorphiegebiet von $F(\sigma)$ angehören. Dann kann man den Integrationsweg Γ, ohne den Integralwert von (1.2.5) zu beeinflussen, beliebig dicht an diesen Streckenzug heranlegen, wenn man das einmal gewählte δ festhält. Daher gehört das Indikatordiagramm dem von den drei Punkten $-\delta - i\,\pi$, 0, $-\delta + i\,\pi$ gebildeten Dreieck an. Der Punkt $\sigma = 0$ ist aber jedenfalls eine Ecke desselben. Sonst wäre nämlich $h(0) < 0$, und dann wäre

$$\overline{\lim} \ \left|A(n)\right|^{\frac{1}{n}} < 1\,.$$

Das würde bedeuten, daß

$$f(z) = \sum_0^\infty A(n)\,z^n$$

einen Konvergenzradius größer als 1 hätte. Das ist aber nicht der Fall. Daher ergibt sich weiter die Existenz einer Zahl ϑ, für die (1.3.28) gilt. Denn das bedeutet doch, daß alle Stützgeraden eines gewissen Winkelraums in der Ecke $\sigma = 0$ des Indikatordiagramms eben durch diesen Punkt $\sigma = 0$ hindurchgehen.

Der Satz (1.3.II) von WIGERT ist in viele Lehrbücher übergegangen und es finden sich die verschiedensten Beweise für ihn. Vgl. auch A. PRINGSHEIM [2,6]. Hier mögen nur noch einige **Zusätze** hervorgehoben werden. Zunächst

Satz (1.3.X). *Die Funktion* (1.3.1) *ist dann und nur dann eine ganze rationale Funktion von* $1/(1-z)$, *wenn die in Satz* (1.3.II) *genannte ganze Funktion* $A(z)$ *ein Polynom ist.*

Ist nämlich $A(z)$ ein Polynom:

$$A(z) = \sum_0^\varkappa a_\lambda\, z^\lambda,$$

so wird

$$f(z) = f_0 + \sum_1^\infty A(n)\, z^n = f_0 + \sum_0^\varkappa a_\lambda \sum_1^\infty n^\lambda\, z^n = f_0 + \sum_0^\varkappa a_\lambda \left(z\, \frac{d}{dz} \right)^\lambda \left(\frac{1}{1-z} - 1 \right),$$

und hier kann jeder Posten offenbar als Polynom von $1/(1-z)$ geschrieben werden.

Ist umgekehrt $f(z)$ ein Polynom in $1/(1-z)$, so kann man Zahlen a_λ und $\varkappa$ so bestimmen, daß

$$f(z) = f_0 + \sum_0^\varkappa a_\lambda \left(z\, \frac{d}{dz} \right)^\lambda \left(\frac{1}{1-z} - 1 \right)$$

ist. Aus dieser Schreibweise erhellt aber nach dem vorher schon Dargelegten die Behauptung unmittelbar, daß die Koeffizientenfunktion $A(z)$ ein Polynom ist.

G. FABER [7] hat einen Zusammenhang zwischen dem Wachstum der ganzen Koeffizientenfunktion $A(z)$ und dem Wachstum der Funktion $f(z)$ bei Annäherung an $z = 1$ gefunden. Es gilt

Satz (1.3.XI). *Wenn* $f(z)$ *als ganze Funktion von* $1/(1-z)$ *bei Annäherung an* $z = 1$ *die Wachstumsordnung* σ *hat, so hat* $A(z)$ *bei Annäherung an* $z \to \infty$ *die Wachstumsordnung* $\varrho = \sigma/(1+\sigma)$. *Und umgekehrt, wenn* $A(z)$ *für* $z \to \infty$ *die Wachstumsordnung* ϱ, $0 \leqq \varrho < 1$ *hat, so hat* $f(z)$ *bei Annäherung an* $z = 1$ *die Ordnung* $\sigma = \varrho/(1-\varrho)$. *Weiter entsprechen einander Maximaltypus, Mitteltypus und Minimaltypus der angegebenen Ordnungen.*

Nach GELFOND [1] kann man diesen Satz im Anschluß an 1.2. wie folgt beweisen. Man gewinnt daraus die Darstellung

$$A(\tau) = - \frac{1}{2\,\pi\,i} \oint\limits_{|z-1|=r} f(z) \exp\left\{ - (\tau + 1) \log z \right\} dz\,. \qquad (1.3.29)$$

Man nehme die Voraussetzung über $f(z)$ in der Form

$$|f(z)| < \exp\left\{ \left| \frac{1}{1-z} \right|^{\sigma+\varepsilon} \right\}, \quad \varepsilon > 0 \qquad (1.3.30)$$

an. Man nehme in (1.3.29) r so klein, daß man bei gegebenem $\varepsilon > 0$ die Abschätzung (1.3.30) unter dem Integralzeichen von (1.3.29) verwenden kann. Nimmt man außerdem $r \leq \dfrac{1}{2}$ und beachtet $|\arg z| < 2\,r$, so hat man

$$|\exp\{-(\tau + 1)\log z\}| < \exp\{|\tau + 1|\,[|\log |z|| + 2\,r]\}$$

und daher aus (1.3.29)

$$|A(\tau)| < \exp\left\{\left(\frac{1}{r}\right)^{\sigma + \varepsilon} + 3\,|\tau|\,r\right\}.$$

Hier erhält der Exponent bei gegebenem $|\tau|$ seinen Kleinstwert für

$$r = \left(\frac{\sigma + \varepsilon}{3\,|\tau|}\right)^{1/(\sigma + 1 + \varepsilon)},$$

und man kann hier offenbar $|\tau|$ so groß wählen, daß r so klein wird, wie das bisher angenommen wurde. Dann wird aber

$$|A(\tau)| < \exp\{|\tau|^{\varrho + \varepsilon'}\}, \quad \varepsilon' > 0, \quad \varrho = \frac{\sigma}{1 + \sigma}.$$

Damit ist der erste Teil des Satzes (1.3.XI) bewiesen.

Für den zweiten Teil bedient sich GELFOND der EULERschen Reihentransformation (vgl. auch 1.6.). Es ist

$$f(z) - f_0 = \sum_1^\infty f_n z^n = (1 + \mathfrak{z}) \sum_1^\infty F_\mu \mathfrak{z}^\mu,$$

$$z = \frac{\mathfrak{z}}{1 + \mathfrak{z}}, \quad \mathfrak{z} = \frac{z}{1 + z}, \quad F_\mu = \sum_1^\mu (-1)^{\mu - \lambda} \binom{\mu}{\lambda} f_\lambda, \quad f_\lambda = A(\lambda).$$

Man bestätigt durch Residuenbetrachtung die aus der Differenzenrechnung bekannte Integraldarstellung

$$F_\mu = \frac{\mu!}{2\,\pi\,i} \oint_{|z| = R} \frac{A(\tau)d\tau}{\tau(\tau - 1)\dots(\tau - \mu)}, \quad R > \mu. \qquad (1.3.31)$$

Nimmt man hier $R = \mu^{\frac{1}{\varrho + \varepsilon}}$, $\varepsilon > 0$ und benutzt die Voraussetzung

$$|A(\tau)| < \exp\{|\tau|^{\varrho + \varepsilon}\}, \quad \varepsilon > 0,$$

so findet man

$$|F_\mu|^{\frac{1}{\mu}} < \left(\frac{1}{\mu}\right)^{\frac{1}{\sigma + \varepsilon'_\mu}}, \quad \sigma = \frac{\varrho}{1 - \varrho}, \quad \varepsilon'_\mu \to 0.$$

Da $f(z)$ eine ganze Funktion von $\mathfrak{z}$ ist, so erhält man hieraus nach dem aus der Theorie der ganzen Funktionen bekannten Zusammenhang zwischen der Größenordnung der TAYLOR-Koeffizienten und dem Wachstum der Funktion die Aussage, daß für genügend große $|\mathfrak{z}|$ und gegebenes $\varepsilon' > 0$

$$|f(z)| < \exp\{|\mathfrak{z}|^{\sigma + \varepsilon'}\}, \quad \sigma = \frac{\varrho}{1 - \varrho}$$

gilt, d. h. daß für genügend kleines $|z - 1|$

$$|f(z)| < \exp\left\{ \left| \frac{1}{1-z} \right|^{\sigma + \varepsilon'} \right\}, \quad \sigma = \frac{\varrho}{1 - \varrho}$$

ist. Damit ist auch der zweite Teil von Satz (1.3.XI) bewiesen.

Um auch die Angabe über die Typen als richtig zu erkennen, kann man für den ersten Teil statt von (1.3.30) von

$$|f(z)| < \exp\left\{ (H + \varepsilon) \left| \frac{1}{1-z} \right|^{\sigma} \right\}$$

ausgehen und bei der Durchführung der Abschätzung

$$r = \left(\frac{\sigma(H + \varepsilon)}{3 \, |\tau|} \right)^{\frac{1}{\sigma + 1}}$$

nehmen. Für den zweiten Teil verwende man

$$|A(\tau)| < \exp\left\{ (H + \varepsilon) \, |\tau|^{\varrho} \right\}$$

und nehme in (1.3.31) $R = (H + \varepsilon) \, \mu^{\frac{1}{\varrho}}$.

A. J. MACINTYRE and R. WILSON [3] fügen noch die Bemerkung hinzu, daß die Richtungen stärksten Wachstums bei den Funktionen $A(z)$ und $f(z)$ spiegelbildlich zueinander sind in bezug auf die reelle Achse, in dem Falle, daß diese Funktionen dem Mitteltypus positiver endlicher Ordnung angehören. Vgl. auch R. WILSON [9, 10], A. PFLUGER [1].

Satz (1.3.XII). *Wenn im Satz von* WIGERT *die einzige singuläre Stelle von* (1.3.1) *nicht bei* $z = 1$, *sondern bei* $z = s$ *liegt, so tritt an Stelle von* $A(z)$ *die Funktion*

$$A(z) = e^{-z \log s} \, A_1(z) \, ,$$

in der $A_1(z)$ *wieder höchstens dem Minimaltypus der Ordnung* 1 *angehört, und es gilt wieder*

$$f_n = A(n), \quad n = 1, 2, \ldots .$$

Satz (1.3.XIII). *Die notwendige und hinreichende Bedingung dafür, daß*

$$f(z) = \sum_{0}^{\infty} f_n \, z^n \, , \quad \overline{\lim} \, |f_n|^{\frac{1}{n}} = 1 \tag{1.3.32}$$

auf $|z| = 1$ *bis auf eine einzige bei* $z = 1$ *gelegene isolierte Singularität, in deren Umgebung* $f(z)$ *eindeutig ist, regulär ist, ist die Möglichkeit einer Darstellung*

$$f_n = A(n) + f_n^* \, , \quad n = 1, 2, \ldots$$

mit

$$\overline{\lim} \, |f_n^*|^{\frac{1}{n}} < 1$$

und einer ganzen Funktion $A(z)$, *die höchstens dem Minimaltypus der Ordnung* 1 *angehört.*

Satz (1.3.XIV). *Wenn* (1.3.32) *auf* $|z| = 1$ *bis auf endlich viele an den Stellen*

$$\exp\,(i\,\vartheta_j),\ \ 0 \le \vartheta_1 < \vartheta_2 < \cdots < \vartheta_k < 2\,\pi,\ \ j = 1, 2, \ldots, k$$

gelegene Pole oder wesentlich singuläre Stellen regulär ist, dann gibt es eine ganze Funktion

$$A(z) = \sum_{j=1}^{k} \exp\,(-\,i\vartheta_j z)\ \bar{A}_j(z)\,, \tag{1.3.33}$$

in der die $A_j(z)$ ebenfalls ganz sind und höchstens dem Minimaltypus der Ordnung 1 *angehören derart, daß*

$$f_n = A(n) + f_n^*,\ \ \overline{\lim}\,|f_n^*|^{\frac{1}{n}} < 1 \tag{1.3.34}$$

ist.

G. Pólya [24] hat den folgenden Satz ausgesprochen:

Satz (1.3.XV). *$f(z)$ sei eine ganze Funktion von* $1/(1 - z)$. *Es sei*

$$f(z) = \sum_{0}^{\infty} f_n\, z^n\,,\ \ |z| < 1 \tag{1.3.35}$$

und

$$f(z) = \sum_{0}^{\infty} f_n^*\, z^n\,,\ \ |z| > 1\,. \tag{1.3.36}$$

Ferner sei

$$f_n = O(n^k)\ \ und\ \ f_n^* = O(n^k)\,,\ \ k\ konstant. \tag{1.3.37}$$

Dann ist $f(z)$ rational.

Szegö [4] u. a. haben gleichzeitig Beweise dieses Satzes gegeben. S. M. Shah [1] verallgemeinert Satz (1.3.XV) zu

Satz (1.3.XVI). *Wieder mögen* (1.3.35), (1.3.36) *und* (1.3.37) *gelten, so daß also alle Singularitäten von $f(z)$ auf $|z| = 1$ liegen und $f(z)$ über den $|z| = 1$ fortsetzbar ist. Dann ist jede isolierte singuläre Stelle von $f(z)$ ein Pol von einer Ordnung $\le k + 1$. Aber es gibt darunter auch Funktionen, die auf $|z| = 1$ unendliche viele Singularitäten und darunter keine isolierten besitzen.*

Einen Teil von Satz (1.3.I) hat R. C. Buck [2] verallgemeinert zu

Satz (1.3.XVII). *Für jede Zahl α ist*

$$f_\alpha(z) = \sum_{0}^{\infty} A\,(n + \alpha)\, z^n$$

in dem O enthaltenden Teilgebiet der Komplementärmenge von e^{-K} holomorph, falls $A(z)$ eine ganze Funktion vom Exponentialtypus mit dem Indikatordiagramm $\overline{K}$ ist und falls e^{-K} die Punkte O und ∞ nicht trennt.

R. C. Buck benutzt die Integraldarstellung

$$f_\alpha(z) = \frac{1}{2\,\pi\,i} \oint_K \frac{e^{\alpha\,\tau} a(\tau)}{1 - z\,e^\tau}\, d\tau\,.$$

In der Tat ist ja nach (1.1.10)

$$f_\alpha^{(n)}(0) = \frac{n!}{2\pi i} \oint_K e^{\alpha\tau}\, e^{n\tau}\, a(\tau)\, d\tau = n!\, A(n+\alpha)\,.$$

1.4. Der Hadamardsche Multiplikationssatz.

Seiner Formulierung muß einiges vorausgeschickt werden.

Unter einem *Stern* S mit dem Pol $z = 0$ versteht man ein Gebiet der Gaussschen z-Ebene, das den Punkt $z = 0$ enthält und das von jeder Geraden durch $z = 0$ in einer einzigen Strecke geschnitten wird. Die Komplementärmenge S' ist demnach abgeschlossen. Der Punkt $z = \infty$ gehört ihr an. *Ecke* $E(\varphi)$ von S nennt man denjenigen Punkt von S', dessen Argument φ ist und der unter allen Punkten von S' dieses gleichen Argumentes φ den kleinsten absoluten Betrag hat, falls es einen solchen Punkt gibt. Andernfalls setzt man $E(\varphi) = \infty$. $E(\varphi)$ ist zugleich Randpunkt von S.

Hauptstern A einer bei $z = 0$ regulären analytischen Funktion $a(z)$ heißt der größte Stern mit Pol $z = 0$, in dem $a(z)$ regulär ist. A kann demnach auch erklärt werden als Vereinigungsmenge derjenigen in $z = 0$ angebrachten Vektoren, längs deren $a(z)$ bei Fortsetzung aus $z = 0$ regulär ist. Ist r_a der Konvergenzradius von $a(z)$, so ist $\{|z| < r_a\} \in A$. Eckpunkt $E(\varphi)$ von A ist dann die singuläre Stelle kleinsten absoluten Betrages von $a(z)$ mit dem Argument φ, eventuell ∞.

Sind A und B zwei Sterne mit dem Pol $z = 0$, so heißt *Produktstern* $A \odot B$ die Komplementärmenge des Produktes $A' \cdot B'$:

$$A \odot B = (A' \cdot B')'\,.$$

Dabei ist wie üblich

$$A' \cdot B' = \bigcup_{\substack{p' \in A' \\ q' \in B'}} p' q'\,.$$

$A \odot B$ ist ein Stern mit dem Pol $z = 0$, dessen Eckpunktmenge in dem Produkt der Eckpunktmenge von A und der Eckpunktmenge von B enthalten ist.

Beweis: Ist

$$R \in A' \cdot B'\,,$$

so ist auch

$$r \cdot R \in A' \cdot B' \quad \text{für alle } r \geq 1\,.$$

Denn aus

$$R = p' \cdot q',\; p' \in A',\; q' \in B'$$

folgt für $r \geq 1$

$$rR = (r p') q' \in A' \cdot B'\,,$$

weil

$$r p' \in A'$$

aus $p' \in A'$, $r \geq 1$ folgt.

Daraus ergibt sich:

Ist

$$S \in A \odot B \, ,$$

so ist auch

$$\varrho S \in A \odot B \ \text{für } 0 < \varrho \leq 1 \, .$$

Denn wäre

$$\varrho_0 S \in A' \cdot B' \ \text{für ein } \varrho_0 \text{ mit } 0 < \varrho_0 < 1 \, ,$$

so wäre auch

$$\frac{1}{\varrho_0} (\varrho_0 S) = S \in A' B', \ \text{weil } \frac{1}{\varrho_0} > 1 \, .$$

Ferner ist stets

$$\{ z = 0 \} \in A \odot B \, .$$

Denn sonst wäre

$$0 = p' q', \ p' \in A', \ q' \in B' \, ,$$

also entweder $p' = 0$ oder $q' = 0$, was gegen die Definition von A und B ist.

Ist also

$$\{ |z| < r_a \} \in A \ \text{und} \ \{ |z| < r_b \} \in B \, ,$$

so ist

$$\{ |z| < r_a r_b \} \in A \odot B \, .$$

Und weiter

$A \odot B$ wird von jeder Geraden durch $z = 0$ in einer einzigen Strecke geschnitten. Also ist $A \odot B$ (einfach) zusammenhängend.

$A \odot B$ ist ein Gebiet. Denn ist

$$p_n \to p \quad \text{mit } p_n \in A' B',$$

so ist auch $p \in A' B'$, weil A' und B' und daher auch $A' B'$ abgeschlossene Mengen sind.

Ist $E(\varphi)$ ein Eckpunkt von $A \odot B$, so ist

$$E(\varphi) = p' q', \ p' \in A', \ q' \in B'.$$

Wäre hier p' nicht Eckpunkt von A, so gäbe es ein $p'' \in A'$ mit $\arg p'' = \arg p'$ und $|p''| < |p'|$ und es wäre

$$\arg (p'' \cdot q') = \arg (p' q') = \arg E(\varphi) \, ,$$

aber

$$|p'' q'| < |p' q'| = |E(\varphi)| \, .$$

Das heißt $E(\varphi)$ wäre nicht Eckpunkt von $A \odot B$.

Natürlich kann man nicht umgekehrt mit dem Anspruch auf Richtigkeit behaupten, daß das Produkt zweier Ecken von A und B eine Ecke von $A \odot B$ ist.

Satz (1.4.I). HADAMARD*scher Multiplikationssatz* (HADAMARD [2]).

Durch die Potenzreihen

$$a(z) = \sum_0^\infty a_n \, z^n \qquad \textit{mit Konvergenzradius } r_a > 0 \qquad (1.4.1)$$

$$b(z) = \sum_0^\infty b_n \, z^n \qquad \textit{mit Konvergenzradius } r_b > 0 \qquad (1.4.2)$$

seien zwei analytische Funktionen definiert. A sei der Hauptstern von a(z) und B sei der Hauptstern von b(z). Es sei α die Menge der singulären Stellen von a(z) am Rande von A und β die Menge der singulären Stellen von b(z) am Rande von B. Dann hat die Reihe

$$h(a, b; z) = \sum_0^\infty a_n \, b_n \, z^n \quad \textit{einen Konvergenzradius } r_{ab} \geqq r_a r_b > 0 \qquad (1.4.3)$$

und die durch (1.4.3) definierte analytische Funktion hat folgende Eigenschaften: 1. Für den Hauptstern H von $h(a, b; z)$ gilt $H \geqq A \odot B$. 2. Unter den Eckpunkten und den gut erreichbaren Randpunkten von $A \odot B$ hat $h(a, b; z)$ nur solche Stellen als Singularitäten, deren Koordinaten der Produktmenge $\alpha \, \beta$ angehören.

Eine fast triviale Folgerung aus Satz (1.4.I) sei noch ausdrücklich hervorgehoben:

Satz (1.4.II). *Über die durch (1.4.1) und (1.4.2) definierten Funktionen sei noch zusätzlich angenommen, daß der Rand des Hauptsterns von (1.4.3) im Rand des Produktsterns $A \odot B$ enthalten ist. Dann erst gilt die Aussage, daß unter den gut erreichbaren Randpunkten des Hauptsternes H nur solche singulär für $h(a, b; z)$ sein können, die der Produktmenge $\alpha \, \beta$ angehören.*

Ein Randpunkt P eines Gebietes soll *gut erreichbar* heißen, wenn es einen Halbkreis mit Mittelpunkt P gibt, dessen Inneres ganz dem Gebiet angehört.

Der Beweis von Satz (1.4.I) beruht nach HADAMARD [2] auf der Integraldarstellung

$$h(a, b; z) = \frac{1}{2\pi i} \int_C a(t)\, b\left(\frac{z}{t}\right) \frac{dt}{t} . \qquad (1.4.4)$$

Dabei ist der Integrationsweg eine geschlossene rektifizierbare Kurve C, die dem Regularitätsgebiet des Integranden angehört und die wie folgt definiert wird. Es sei A' die Komplementärmenge des Hauptsterns A von $a(t)$ in der t-Ebene und B' die Komplementärmenge des Hauptsterns von $b(\tau)$ in der τ-Ebene. B' führe man bei festem z durch eine Abbildung $\tau = z/t$ in eine von z abhängende abgeschlossene Menge $B'(z)$ der t-Ebene über, der dann auch $t = 0$ angehört. C soll dann für alle Punkte von A' die Umlaufzahl 0 und für alle Punkte von $B'(z)$ die Umlaufzahl $+1$ haben. Solche Kurven C gibt es stets dann, wenn $z \in A \odot B$ ist. Denn dann sind die beiden abgeschlossenen Mengen A' und $B'(z)$ punktfremd. Sonst müßte nämlich die Beziehung $\tau' = z/t'$

mit einem $\tau' \in B'$ und einem $t' \in A'$ erfüllt sein. Dann wäre aber $z = \tau' \cdot t'$ mit einem $\tau' \in B'$ und $t' \in A'$, d. h. es wäre $z \in A'B'$, was $z \in A \odot B$ widerspricht. Sind aber die beiden abgeschlossenen Mengen A' und $B'(z)$ punktfremd, so kann man sie durch einen einfachen geschlossenen Polygonzug voneinander trennen, der für jeden Punkt von A' die Umlaufzahl 0 und bei richtiger Orientierung für jeden Punkt von $B'(z)$ die Umlaufzahl $+1$ hat. Dieser Polygonzug ist als Integrationsweg in (1.4.4) brauchbar, da sich die Singularitäten des Integranden auf A' und $B'(z)$ verteilen und er somit dem Regularitätsgebiet des Integranden angehört. Ist überdies $\mathfrak{B}$ eine abgeschlossene Teilmenge von $A \odot B$, so ist auch $\bigcup\limits_{z \in \mathfrak{B}} B'(z)$ Teilmenge einer abgeschlossenen, zu A' punktfremden Menge. Denn aus Stetigkeitsgründen ist dies für eine genügend kleine Kreisscheibe um jeden Punkt von $\mathfrak{B}$ richtig und man kann $\mathfrak{B}$ mit endlich vielen solchen Kreisscheiben bedecken. Es gibt daher Integrationswege, die in (1.4.4) für alle $z \in \mathfrak{B}$ gleichzeitig die vorgeschriebenen Eigenschaften haben. Längs jedem solchen Integrationsweg ist der Integrand von (1.4.4) eine holomorphe Funktion von z. Daher stellt auch das Integral eine in $\mathfrak{B}$ holomorphe Funktion von z dar. Da aber $\mathfrak{B} \subset A \odot B$ beliebig gewählt werden kann, stellt das Integral in (1.4.4) eine in $A \odot B$ holomorphe Funktion dar. Der Wert des Integrals hat überdies nach dem Cauchyschen Integralsatz bei festem z für alle den angegebenen Vorschriften genügenden Integrationswege den gleichen Wert. Ist insbesondere $|z| < r_a r_b$, so kann man als Integrationsweg einen Kreis $|t| = \varrho$ mit $\dfrac{|z|}{r_b} < \varrho < r_a$ wählen. Denn dann ist $\left|\dfrac{z}{t}\right| = \dfrac{|z|}{\varrho} < \dfrac{|z| r_b}{|z|} = r_b$. Man kann daher jetzt zur Auswertung des Integrals die Reihendarstellungen (1.4.1) mit t statt z und (1.4.2) mit z/t statt z unter dem Integralzeichen eintragen. Nach dem Residuensatz findet man so für die durch das Integral (1.4.4) dargestellte Funktion die in $|z| < r_a r_b$ konvergente Reihendarstellung (1.4.3), deren analytische Fortsetzung in den Produktstern das Integral (1.4.4) liefert. Es ist dann klar, daß für den Hauptstern H von $h(a, b; z)$ die Abschätzung $H \supseteq A \odot B$ gilt. Damit ist der erste Punkt des Satzes (1.4.I) bewiesen.

Beim Beweis der zweiten Behauptung des Satzes ist ein weiterer Gedanke von Hadamard [2] dienlich. Er besteht darin, daß die vorstehende Betrachtung unverändert richtig bleibt, wenn die Hauptsterne durch Spiralsterne ersetzt werden. Diese entstehen, wenn man die zur Definition des Hauptsterns mit Pol $z = 0$ benutzten Vektoren in $z = 0$ durch Bogen logarithmischer Spiralen mit Pol $z = 0$ ersetzt. Dabei sollen lauter zueinander ähnliche logarithmische Spiralen Verwendung finden. Diese sind die zu einem festen Steigungswinkel gehörigen isogonalen Trajektorien des Strahlenbüschels durch $z = 0$. Solche Spiralen zieht man in der t-Ebene für $a(t)$, in der τ-Ebene für

$b(\tau)$ und in der z-Ebene für $h(a, b; z)$ heran. Solche Kurven gehen bekanntlich nicht nur durch Ähnlichkeitstransformationen mit dem Ähnlichkeitszentrum O ineinander über, sondern gehen auch durch Stürzung an diesem Punkt in ähnliche Spiralen über. Anstelle der Gruppe der Streckungen hat man jetzt die Gruppe derjenigen Ähnlichkeitstransformationen zu nehmen, welche die zu einem festen reellen α gehörigen logarithmischen Spiralen

$$z = z_0 \exp\{(\alpha + i)\sigma\}, \quad \sigma \text{ reell}$$

einzeln in sich überführt. Das sind die Transformationen

$$z = Z \exp\{(\alpha + i)\lambda\}, \quad \lambda \text{ reell.}$$

Auf diesen Bemerkungen beruht es, daß die erste Behauptung von Satz (1.4.I) auch für Spiralhauptsterne gültig ist.

Die zweite Behauptung von Satz (1.4.I) ist nun einleuchtend für die Ecken sowohl der geradlinigen wie der spiraligen Hauptsterne, da diese Produkte von Ecken der entsprechenden Faktorsterne sind. Ist dann aber P ein gut erreichbarer Randpunkt von $A \odot B$, der nicht Eckpunkt ist, so gehört er einem geraden Randstück von $A \odot B$ an, dessen Verlängerung durch $z = 0$ geht. Das Innere eines Halbkreises mit P als Mittelpunkt gehört ganz $A \odot B$ an. Daher ist P auch durch einen in $A \odot B$ verlaufenden Bogen einer logarithmischen Spirale mit genügend nahe an $\frac{\pi}{2}$ gelegener Steigung mit $z = 0$ verbindbar. Bei Fortsetzung von $h(a, b; z)$ längs diesem Spiralbogen erweist sich der Punkt P als regulär, wenn er nicht Produkt von zwei Eckpunkten der zur gleichen Steigung gehörigen spiraligen Faktorsterne ist. Diese Ecken der spiraligen Faktorsterne liegen aber auch am Rand von $A \odot B$. Um das einzusehen, stelle ich folgende Überlegung an. Wenn ein Randpunkt P eines geradlinigen Sterns S nicht Eckpunkt ist, dann verbinde man ihn geradlinig mit dem Eckpunkt E gleichen Argumentes. Die Strecke EP besteht dann aus lauter Randpunkten von S, die wenigstens von der einen Seite dieser Strecke her gut erreichbar sind, und zwar für alle Punkte von EP von der gleichen Seite her. Ist insbesondere $S = A \odot B$, so gilt für jeden Punkt Q von EP eine Darstellung:

$$Q = p'q', \; p' \in A', \; q' \in B'.$$

Hier kann weder p' innerer Punkt von A' noch q' innerer Punkt von B' sein. Man betrachte alle möglichen solchen Darstellungen von Q und betrachte neben jedem p' und q' je die Ecken gleichen Argumentes von A und B. Sind dann $E(p')$ und $E(q')$ diese Ecken, so ist mindestens einmal

$$E = E(p') \cdot E(q')$$

und ist sonst

$$|E| < |E(p')| \cdot |E(q')| \le |Q|.$$

Ich behaupte: Nur endlich oft kann

$$|E| \leq |E(p')| \, |E(q')| \leq |Q|$$

sein, wenn Q ein gut erreichbarer Randpunkt ist. Denn andernfalls gäbe es unendliche Folgen $E_n(p')$ und $E_n(q')$, so daß $E_n(p') \cdot E_n(q')$ auf EQ zu liegen kommt, wobei stets

$$\arg E_n(p') \neq \arg E_m(p') , \text{ wenn } n \neq m \text{ ist und}$$

$$\arg E_n(q') \neq \arg E_m(q') , \text{ wenn } n \neq m \text{ ist.}$$

Man betrachte konvergente Teilfolgen $E_n(p')$ und konvergente Teilfolgen $E_n(q')$. Bildet man dann daraus geeignete Produkte $E_n(p') \, E_m(q')$ mit $n \neq m$, so häufen sich diese Randpunkte von beiden Seiten gegen Punkte der Strecke EQ. Dann ist aber P mit $|P| \geq |Q|$, $\arg P = \arg Q$ von keiner Seite her gut erreichbar. Daher gibt es eine Zahl N derart, daß kein Punkt von EP öfter als N-mal als Produkt von Randpunkten der Faktorsterne darstellbar ist, wenn P von einer Seite her gut erreichbar ist.

Man betrachte die endlich vielen Eckpunkte E_n von A und F_n von B, für die E_nF_n auf EP fällt. Auf jedem Eckstrahl durch E_n und F_n markiere man die Strecken E_nP_n und F_nQ_n, die miteinander multipliziert Punkte mit EP gemein haben. Man verbinde sie alle in ihren Hauptsternen A bzw. B mit $z = 0$ durch Bogen logarithmischer Spiralen. Das geht, wenn man die gemeinsame Steigung derselben genügend nahe an $\pi/2$ wählt. Hieraus erkennt man dann, daß ein gut erreichbarer Randpunkt von $A \odot B$ nur dann für $h(a, b; z)$ singulär sein kann, wenn er Produkt von Ecken der eben eingeführten logarithmischen Spiralsterne ist und daß deren Ecken auf einem E_nP_n bzw. F_nQ_n liegen müssen, wie oben behauptet war. Damit ist auch der Punkt 2 von Satz (1.4.I) erledigt.

Zum Verständnis des Satzes (1.4.I) *soll noch einiges ausgeführt werden.* Der Satz enthält in seiner ersten Behauptung eine Abschätzung des Hauptsterns von $h(a, b; z)$. Seine zweite Behauptung bedeutet eine Aussage über die Stellen am Rand des Produktsterns, die möglicherweise singulär und über solche, die sicher regulär sind für $h(a, b; z)$. Ob eine solche vielleicht singuläre Stelle tatsächlich singulär ist, läßt der Satz offen. Darüber kann, wie später (5.1; 5.2) ausgeführt werden wird, nur auf Grund zusätzlicher Eigenschaften von a und b etwas gesagt werden. Über den Charakter von $z = \infty$ und über den nicht gut erreichbarer Randpunkte (außer den Eckpunkten) sagt der Satz gar nichts aus. Der Satz sagt auch nichts aus über die Singularitäten von $h(a, b; z)$ bei Fortsetzung dieser Funktion über den Produktstern hinaus, soweit man nicht die Fortsetzung längs logarithmischen Spiralen bewerkstelligen kann; wie sich bei der Durchführung des Beweises zeigte, erhält man mit den hier benutzten Mitteln keine

Auskunft. Man kann so z. B. nichts aussagen betr. Singularitäten von $h(a, b; z)$, die in anderen Blättern der RIEMANNschen Fläche von $h(a, b; z)$ über $|z| < r_a r_b$ liegen, da man an solche Punkte mit logarithmischen Spiralen nicht herankommen kann.

In der Tat hat bereits BOREL [5] an Beispielen gezeigt, daß der Punkt $z = 0$ in anderen Blättern der RIEMANNschen Fläche von $h(a, b; z)$ singulär sein kann. Man nehme z. B.

$$a(z) = b(z) = \log \frac{1}{1 - z} = \sum_1^\infty \frac{z^n}{n} \, . \tag{1.4.5}$$

Dann ist

$$h(a, b; z) = \sum_1^\infty \frac{z^n}{n^2} \, . \tag{1.4.6}$$

Die Integraldarstellung

$$h(a, b; z) = \int\limits_0^z \frac{1}{\mathfrak{z}} \log \frac{1}{1 - \mathfrak{z}} \cdot d\mathfrak{z} \tag{1.4.7}$$

lehrt, daß $z = 0$ in den anderen Blättern der RIEMANNschen Fläche singulär ist. Vgl. auch das Beispiel der hypergeometrischen Funktion bei Satz (5.2.II).

Die analytische Fortsetzung von $h(a, b; z)$ über den Produktstern hinaus ist vielfach angestrebt worden. Alle Versuche knüpfen an einen Hinweis bei BOREL [5] an. Aber nicht einer ist in der Durchführung befriedigend. Unpräzise Ausdrucksweise und damit verbundene Verwechslungen sind hier wie bei kaum einer anderen mathematischen Frage die Regel. Näheres s. bei ST. SCHOTTLÄNDER [1]. Vgl. aber 7.3.

Eine zu knappe Formulierung des HADAMARDschen Multiplikationssatzes (1.4.I) hat öfter zu Mißverständnissen geführt. So spricht HADAMARD [2] in seiner grundlegenden Arbeit seinen Satz so aus:

«Nous allons démontrer, plus généralement, que la fonction» $h(a, b; z)$ «n'a (et cela dans tout le plan) d'autres points singuliers, que ceux que l'on obtient en multipliant les affixes des différents points singuliers de» $a(z)$ «par celles des différents points singuliers de» $b(z)$.

Diese Formulierung sagt etwas Richtiges aus, wenn man sich auf den Fall beschränkt, an den HADAMARD zunächst dachte, nämlich den, daß die Hauptsterne von $a(z)$ und von $b(z)$ nur je endlich viele Ecken haben und wenn man unter dem Ausdruck «dans tout le plan» den Hauptstern von $h(a, b; z)$ samt seinem Rand versteht. Dann ist man nämlich in dem Fall des besonders hervorgehobenen Satzes (1.4.II). Gleichwohl führt die eben zitierte Formulierung (ohne Zusatz) zu Mißverständnissen, deren Möglichkeit auch HADAMARD selbst sich nicht entziehen konnte. Das geht daraus hervor, daß HADAMARD [3] 1901 bei Wiederholung seiner Formulierung unter dem Eindruck des eben erwähnten Beispiels von BOREL eine Fußnote zufügte: «Toutefois

une des branches de» $h(a, b; z)$ ·«peut présenter le point singulier $z = 0$
sans qu'il en soit de même ni pour» $a(z)$ «ni pour» $b(z)$.

Die HADAMARDsche Formulierung ist mit oder ohne jenen Zusatz
vielfach in die Literatur übergegangen. So z. B. BOREL [5], FABER [6].
Auch L. BIEBERBACH [1] hat die Sache in seinem Encyklopädieartikel
nicht besser gemacht, wenn er dort sagt, am Rande des Hauptsterns
von $h(a, b; z)$ lägen keine anderen singulären Stellen als solche, die
in der Menge $\alpha\,\beta$ enthalten sind. Das ist in dieser Allgemeinheit falsch,
wie gleich an einem Beispiel belegt werden soll. Eine richtige Formulierung gibt L. BIEBERBACH [2] in Band II seines Lehrbuchs der Funktionentheorie, wie in der Literatur anerkannt worden ist. Allerdings
beschränkt sich diese Formulierung auf die erste Behauptung von
Satz (1.4.I). Der im vorliegenden Bericht gegebene Beweis schließt
sich eng an HADAMARD an und ist eigentlich weiter nichts als eine
Interpretation des HADAMARDschen Textes. Meiner Meinung nach
läßt der ursprüngliche HADAMARDsche Beweis alles weit hinter sich
zurück, was einige spätere Verfasser sehr zum Schaden der Stringenz
ihrer Ausführungen an Vereinfachungen haben anbringen wollen.

Nun noch einige **Beispiele** zur Beleuchtung der Tragweite der
Sätze (1.4.I) und (1.4.II).

Zunächst kann die erste Behauptung des Satzes (1.4.I) nicht durch
$H = A \odot B$ ersetzt werden. Dafür hat bereits FABER [6] ein Beispiel
gegeben. Einfacher dürfte heute das folgende sein, das allerdings
einen Satz benutzt, der erst später in diesem Bericht besprochen werden
wird. Man nehme

$$a(z) = b(z) = \sum_0^\infty a_n z^{2n} + \sum_0^\infty \left(\frac{z}{2}\right)^{2n+1}. \tag{1.4.8}$$

Man lasse hier $\sum_0^\infty a_n z^{2n}$ aus $\sum_0^\infty z^{2n}$ gemäß dem Satz (4.2.VIII) durch

Vorzeichenänderung der Koeffizienten derart hervorgehen, daß $\sum_0^\infty a_n z^{2n}$

den $|z| = 1$ zur natürlichen Grenze hat. Dann ist

$$h(a, b; z) = \sum_0^\infty z^{2n} + \sum_0^\infty \left(\frac{z}{4}\right)^{2n+1}. \tag{1.4.9}$$

Diese Funktion ist eindeutig und hat die singulären Stellen ± 1, ± 4.
Der Hauptstern von $a(z)$ und von $b(z)$ ist der $|z| < 1$. Der Produkt-
stern $A \odot B$ ist ebenfalls der $|z| < 1$. Dagegen ist der Hauptstern
von $h(a, b; z)$ die längs $z > 1$ und längs $z < -1$ aufgeschlitzte Ebene.
Also ist $H \supset A \odot B$. Die am Rande des Hauptsterns gelegenen singulären Stellen ± 4 sind nicht als Produkte von singulären Stellen von
$a(z)$ und $b(z)$ darstellbar. Denn deren singuläre Stellen gehören alle
dem $|z| = 1$ an. Das Beispiel belegt auch die Tatsache, daß ganz und

gar nicht alle Stellen $\alpha\,\beta$ für $h(a, b; z)$ singulär zu sein brauchen, sonst müßte ja auch für $h(a, b; z)$ der $|z| = 1$ natürliche Grenze sein.

Ein anderes Beispiel ist dieses: Man nehme

$$a(z) = \sum_0^\infty a_n z^{2n} , \quad b(z) = \sum_0^\infty b_n z^{2n+1} . \tag{1.4.10}$$

Dann ist

$$h(a, b; z) \equiv 0. \tag{1.4.11}$$

Der Hauptstern von $h(a, b; z)$ ist also die volle Ebene, ganz einerlei, was für bei $z = 0$ reguläre Funktionen man in (1.4.10) genommen hat.

Weiter nenne ich folgendes Beispiel:

$$a(z) = \log (1 + z) = z - \frac{z^2}{2} + \cdots$$

$$b(z) = z\,a'(z) = z - z^2 + \cdots \tag{1.4.12}$$

$$h(a, b; z) = z + \frac{z^2}{2} + \cdots = \log \frac{1}{1 - z} .$$

Nun ändere man in $a(z)$ die Vorzeichen der Koeffizienten so, daß nach Satz (4.2.VIII) daraus eine Funktion wird, die den $|z| = 1$ zur natürlichen Grenze hat. In $b(z)$ nehme man die gleichen Vorzeichenänderungen vor. Dann wird auch für das abgeänderte $b(z)$ der $|z| = 1$ natürliche Grenze, da die Beziehung $b(z) = z\,a'(z)$ erhalten bleibt. An $h(a, b; z)$ ändert sich dabei aber nichts. Auch in diesem Beispiel ist $H \supset A \odot B$. Jetzt macht man aber noch die Beobachtung, daß das HADAMARDsche Produkt zweier eindeutiger Funktionen unendlich vieldeutig sein kann.

Schließlich noch das folgende, etwas allgemeiner gehaltene Beispiel. Man schreibe

$$h(z) = \sum_0^\infty h_n z^n , \quad \overline{\lim} |h_n|^{\frac{1}{n}} = 1 \tag{1.4.13}$$

beliebig vor und setze

$$a(z) = b(z) = \sum_0^\infty \sqrt{h_n}\, z^n . \tag{1.4.14}$$

Hier kann man nach Satz (4.2.VII) über die Vorzeichen der $\sqrt{h_n}$ so verfügen, daß der $|z| = 1$ natürliche Grenze für $a(z)$ und $b(z)$ ist. Und doch ist immer

$$h(a, a; z) = h(z) .$$

Diese Beispiele zeigen zugleich, daß die als HADAMARDsche Produkte darstellbaren Funktionen in keiner Weise durch spezielle Eigenschaften ausgezeichnet sind. Aus Funktionen $a(z)$, $b(z)$, die den $|z| = 1$ zur natürlichen Grenze haben, kann man vermittels des HADAMARDschen Operators alle Funktionen gewinnen, die (in einem Zweig) im $|z| < 1$ holomorph sind.

Auf die durch diese Beispiele und Bemerkungen angeregten Fragen wird in 5.1. und 5.2. näher eingegangen werden.

Den Satz (1.4.I) beweist Mandelbrojt [15, 16] mit Mitteln aus der Theorie der normalen Funktionenfamilien, insoweit er eine Abschätzung des Hauptsterns von $h(a, b; z)$ zum Ausdruck bringt.

Einen Beweis für Satz (1.4.I), der sich unmittelbar auf das in 1.1. Dargelegte stützt, deutet G. Pólya [11] an.

1.5. Sätze von Hurwitz und Cramér.

Satz (1.5.I). *Additionssatz von* Hurwitz (Hurwitz [1]). *Es seien*

$$a(z) = \sum_0^\infty \frac{a_n}{z^{n+1}} \quad \textit{konvergent für } |z| > r_a \,, \tag{1.5.1}$$

$$b(z) = \sum_0^\infty \frac{b_n}{z^{n+1}} \quad \textit{konvergent für } |z| > r_b \,. \tag{1.5.2}$$

Dann ist

$$\mathfrak{H}(a, b; z) = \sum_0^\infty \frac{c_n}{z^{n+1}} \,, \quad c_n = \sum_0^n \binom{n}{k} a_k\, b_{n-k} \tag{1.5.3}$$

konvergent für $|z| > r_a + r_b$.

Ist $a(z)$ holomorph und eindeutig in einem Gebiet $A \geqq \{|z| > r_a\}$ und $b(z)$ holomorph und eindeutig in einem Gebiet $B \geqq \{|z| > r_b\}$, so ist $\mathfrak{H}(a, b; z)$ holomorph und eindeutig in dem $z = \infty$ enthaltenden Teilgebiet des Summengebietes

$$A \oplus B = (A' + B')' \geqq \{|z| > r_a + r_b\}.$$

Durch A' ist die Komplementärmenge von A bezeichnet. Dabei ist A ein $z = \infty$ enthaltendes Gebiet; ebenso enthält B den Punkt $z = \infty$. Ähnlich wie in 1.4. sieht man, daß jeder Punkt von $A \oplus B$ ein innerer Punkt dieser Menge ist, weil A', B' und $A' + B'$ abgeschlossen sind. Aber $A \oplus B$ ist nicht immer eine zusammenhängende Menge. So wird es sich erklären, daß die durch (1.5.3) definierte Funktion in dem $z = \infty$ enthaltenden Teilgebiet von $A \oplus B$ holomorph ist, während, wie sich zeigen wird, das Integral (1.5.4) in jedem Punkt von $A \oplus B$ holomorph ist.

Ein Beweis von Satz (1.5.I) beruht auf der Integraldarstellung von Dell'Agnola [1]:

$$\mathfrak{H}(a, b; z) = \frac{1}{2 \pi i} \int_C b(z - t)\, a(t)\, dt \,. \tag{1.5.4}$$

Hier ist C ein geschlossener Integrationsweg, der um A' die Umlaufzahl $+1$ und um $B'(z)$ die Umlaufzahl 0 hat. $B'(z)$ geht aus B' durch die Abbildung $\tau = z - t$ hervor. Dabei ist B' in der τ-Ebene und $B'(z)$ und A' in der t-Ebene gedacht. Eine solche Kurve C gibt es, wenn A' und $B'(z)$ punktfremd sind. Denn dann kann man als C ein beide Mengen trennendes passend orientiertes Polygon nehmen. A' und $B'(z)$ sind punktfremd, wenn $z \in A \oplus B$ genommen wird. Denn sonst gäbe es ein $t' \in A'$ und ein $\tau' \in B'$, so daß $\tau' = z - t'$ wäre, dann ist aber $z = \tau' + t' \in A' + B'$ gegen die Annahme $z \in A \oplus B$.

Wenn überdies $\mathfrak{B}$ eine abgeschlossene Teilmenge von $A \oplus B$ ist, so ist auch $\underset{z \in \mathfrak{B}}{\bigcup} B'(z)$ Teilmenge einer abgeschlossenen, zu A' punktfremden Menge. Daher kommt man für alle $z \in \mathfrak{B}$ mit der gleichen Kurve C aus. Bei festem C stellt (1.5.4) eine in $\mathfrak{B}$ holomorphe und eindeutige Funktion dar; da $\mathfrak{B} \subset A \oplus B$ beliebig gewählt werden kann, so ist $\mathfrak{H}(a, b; z)$ in $A \oplus B$ holomorph und eindeutig.

Es fehlt noch der Nachweis, daß die durch (1.5.4) definierte Funktion in der Umgebung von $z = \infty$ durch die Reihe (1.5.3) dargestellt wird, und daß diese Reihe in $|z| > r_a + r_b$ konvergiert. Zum Beweis wähle man $|z| > r_a + r_b$. Als Integrationsweg C nehme man einen Kreis $|t| = \varrho$ mit $r_a < \varrho < |z| - r_b$. Dann ist $|z - t| \geqq |z| - |t| = |z| - \varrho > r_b$ auf C. Daher kann man unter dem Integralzeichen in (1.5.4) die Reihe (1.5.1) mit t statt z und die Reihe (1.5.2) mit $z - t$ statt z verwenden. Dann führen elementare Rechnungen zur Reihendarstellung (1.5.3) und zur Einsicht, daß diese Reihe für $|z| > r_a + r_b$ konvergiert, was sich übrigens auch schon daraus ergibt, daß $A \oplus B \supseteq \{|z| > r_a + r_b\}$ ist.

Wenn die Mengen A' und B' aus mehreren getrennten Kontinua bestehen, so kann C auch aus mehreren Kontinua bestehen. Das gleiche kann dann auch für $A' + B'$ und damit auch für den Rand von $A \oplus B$ gelten. Nur müssen die Voraussetzungen über Eindeutigkeit und Holomorphie gewahrt bleiben.

Der Satz (1.5.I) wird vielfach in der Literatur (z. B. MANDELBROJT [14]) dahin formuliert, daß $\mathfrak{H}(a, b; z)$ keine anderen Singularitäten habe als solche, die sich durch Addition von Singularitäten von $a(z)$ und $b(z)$ ergeben. Den Beweis für diese allgemeine Behauptung ist die Literatur bisher schuldig geblieben. Bei einigem Nachdenken erscheint die Behauptung in dieser Allgemeinheit auch reichlich kühn. Sie ist gewiß richtig und in dem Satz (1.5.I) enthalten, wenn $a(z)$ und $b(z)$ eindeutige Funktionen mit nur endlich vielen singulären Stellen sind. Denn dann ist $A \oplus B$ die Komplementärmenge der endlichen Punktmenge, die entsteht, wenn man singuläre Punkte von $a(z)$ zu singulären Punkten von $b(z)$ addiert. Aber schon bei den einfachsten mehrdeutigen Funktionen $a(z)$ oder $b(z)$ muß man zur Erklärung von A bzw. B Komplementärmengen in Kauf nehmen, die auch andere als singuläre Punkte von $a(z)$ oder $b(z)$ enthalten. Man kann dann lediglich behaupten, daß am Rand von $A \oplus B$ nur solche Stellen sich als singulär für $\mathfrak{H}(a, b; z)$ erweisen können, die $A' + B'$ angehören. Das ist aber in Satz (1.5.I) enthalten. Man könnte versuchen, durch Abänderung von A und B und damit zusammenhängende Änderung von $A' + B'$ weitere Auskunft zu erhalten. Doch habe ich in diesem Betracht kein greifbares Ergebnis von einiger Allgemeinheit finden können.

Der Nachweis dafür, daß der Konvergenzradius von $\mathfrak{H}(a, b; z)$ durch $r_a + r_b$ abgeschätzt wird, kann auch auf anderem Wege geführt werden, wenn man z. B. beachtet, daß $\mathfrak{H}(a, b; z)$ die Laplacesche Unterfunktion des Produktes der zu $a(z)$ und $b(z)$ assoziierten Laplaceschen Unterfunktionen im Sinne von 1.1. ist. Siehe z. B. Pólya [16].

Über die effektive Singularität von Stellen am Rande des Summengebietes ist im Gegensatz zu den entsprechenden Verhältnissen beim Hadamardschen Multiplikationssatz (5.1; 5.2) wenig bekannt. Diesbezügliche Angaben enthalten aber die Sätze (1.5.VI) und (1.5.VII). Dazu kommt noch ein Satz (1.5.II) von R. Wilson [8].

Satz (1.5.II). *Wenn $a(z)$ an der Stelle α einen Pol der Ordnung m hat und sonst in der ganzen Riemannschen Ebene holomorph ist, wenn $b(z)$ an der Stelle β einen Pol der Ordnung n hat und sonst in der ganzen Riemannschen Ebene holomorph ist, dann hat $\mathfrak{H}(a, b; z)$ an der Stelle $\alpha + \beta$ einen Pol der Ordnung $m + n - 1$ und ist sonst in der ganzen Riemannschen Ebene holomorph.*

Es ergeben sich natürlich an Hand der distributiven Eigenschaft des Hurwitzschen Operators daraus einige weitere Folgerungen. Aber im ganzen ist die Frage noch wenig erörtert.

Einen Beweis für Satz (1.5.I), der sich unmittelbar auf die Darlegungen aus 1.1. stützt, deutet G. Pólya [11] an.

Analoga zum Hadamardschen Multiplikationssatz (1.4.I) und zum Hurwitzschen Additionssatz (1.5.I) geben Dell'Agnola [1], W. J. Trjitzinsky [1, 2] und St. Schottländer [1] für allgemeinere Operatoren.

Satz (1.5.III). *Es sei*

$$f(z) = \sum_0^\infty f_n z^n \quad in\ |z| < r\ konvergent. \tag{1.5.5}$$

Es sei $A(z)$ eine ganze Funktion höchstens vom Typus H der Ordnung 1. Dann ist

$$f^*(z) = \sum_0^\infty f_n A(n) z^n \quad in\ |z| < r e^{-H}\ konvergent, \tag{1.5.6}$$

und aus diesem Kreis auf jedem Weg W analytisch fortsetzbar, längs dem $f(z/t)$ für $z \in W$ und $t \in e^{-L}$ regulär in z und t bleibt. Dabei ist L eine abgeschlossene beschränkte Menge und ist die Unterfunktion $a(z)$ von $A(z)$ in dem $z = \infty$ enthaltenden Teilgebiet der Komplementärmenge L' holomorph und eindeutig.

Zum Beweis setze man

$$z = e^{-s},\ f(e^{-s}) = F(s),\ f^*(e^{-s}) = F^*(s),\ \log \frac{1}{r} = \sigma\,.$$

Dann wird aus Satz (1.5.III) der

Satz (1.5.IV) (Cramér [1]). *Es sei*

$$F(s) = \sum_0^\infty f_n e^{-sn} \quad in\ \Re s > \sigma\ konvergent. \tag{1.5.7}$$

Es sei $A(z)$ eine ganze Funktion höchstens vom Typus H der Ordnung 1, deren Unterfunktion $a(z)$ in dem $z = \infty$ enthaltenden Teilgebiet der Komplementärmenge L' einer beschränkten abgeschlossenen Menge L holomorph und eindeutig ist. Dann ist

$$F^*(s) = \sum_0^\infty f_n\, A(n)\, e^{-ns} \quad in\ \Re s > \sigma + H\ konvergent \qquad (1.5.8)$$

und aus dieser Halbebene heraus längs jedem Weg w fortsetzbar, für den $F(s-u)$ für $s \in w$ und $u \in L$ holomorph bleibt.

Die in Satz (1.5.III) noch enthaltene Angabe über den Konvergenz-radius von (1.5.6) ergibt sich nach 1.1 unmittelbar aus der Voraussetzung über den Typus von $A(z)$.

Der Beweis von Satz (1.5.IV) fließt nach Ostrowski [3] aus der Integraldarstellung

$$F^*(s) = \frac{1}{2\pi i} \oint_L F(s-u)\, a(u)\, du\,. \qquad (1.5.9)$$

Hier ist das Integral auf einem Weg in L' zu erstrecken, der um L die Umlaufszahl $+1$ hat. Wählt man ihn hinreichend dicht bei L, so ist auf ihm nicht nur $a(t)$, sondern auch $F(s-u)$ für $s \in w$, und $u \in$ Integrationsweg holomorph, wenn man s auf ein genügend kleines, aber beliebiges Stück von w beschränkt. Daher stellt das Integral, das bei festem s vom Integrationsweg unabhängig ist, eine längs w holomorphe Funktion dar, wie der Satz (1.5.IV) behauptet.

Es bleibt zu zeigen, daß (1.5.9) in der da genannten Halbebene die durch (1.5.8) definierte Funktion darstellt. Beschränkt man aber s auf die bei (1.5.8) genannte Halbebene und legt den Integrationsweg genügend dicht an L heran, so kann man unter dem Integral (1.5.9) für $F(s-u)$ die Reihendarstellung (1.5.7) mit $s-u$ statt s verwenden und gliedweise integrieren. Dann wird

$$F^*(s) = \frac{1}{2\pi i} \oint_L \sum_0^\infty f_n\, e^{n(u-s)}\, a(u)\, du = \sum_0^\infty f_n e^{-ns} \frac{1}{2\pi i} \oint_L e^{nu}\, a(u)\, du$$

$$= \sum_0^\infty f_n\, A(n)\, e^{-ns}, \quad \text{nach (1.3.10)}.$$

Der vorgetragene Beweisgang hat mehr geliefert, als in Satz (1.5.IV) ausgesprochen ist. Ich formuliere dies allgemeinere Ergebnis für den Sonderfall einer ganzen Funktion $A(z)$, die höchstens dem Minimaltypus der Ordnung 1 angehört — L reduziert sich dann auf den Nullpunkt — mit einer dann noch möglichen Ergänzung besonders.

Satz (1.5.V). *Es sei*

$$A(z) = \sum_0^\infty \frac{a_n}{n!}\, z^n \qquad (1.5.10)$$

*eine ganze Funktion, die höchstens dem Minimaltypus der Ordnung 1
angehört, und $a(z)$ ihre* LAPLACE*sche Unterfunktion im Sinne von* 1.1.
Dann ordnet

$$b^*(z) = \frac{1}{2\pi i} \oint b(z-u)\,a(u)\,du\,, \tag{1.5.11}$$

*— wobei über irgendeine Kurve zu integrieren ist, die um den Nullpunkt
die Umlaufszahl $+1$ hat —, jeder analytischen Funktion $b(z)$ eine analytische Funktion $b^*(z)$ zu, die auf jedem Weg analytisch fortsetzbar ist, auf
dem sich $b(z)$ analytisch fortsetzen läßt. Sie ist also in jedem Holomorphie-
gebiet $\mathfrak{B}$ der* RIEMANN*schen Fläche von $b(z)$ selbst holomorph. Außerdem
gilt in jedem abgeschlossenen Holomorphiebereich B dieser* RIEMANN*schen
Fläche gleichmäßig die Darstellung*

$$b^*(z) = \sum_0^\infty \frac{a_n}{n!}\,(-1)^n\,b^{(n)}(z)\,. \tag{1.5.12}$$

Ich habe die Variable mit z statt mit s bezeichnet, um anzudeuten,
daß jetzt nicht angenommen wird, daß $b(z)$ gerade in einer Halbebene
holomorph ist. Der erste Absatz des Beweises zu Satz (1.5.IV) benutzt
ja diese Annahme nicht und gilt daher auch in dem jetzt vorliegenden
allgemeineren Fall.

Es bleibt nur noch die Reihendarstellung (1.5.12) zu beweisen.
Ist $z_0 \in B$ und sind $\varepsilon > 0$ und $\eta > 0$ so klein gewählt, daß $b(z)$ auch
in $|z - z_0| \leqq \varepsilon + \eta$ holomorph ist, dann ist

$$\left|\frac{b^{(n)}(z)}{n!}\right| \leqq \frac{M}{(\varepsilon + \eta)^n}\,,\quad |z - z_0| \leqq \eta,\quad M = \operatorname*{Max}_{|z-z_0|\leqq\varepsilon+\eta}\,|b(z)|\,.$$

Daher konvergiert

$$b(z-u) = \sum_0^\infty (-1)^n\,b^{(n)}(z)\,u^n$$

in $|u| \leqq \varepsilon$, $|z - z_0| \leqq \eta$ gleichmäßig. Trägt man das in (1.5.11) ein,
so folgt

$$b^*(z) = \frac{1}{2\pi i} \oint_{|u|=\varepsilon} \sum_0^\infty (-1)^n\,\frac{b^{(n)}(z)}{n!}\,u^n\,a(u)\,du$$

$$= \sum_0^\infty \frac{(-1)^n\,b^{(n)}(z)}{n!}\,\frac{1}{2\pi i}\oint_{|u|=\varepsilon} u^n\,a(u)\,du = \sum_0^\infty \frac{(-1)^n\,b^{(n)}(z)\,a_n}{n!}$$

gleichmäßig in $|z - z_0| \leqq \eta$. Die Reihe konvergiert auch gleichmäßig
in jeder Vereinigungsmenge von endlich vielen solchen Kreisscheiben,
mit $z_0 \in B$. Das beweist das noch fehlende Stück von Satz (1.5.V).

G. PÓLYA [16, 25] hat den Satz (1.5.V) ergänzt durch

Satz (1.5.VI). *Jeder zugängliche singuläre Punkt von $b(z)$ ist auch
eine singuläre Stelle von $b^*(z)$.*

Nach PÓLYA heißt eine singuläre Stelle s von $b(z)$ *zugänglich*, wenn es einen Halbkreis mit dem Mittelpunkt s gibt, in dem $b(z)$ regulär ist, und zwar nicht nur im Innern dieses Halbkreises, sondern auch in den von s verschiedenen Punkten seines Durchmessers.

Zum Beweis von Satz (1.5.VI) betrachte man zuerst den auch in Satz (1.5.I) vorgesehenen Fall, daß auch $b(z)$ in der Umgebung von $z = \infty$ regulär ist, und dort eine Entwicklung

$$b(z) = \sum_0^\infty \frac{b_n}{z^{n+1}} \tag{1.5.13}$$

hat. Ihr Konvergenzradius sei wieder r_b. Ist dann $B(z)$ die zu $b(z)$ assoziierte LAPLACEsche Oberfunktion, so ist diese nach 1.1 vom Typus r_b der Ordnung 1. Nach dem, was schon gelegentlich des Satzes (1.5.I) ausgeführt wurde, ist dann der Konvergenzradius von

$$b^*(z) = \sum_0^\infty \frac{b_n^*}{z^{n+1}}, \quad b_n^* = \sum_0^n \binom{n}{k} a_k b_{n-k} \tag{1.5.14}$$

höchstens r_b, und zwar ist er gleich dem Typus der ganzen Funktion $A(z)\,B(z)$. Aus der Theorie der ganzen Funktionen ist bekannt, daß dieser Typus im Falle, daß $A(z)$ dem Minimaltypus der Ordnung 1 höchstens angehört, dem Typus von $B(z)$ gleich ist. Der Schluß ist z. B. bei PÓLYA [16] und bei E. BOLLER [1] ins einzelne durchgeführt. Daher ist der Konvergenzradius von $b^*(z)$ gleich dem Konvergenzradius von $b(z)$.

Liegt dann auf dem Konvergenzkreis von $b(z)$ nur eine singuläre Stelle von $b(z)$, so ist diese auch für $b^*(z)$ singulär. Denn nach Satz (1.5.V) ist jede reguläre Stelle von $b(z)$ auf der Peripherie des Konvergenzkreises auch für $b^*(z)$ regulär. Wegen der Gleichheit der Konvergenzkreise muß aber auf seiner Peripherie mindestens eine singuläre Stelle von $b^*(z)$ liegen. Das kann also nur die von $b(z)$ sein. In diesem Sonderfall ist also Satz (1.5.VI) bewiesen. Beachtet man, daß die durch (1.5.11) gestiftete Funktionaloperation mit einer jeden Verschiebung $z \to z + h$ vertauschbar ist, so erkennt man die Richtigkeit des Satzes auch für den Fall, daß $b(z)$ in $|z - h| > r_b$ regulär ist, bei $z = \infty$ verschwindet und am Rande des Konvergenzkreises nur eine singuläre Stelle hat.

Anschließend betrachtet man nach PÓLYA den Fall, daß $b(z)$ in einem Kreisbogenzweieck $\mathfrak{Z}$ mit den Ecken P und Q regulär ist. Es sei von zwei Kreisbogen K_1 und K_2 begrenzt. K_1 gehöre einem Kreis an, in dessen Äußerem das Zweieck $\mathfrak{Z}$ liegt. Auf K_1 liege als innerer Punkt von K_1 ein Punkt s, in dem $b(z)$ singulär ist, und dies sei der einzige singuläre Punkt von $b(z)$ im Zweieck $\mathfrak{Z}$ und auf seinem Rande. Spart man dann s durch einen kleinen Kreisbogen vom Radius ϱ aus, der $\mathfrak{Z}$ angehört, und ersetzt die auf K_1 gelegene Verbindung seiner Enden durch diesen Kreisbogen, so erhält man aus K_1 eine aus zwei Kreisbogen bestehende Kurve K_1', und es ist offenbar in dem von K_1' und K_2 begrenzten Teil von $\mathfrak{B}$

$$b(z) = b_1(z) + b_2(z), \quad b_1(z) = \frac{1}{2\pi i} \int\limits_{K_1'} \frac{b(u)}{u-z}\, du, \quad b_2(z) = \frac{1}{2\pi i} \int\limits_{K_2} \frac{b(u)}{z-u}\, du.$$

Hier ist $b_1(z)$ im Komplementärgebiet von K_1' regulär und, wie man durch Grenzübergang $\varrho \to 0$ sieht, sogar im Komplementärgebiet von K_1 regulär und ist $b_1(\infty) = 0$. Ebenso ist $b_2(z)$ im Komplementärgebiet von K_2 regulär. Wegen $b_1(z) = b(z) - b_2(z)$ hat daher $b_1(z)$ auf K_1 keine anderen möglichen Singularitäten als s, P und Q. Ist dann $|z-h| = \beta$ ein Kreis, der K_1 umschließt und der K_1 in s berührt, so ist $b_1(z)$ in $|z-h| > \beta$ regulär, verschwindet in $z = \infty$ und hat auf $|z-h| = \beta$ nur die eine singuläre Stelle s. Nun ist

$$b^*(z) = \sum_0^\infty (-1)^n \frac{a_n}{n!}\, b^{(n)}(z) = \sum_0^\infty (-1)^n \frac{a_n}{n!}\, b_1^{(n)}(z) + \sum_0^\infty (-1)^n \frac{a_n}{n!}\, b_2^{(n)} z$$

$$= b_1^*(z) + b_2^*(z).$$

Daher ist nach dem schon Bewiesenen $z = s$ singuläre Stelle für $b_1^*(z)$, während $z = s$ nach Satz (1.5.V) eine reguläre Stelle für $b_2^*(z)$ ist. Daher ist $z = s$ singulär für $b^*(z)$. So ist Satz (1.5.VI) auch für den Zweiecksfall bewiesen.

Wenn endlich s irgendein zugänglicher singulärer Punkt von $b(z)$ ist, der nicht sofort auf Grund der angestellten Betrachtungen als singulär für $b^*(z)$ erkannt werden kann, so lassen sich doch auf Grund des schon Bewiesenen in beliebiger Nähe von s singuläre Stellen von $b^*(z)$ feststellen, so daß sich dann auch s als singulär für $b^*(z)$ herausstellt.

Der Satz (1.5.VI) stellt auch eine Ergänzung zum HURWITZschen Additionssatz (1.5.I) dar. Während dieser Satz nur etwas über mögliche Singularitäten aussagt, enthält Satz (1.5.VI) eine Feststellung über effektive Singularitäten in gewissen Fällen.

R. WILSON [8] hat PÓLYAs Satz (1.5.VI) folgende weitere Ergänzung zu Satz (1.5.V) zur Seite gestellt.

Satz (1.5.VII). *Hat $b(z)$ einen endlichen Konvergenzkreis, so ist jede auf seiner Peripherie isolierte singuläre Stelle von $b(z)$ auch eine singuläre Stelle von $b^*(z)$.*

Für den Fall von Polen noch weitere Ausführungen bei PÓLYA [22] und E. BOLLER [1].

1.6. Die EULERsche Reihentransformation.

Die Potenzreihe

$$f(z) = \sum_0^\infty f_n z^n, \quad \limsup_{n \to \infty} \sqrt[n]{|f_n|} = 1 \tag{1.6.1}$$

werde der EULERschen Reihentransformation

$$z = \frac{-\mathfrak{z}}{1 + \mathfrak{z}}, \quad \mathfrak{z} = \frac{-z}{1 + z} \tag{1.6.2}$$

unterworfen. Durch (1.6.2) wird der $|z| = 1$ auf $\Re\mathfrak{z} = -\frac{1}{2}$ abgebildet und geht $|z| < 1$ in $\Re\mathfrak{z} > -\frac{1}{2}$ über. $z = 1$ wird zu $\mathfrak{z} = -\frac{1}{2}$. Die Kreisscheibe $|\mathfrak{z}| < \frac{1}{2}$ gehört der Halbebene $\Re\mathfrak{z} > -\frac{1}{2}$ an. In ihr ist jedenfalls die durch (1.6.2) aus (1.6.1) entstehende Funktion regulär. Es ist dies

$$\sum_0^\infty f_n z^n = (1 + \mathfrak{z}) \sum_0^\infty f_n (-1)^n \mathfrak{z}^n \frac{1}{(1 + \mathfrak{z})^{n+1}}$$

$$= (1 + \mathfrak{z}) \sum_0^\infty f_n (-1)^n \mathfrak{z}^n \sum_0^\infty (-1)^\lambda \binom{n + \lambda}{\lambda} \mathfrak{z}^\lambda$$

$$= (1 + \mathfrak{z}) \sum_0^\infty F_\mu \mathfrak{z}^\mu \tag{1.6.3}$$

$$F_\mu = (-1)^\mu \sum_0^\mu \binom{\mu}{\lambda} f_{\mu - \lambda} = (-1)^\mu \sum_0^\mu \binom{\mu}{\lambda} f_\lambda .$$

Nach dem Ausgeführten ist also stets

$$\limsup_{\mu \to \infty} \sqrt[\mu]{|F_\mu|} \leq 2 . \tag{1.6.4}$$

Wir haben

Satz (1.6.I). *Die notwendige und hinreichende Bedingung dafür, daß $z = 1$ eine singuläre Stelle für (1.6.1) ist, lautet*

$$\limsup_{\mu \to \infty} \sqrt[\mu]{|F_\mu|} = 2 . \tag{1.6.5}$$

Dafür, daß $z = 1$ eine reguläre Stelle für (1.6.1) ist, ist notwendig und hinreichend, daß

$$\limsup_{\mu \to \infty} \sqrt[\mu]{|F_\mu|} < 2 \tag{1.6.6}$$

ist.

1.7. Ein Test für singuläre Stellen eines Funktionselementes.

Ist ϑ aus $0 < \vartheta < 1$ vorgegeben, so ist

$$\varlimsup_{\mu \to \infty} \sqrt[\mu]{\left| \sum_0^{\frac{\mu}{2}(1-\vartheta)} \binom{\mu}{\nu} f_\nu \right|} < 2, \quad \varlimsup_{\mu \to \infty} \sqrt[\mu]{\left| \sum_{\frac{\mu}{2}(1+\vartheta)}^{\mu} \binom{\mu}{\nu} f_\nu \right|} < 2 . \tag{1.7.1}$$

Denn es ist z. B.

$$\left| \sum_0^{\frac{\mu}{2}(1-\vartheta)} \binom{\mu}{\nu} f_\nu \right| \leq \sum_0^{\frac{\mu}{2}(1-\vartheta)} \binom{\mu}{\nu} |f_\varrho| , \quad |f_\varrho| = \operatorname*{Max}_0 |f_\nu| .$$

Wegen $\varlimsup_{\nu \to \infty} \sqrt[\nu]{|f_\nu|} = 1$ ist auch $\varlimsup_{\mu \to \infty} \sqrt[\mu]{|f_\varrho|} = 1$. Weiter aber ist

$$\varlimsup \sqrt[\mu]{\sum_0^{\frac{\mu}{2}(1-\vartheta)} \binom{\mu}{\nu}} < 2 \,.$$

Denn es ist

$$\sum_0^{\frac{\mu}{2}(1-\vartheta)} \binom{\mu}{\nu} < \left(\frac{\mu}{2}(1-\vartheta) + 1\right)\left(\left[\frac{\mu}{2}(1-\vartheta)\right]^{\mu}\right).$$

Nach der STIRLINGschen Formel

$$n! \sim \sqrt{2\pi}\, n^{n+\frac{1}{2}}\, e^{-n}$$

ist aber

$$\lim \sqrt[\mu]{\left(\frac{\mu}{2}(1-\vartheta) + 1\right)\left(\left[\frac{\mu}{2}(1-\vartheta)\right]^{\mu}\right)} = \frac{2}{(1-\vartheta)^{\frac{1-\vartheta}{2}}(1+\vartheta)^{\frac{1+\vartheta}{2}}} < 2 \,,$$

weil nämlich

$$\frac{1-\vartheta}{2}\log(1-\vartheta) + \frac{1+\vartheta}{2}\log(1+\vartheta) = \sum_1^{\infty} \frac{\vartheta^{2\nu}}{2\nu(2\nu-1)} > 0$$

für $0 < \vartheta < 1$ gilt. Ähnlich schließt man bei dem zweiten Ausdruck (1.7.1).

Ist

$$\varlimsup \sqrt[\nu]{|P_\nu|} = 2 \text{ und } \varlimsup \sqrt[\nu]{|p_\nu|} < 2, \text{ so ist auch } \varlimsup \sqrt[\nu]{|P_\nu + p_\nu|} = 2 \,,$$

wie man durch Betrachtung der Konvergenzradien der Reihen $\Sigma P_\nu z^\nu$, $\Sigma p_\nu z^\nu$, $\Sigma (P_\nu + p_\nu) z^\nu$ sieht. Daher gilt

Satz (1.7.I). *Notwendig und hinreichend dafür, daß $z = 1$ eine singuläre Stelle für* (1.6.1) *ist, ist*

$$\varlimsup_{\mu \to \infty} \left| \sum_{\frac{\mu}{2}(1-\vartheta)}^{\frac{\mu}{2}(1+\vartheta)} \binom{\mu}{\lambda} f_\lambda \right|^{\frac{1}{\mu}} = 2 \,. \tag{1.7.2}$$

Dafür, daß $z = 1$ regulär für (1.6.1) *ist, ist notwendig und hinreichend, daß*

$$\varlimsup_{\mu \to \infty} \left| \sum_{\frac{\mu}{2}(1-\vartheta)}^{\frac{\mu}{2}(1+\vartheta)} \binom{\mu}{\lambda} f_\lambda \right|^{\frac{1}{\mu}} < 2 \tag{1.7.3}$$

ist.

In (1.7.2) und (1.7.3) ist ϑ aus $0 < \vartheta < 1$ von μ unabhängig. Gilt eine dieser Beziehungen für eines dieser ϑ, so gilt sie für jedes dieser ϑ.

Wir formen die Kriterien noch weiter um. Zunächst kann man in (1.7.2) und (1.7.3) $\frac{\mu}{2}$ durch $\left[\frac{\mu}{2}\right]$ ersetzen. Man sieht das, wenn man die gegebene Herleitung nochmals durchgeht. Alsdann schreibe man $\left[\frac{\mu}{2}\right] = n$, d. h.

$$\mu = 2n + \varepsilon_n, \quad \varepsilon_n = 0, 1 \,. \tag{1.7.4}$$

Aus (1.7.2) wird dann

$$\overline{\lim_{n \to \infty}} \left| \sum_{n(1-\vartheta)}^{n(1+\vartheta)} \binom{2n+\varepsilon_n}{\lambda} f_\lambda \right|^{\frac{1}{2n+\varepsilon_n}} = 2 \,. \tag{1.7.5}$$

Damit ist gleichbedeutend

$$\overline{\lim_{n \to \infty}} \left| \sum_{n(1-\vartheta)}^{n(1+\vartheta)} \binom{2n}{\lambda} f_\lambda \right|^{\frac{1}{2n}} = 2 \,. \tag{1.7.6}$$

Denn aus (1.7.6) folgt (1.7.5). Wäre aber neben (1.7.5)

$$\overline{\lim_{n \to \infty}} \left| \sum_{n(1-\vartheta)}^{n(1+\vartheta)} \binom{2n}{\lambda} f_\lambda \right|^{\frac{1}{2n}} < 2 \tag{1.7.7}$$

erfüllt, so wäre der Konvergenzradius von $\Sigma\, F_{2k}\mathfrak{z}^{2k}$ größer als $\frac{1}{2}$. Nun ist aber

$$\Sigma\, F_{2k}\mathfrak{z}^{2k} = \frac{1}{2} \left\{ \frac{f\left(\dfrac{-\mathfrak{z}}{1+\mathfrak{z}}\right)}{1+\mathfrak{z}} + \frac{f\left(\dfrac{\mathfrak{z}}{1-\mathfrak{z}}\right)}{1-\mathfrak{z}} \right\} \,.$$

Das ist aber wegen (1.7.5) bei $\mathfrak{z} = -\frac{1}{2}$ singulär, weil da der erste Summand rechts nach (1.7.5) singulär, der zweite aber regulär ist. Damit ist (1.7.6) als Singularitätstest bewiesen. Eine leichte Umschreibung und Anwendung der STIRLINGschen Formel führt endlich zu:

Satz (1.7.II). *Dafür, daß $z = 1$ eine singuläre Stelle für* (1.6.1) *ist, ist notwendig und hinreichend, daß*

$$\overline{\lim_{n \to \infty}} \left| \sum_{-\vartheta n}^{\vartheta n} \frac{n!\, n!}{(n-p)!\,(n+p)!} f_{n+p} \right|^{\frac{1}{n}} = 1 \tag{1.7.8}$$

ist. Dafür, daß $z = 1$ eine reguläre Stelle für (1.6.1) *ist, ist notwendig und hinreichend, daß*

$$\overline{\lim_{n \to \infty}} \left| \sum_{-\vartheta n}^{\vartheta n} \frac{n!\, n!}{(n-p)!\,(n+p)!} f_{n+p} \right|^{\frac{1}{n}} < 1 \tag{1.7.9}$$

gilt.

Es versteht sich, daß dabei stets singuläre Stellen gemeint sind, die sich bei analytischer Fortsetzung im Innern des Konvergenzkreises ergeben. Will man eine Stelle s auf dem Konvergenzkreis auf ihre Singularität untersuchen, so hat man offenbar in (1.7.8) und (1.7.9) die f_ν durch $f_\nu s^\nu$ zu ersetzen.

Der Wert des $\overline{\lim}$ in (1.7.9) hängt nach der Herleitung eng mit einem Konvergenzradius zusammen. Hiernach ist es fast selbstverständlich, hinzuzufügen, daß der aus (1.7.9) sich für die Regularität einer Stelle s auf $|z| = 1$ ergebende Test *gleichmäßig* gilt, wenn s einem abgeschlossenen Regularitätsbogen auf $|z| = 1$ angehört. Mit anderen Worten:

Satz (1.7.III). *Gehört s einem abgeschlossenen Regularitätsbogen von (1.6.1) auf $|z| = 1$ an, so gibt es ein von ϑ abhängiges $\delta > 0$, so daß für alle s des Regularitätsbogens*

$$\varlimsup_{n \to \infty} \left| \sum_{-\vartheta n}^{\vartheta n} \frac{n!\, n!\, s^p}{(n-p)!\,(n+p)!}\, f_{n+p} \right|^{\frac{1}{n}} < 1 - \delta \qquad (1.7.10)$$

ist.

Man kann sich noch die Frage vorlegen, ob nicht im Test, statt zweiseitiger, einseitige Umgebungen von n Verwendung finden könnten, d. h., ob man nicht statt (1.7.8) z.B.

$$\varlimsup_{n \to \infty} \left| \sum_{0}^{\vartheta n} \frac{n!\, n!}{(n-p)!\,(n+p)!}\, f_{n+p} \right|^{\frac{1}{n}} = 1 \qquad (1.7.11)$$

als Test für eine singuläre Stelle nehmen könnte. Beispiele widerlegen eine solche Vermutung. (1.7.11) ist nicht notwendig. Denn $z = 1$ ist singulär für

$$\sum_{2}^{\infty} \left(z^{n!} + z^{n!+1} + \cdots + z^{2n!} \right) \left(\frac{1}{2} \right)^{n!} \qquad (1.7.12)$$

Aber es ist

$$\varlimsup_{n \to \infty} \left| \sum_{0}^{\vartheta n} \frac{n!\, n!}{(n-p)!\,(n+p)!}\, f_{n+p} \right|^{\frac{1}{n}} < 1 . \qquad (1.7.13)$$

Denn es ist

$$f_{2n!+p} = 0,\; 0 < p \leqq \vartheta\, 2\, n!,\;\; 0 < \vartheta < 1;\; f_{2n!} = \left(\frac{1}{2} \right)^{n!}.$$

Wegen $(n+1)! > 2\, n!$ haben die einzelnen Posten von (1.7.12) keine Glieder gemein, wenn man sie nach Potenzen von z ordnet. Man sieht leicht, daß auch sonst die linke Seite von (1.7.13.) höchstens $^1/_2$ ist.

(1.7.11) ist auch nicht hinreichend. Man wähle nur in (1.6.1)

$$f_{n!} = 1,\; f_k = 0,\; n! < k \leqq 2n! .$$

Und man wähle die übrigen f_k so, daß sich gemäß dem bewiesenen Test die Stelle $z = 1$ als reguläre Stelle ergibt. Dann ist (1.7.11) für aufsteigende Umgebungen der $f_{n!}$ erfüllt und doch ist $z = 1$ regulär.

HADAMARD [1] hat schon 1892 einen Test benutzt, in dem unter dem Wurzelzeichen je nur endlich viele Reihenglieder stehen. Etwas später hat FABRY [1, 3, 5] einen solchen Test systematisch entwickelt und, wie in 2.1 dargelegt werden wird, virtuos gehandhabt. Beide

Verfasser stützen die Herleitung auf eine Verlagerung des Entwicklungsmittelpunktes der TAYLORschen Reihe. Die im Text gegebene Darstellung geht auf Arbeiten von G. FABER [1], E. LINDELÖF [1], A. PRINGSHEIM [2, 6], G. PÓLYA [3] und A. OSTROWSKI [6, 9] zurück. Von dem letztgenannten Forscher rührt insbesondere der elegante Übergang von (1.7.5) zu (1.7.6) her. OSTROWSKI [6] gibt noch die folgende Form des Testes für die Singularität der Stelle s auf $|z| = 1$ an:

$$\varlimsup_{n \to \infty} \left| \sum_{-\vartheta n}^{\vartheta n} \left(1 + \frac{p}{n}\right)^n e^{-p} s^p f_{n+p} \right|^{\frac{1}{n}} = 1 \,.$$

Sie beruht auf der Auffassung der Potenzreihen als Sonderfall der DIRICHLETschen Reihen.

OSTROWSKI [6] hat hervorgehoben, daß es im Test (1.7.8) genügt, wenn n eine Teilfolge $\{n_k\}$ natürlicher Zahlen mit positiver Dichte durchläuft. Das ergibt sich als Folge von (2.2.VI), wie in 2.2 näher begründet werden wird.

1.8. Unmittelbare Folgerungen aus dem Test.

Satz (1.8.I). $z = 1$ *ist eine singuläre Stelle für* (1.6.1) *jedenfalls dann, wenn*

$$f_n \geqq 0, \quad n = 0, 1, \ldots . \tag{1.8.1}$$

Denn dann ist für $|s| = 1$

$$\left| \sum_{-\vartheta n}^{\vartheta n} \frac{n!\,n!\,s^p}{(n-p)!\,(n+p)!} f_{n+p} \right| \leqq \sum_{-\vartheta n}^{\vartheta n} \frac{n!\,n!}{(n-p)!\,(n+p)!} f_{n+p} \,. \tag{1.8.2}$$

Wäre $z = 1$ regulär, so wäre die rechte Seite von (1.8.2) nach Satz (1.7.II) kleiner als 1 und daher wäre wegen (1.8.2) nach Satz (1.7.II) jede Stelle s auf $|z| = 1$ regulär.

Eine unmittelbare Verallgemeinerung ist

Satz (1.8.II). $z = 1$ *ist eine singuläre Stelle für* (1.6.1) *jedenfalls dann, wenn*

$$f_n' = \Re f_n \geq 0, \quad n = 0, 1, 2, \ldots \tag{1.8.3}$$

und wenn

$$\varlimsup_{n \to \infty} \sqrt[n]{f_n'} = 1 \tag{1.8.4}$$

ist.

Schreibt man nämlich

$$f_n = f_n' + i f_n'' \,,$$

so ist nach Satz (1.8.I) $z = 1$ singulär für

$$f_1(z) = \sum_0^\infty f_n' z^n \,.$$

Dann ist aber $z = 1$ auch singulär für (1.6.1). Denn es ist

$$\left| \sum_{-\vartheta n}^{\vartheta n} \frac{n!\, n!}{(n-p)!\,(n+p)!}\, f_{n+p} \right| \geq \sum_{-\vartheta n}^{\vartheta n} \frac{n!\, n!}{(n-p)!\,(n+p)!}\, f'_{n+p}.$$

Die eben benutzte Schlußweise führt auch zu

Satz (1.8.III). *Ist $z = 1$ singuläre Stelle für*

$$\sum_{0}^{\infty} f'_n\, z^n,$$

so ist $z = 1$ auch singuläre Stelle für (1.6.1).

f'_n ist wieder durch (1.8.3) erklärt.

Es ist nämlich

$$\left| \sum_{-\vartheta n}^{\vartheta n} \frac{n!\, n!}{(n-p)!\,(n+p)!}\, f_{n+p} \right|^2$$

$$\geq \left| \sum_{-\vartheta n}^{\vartheta n} \frac{n!\, n!}{(n-p)!\,(n+p)!}\, f'_{n+p} \right|^2.$$

Man kann Satz (1.8.II) verallgemeinern:

Satz (1.8.IV). *$z = 1$ ist singuläre Stelle für* (1.6.1) *jedenfalls dann, wenn es eine unendliche Teilfolge $\{n_k\}$ der Folge der natürlichen Zahlen und zu jedem $n \in \{n_k\}$ einen Winkel φ_n und ein ϑ aus $(0, 1)$ gibt, so daß*

$$f'_{n+p} = \Re\big(f_{n+p} \exp (i\varphi_n)\big) \geq 0, \ |p| \leq \vartheta n, \ n \in \{n_k\}$$

und

$$\overline{\lim} \,(f'_n)^{\frac{1}{n}} = 1, \quad n \in \{n_k\}$$

ist.

Denn dann ist

$$\overline{\lim_{n \to \infty}} \left| \sum_{-\vartheta n}^{\vartheta n} \frac{n!\, n!}{(n-p)!\,(n+p)!}\, f_{n+p} \right|^{\frac{1}{n}}$$

$$\geq \overline{\lim_{k \to \infty}} \left| \sum_{-\vartheta n}^{\vartheta n} \frac{n!\, n!}{(n-p)!\,(n+p)!}\, f_{n+p} \right|^{\frac{1}{n}}, \quad n \in \{n_k\}$$

$$= \overline{\lim_{k \to \infty}} \left| \sum_{-\vartheta n}^{\vartheta n} \frac{n!\, n!}{(n-p)!\,(n+p)!}\, f_{n+p}\, e^{i\,\varphi_n} \right|^{\frac{1}{n}}, \quad n \in \{n_k\}$$

$$\geq \overline{\lim_{k \to \infty}} \left| \sum_{-\vartheta n}^{\vartheta n} \frac{n!\, n!}{(n-p)!\,(n+p)!}\, f'_{n+p} \right|^{\frac{1}{n}}, \quad n \in \{n_k\}$$

$$\geq \overline{\lim_{k \to \infty}} \,(f'_n)^{\frac{1}{n}} = 1, \quad n \in \{n_k\}.$$

Der Satz (1.8.I) rührt (in anderer Beweisführung) von A. PRINGS-
HEIM [1] 1894 her. Die historische Entwicklung, die zu Satz (1.8.II)

führte, hat A. PRINGSHEIM [3] ausführlich dargestellt und namentlich auch den Anteil gewürdigt, den G. VIVANTI und P. DIENES daran haben. Man vergleiche auch die Darstellung in Lehrbüchern wie z. B E. LANDAU [2] und L. BIEBERBACH [2]. Dazu auch H. BOHR [1]. (1.8.IV) zuerst bei FABRY [1].

Satz (1.8.V). HADAMARDs *Lückensatz.* (1.6.1) *ist über den Konvergenzkreis hinaus nicht fortsetzbar, wenn es eine Teilfolge $\{n_k\}$ ganzer Zahlen gibt derart, daß*

$$f_n = 0, \quad n \notin \{n_k\} \tag{1.8.5}$$

ist, und wenn weiter eine von k unabhängige Zahl $\vartheta_0 > 0$ existiert derart, daß

$$n_{k+1} - n_k > \vartheta_0 n_k, \quad k = 0, 1, 2, \ldots \tag{1.8.6}$$

ist.

Denn dann ist

$$n_k - n_{k-1} > n_k - \frac{1}{1+\vartheta_0}\, n_k = \vartheta_1\, n_k, \ 0 < \vartheta_1 < 1, \quad k = 1, 2, \ldots.$$

Ist weiter $\vartheta_2 = \mathrm{Min}\,(\vartheta_0, \vartheta_1)$, so ist

$$n_{k+1} - n_k > \vartheta_2 n_k, \ n_k - n_{k-1} > \vartheta_2 n_k, \ 0 < \vartheta_2 < 1, \quad k = 1, 2, \ldots.$$

Daher ist (1.7.8) für jedes $\vartheta < \vartheta_2$ aus $0 < \vartheta < 1$ erfüllt. $z = 1$ ist also eine singuläre Stelle. Die Substitution z/sz lehrt dann, daß jede Stelle s auf $|z| = 1$ singulär ist.

Man kann Satz (1.8.V) wie folgt verallgemeinern.

Satz (1.8.VI). (1.6.1) *ist über den Konvergenzkreis hinaus nicht fortsetzbar, wenn es eine Teilfolge $\{n_k\}$ ganzer Zahlen gibt, und wenn ein ϑ aus $0 < \vartheta < 1$ existiert derart, daß*

$$f_n = 0, \ n \neq n_k, \ (1-\vartheta)n_k \leqq n \leqq (1+\vartheta)n_k \tag{1.8.7}$$

und

$$\overline{\lim_{k \to \infty}} \, |f_n|^{\frac{1}{n}} = 1, \quad n \in \{n_k\} \tag{1.8.8}$$

ist.

Denn auch jetzt reduziert sich für $n = n_k$ die linke Seite in (1.7.8) auf den einen Posten

$$|f_n|^{\frac{1}{n}}, \quad n \in \{n_k\}.$$

Daher ist (1.7.8) auch richtig, wenn n alle natürlichen Zahlen durchläuft. Denn kleiner kann dabei der lim sup nicht werden, und ein Wert > 1 kommt nach (1.7.9) nicht in Frage.

Die Sätze (1.8.V) und (1.8.VI) rühren von J. HADAMARD [1] her. Die daran anschließenden weiteren Verallgemeinerungen durch FABRY und andere werden im Zusammenhang mit dem FABRYschen Lückensatz besprochen werden.

Etwas anders ist die Beweisanordnung, mit der F. Lösch [1] die in diesem Abschnitt besprochenen Sätze mit Hilfe der Eulerschen Reihentransformation gewinnt.

H. Bohr [1] hat darauf aufmerksam gemacht, daß ein Spezialfall des Hadamardschen Lückensatzes $\left(\dfrac{n_{k+1}}{n_k} > 3\right)$ sehr anschaulich aus dem Satz (1.8.II) folgt. H. Bohr [2] hat weiter angedeutet, daß für genügend große Lücken $\left(\sum \dfrac{n_k}{n_{k+1}} \text{ konvergent}\right)$ für die im Konvergenzkreis $|z| < 1$ nicht beschränkten Potenzreihen eine Art Kontinuität besteht in dem Sinn, daß zu jedem $\varepsilon > 0$ ein $\tau > 0$ existiert derart, daß $|f(z e^{i\tau}) - f(z)| < \varepsilon$ in ganz $|z| < 1$.

Beweise des Hadamardschen Lückensatzes gaben auch L. J. Mordell [1] und G. Szegö [2].

Eine Verallgemeinerung des Hadamardschen Lückensatzes ist Ostrowskis Hauptsatz über Überkonvergenz*. Jeder Beweis dieses Satzes enthält daher einen Beweis des Hadamardschen Lückensatzes.

§ 2. Fabrysche Sätze.

2.1. Der allgemeine Satz.

Satz (2.1.I) (Fabry [4]). *Für die Potenzreihe*

$$f(z) = \sum_0^\infty f_n z^n , \quad \overline{\lim} \, |f_n|^{\frac{1}{n}} = 1 \tag{2.1.1}$$

werde vorausgesetzt: Es gebe eine Folge $\{n_k\}$ von natürlichen Zahlen mit folgenden Eigenschaften:

1. Zu jedem $n \in \{n_k\}$ existiere eine reelle Zahl β_n, so daß für

$$f'_n = \Re[f_n \exp (i\beta_n)] \tag{2.1.2}$$

$$\overline{\lim} \, |f'_n|^{\frac{1}{n}} = 1, \quad n \in \{n_k\} \tag{2.1.3}$$

gilt.

2. Es existiere eine von k unabhängige Zahl ϑ aus $0 < \vartheta < 1$ und eine Unterteilung der

$$f_{n+p}, \quad -\vartheta n \leqq p \leqq \vartheta n, \quad n \in \{n_k\} \tag{2.1.4}$$

in $m_k = m(n_k)$ Teilfolgen, die

$$h_\nu^{(k)}, \quad \nu = 1, 2, \ldots, m_k \tag{2.1.5}$$

Glieder haben mögen. Es sei

$$h^{(k)} = \operatorname*{Max}_{\nu = 1, \ldots, m_k} h_\nu^{(k)}, \quad h^{(k)} = o\,(n_k). \tag{2.1.6}$$

---

* Vgl. die Formulierung auf S. 68.

3. *Es sei $q_\nu^{(k)}$ die Anzahl der Zeichenwechsel in der Folge*

$$f'_{n+p} = \Re[f_{n+p} \exp(i\beta_n)] , \; -\vartheta n \leqq p \leqq \vartheta n , \; n \in \{n_k\}; \quad (2.1.7)$$

die auf die Teilfolge $h_\nu^{(k)}$ entfallen. Es gebe eine von k unabhängige Zahl $\varDelta$ aus $0 \leqq \varDelta < 1$, so daß

$$q_\nu^{(k)}/h_\nu^{(k)} \leqq \varDelta, \; \nu = 1, 2, \ldots, m_k \qquad (2.1.8)$$

ist.

Dann hat (2.1.1) mindestens eine singuläre Stelle auf dem Peripheriebogen

$$|z| = 1 , \; -\varDelta \pi \leqq \arg z \leqq \varDelta \pi$$

des Konvergenzkreises.

Man beachte, daß in (2.1.7) die β_n von p unabhängig sind.

Bevor ich Fabrys Beweis darstelle, sei eine Folgerung aus Satz (2.1.I) gezogen, die geeignet ist, die Stellung dieses Satzes zu dem Satz (1.8.IV) zu beleuchten. Es ist

Satz (2.1.II) (Fabry [1, 4]). *Die erste Voraussetzung von Satz (2.1.I) werde beibehalten. Statt 2. und 3. werde angenommen:*

2'. *Die in Voraussetzung 3. erklärte Folge (2.1.7) möge $q_k = q(n_k)$ Vorzeichenwechsel aufweisen, und es sei*

$$q_k = o(n_k) . \qquad (2.1.9)$$

Dann ist $z = 1$ eine singuläre Stelle für (2.1.1).

Das ist natürlich der Spezialfall $\varDelta = 0$ von Satz (2.1.I). Um das einzusehen, teile man die Folge (2.1.7) unter der Annahme (2.1.9) in $m_k = m(n_k)$ Teilfolgen mit den Gliederzahlen

$$h_1^{(k)} = h_2^{(k)} = \cdots = h_{m_k-1}^{(k)} = \left[\sqrt{q_k n_k}\right] + 2 \quad \text{und } h_{m_k}^{(k)}$$

mit

$$\left[\sqrt{q_k n_k}\right] + 2 \leqq h_{m_k}^{(k)} < 2\left[\sqrt{q_k n_k}\right] + 3$$

ein. Dann ist

$$\mathop{\text{Max}}_{\nu = 1, \ldots, m_k} \; h_\nu^{(k)} = o(n_k) ,$$

also (2.1.6) erfüllt. In jedem der $h_\nu^{(k)}$ ist die Zahl der Vorzeichenwechsel der Folge (2.1.7) höchstens q_k, d. h. $q_\nu^{(k)} \leqq q_k$, und für hinreichend große k und beliebiges $\varDelta$ aus $0 < \varDelta < 1$ gilt:

$$\frac{q_k}{h_\nu^{(k)}} \leqq \frac{q_k}{\left[\sqrt{q_k n_k}\right] + 2} = \frac{\varepsilon_k n_k}{\left[\sqrt{\varepsilon_k n_k}\right] + 2} < \frac{\varepsilon_k n_k}{\sqrt{\varepsilon_k n_k} + 1} < \varDelta , \; \varepsilon_k \to 0 .$$

Man erkennt nunmehr in Satz (2.1.II) eine Verallgemeinerung von Satz (1.8.IV). Die Verallgemeinerung liegt darin, daß in der Folge (2.1.7) Vorzeichenwechsel in genügend geringer Zahl zugelassen werden (während sie bei Satz (1.8.IV) fehlten). Werden die Vorzeichenwechsel häufiger, so tritt eine neue Verallgemeinerung zu Satz (2.1.I) ein. Man kann jetzt nur noch ein Peripherieintervall angeben, das eine Singularität tragen muß. Seine Länge hängt von der Verteilungsdichte der Vorzeichenwechsel ab. Beginnend mit Satz (2.1.III) wird dieser Dichtebegriff noch schärfer hervortreten. Hier wurden die Sätze so formuliert, wie es der Ansatz der FABRYschen Methode verlangt. Zu Satz (2.1.II) auch M. KÖSSLER [1, 2, 3, 4]; F. LÖSCH [1].

Ich wende mich zu FABRYs Beweis von Satz (2.1.I). Im folgenden soll

$$\lim |f'_n|^{\frac{1}{n}} = 1, \quad n \in \{n_k\} \tag{2.1.3)'}$$

statt (2.1.3) angenommen werden. Denn das trifft für eine geeignete Unterfolge der in Satz (2.1.I) genannten Folge zu. Durch solchen Übergang zu einer Unterfolge ändert sich aber nichts an den Voraussetzungen 2. und 3. dieses Satzes. Zur Vereinfachung schreibe ich weiterhin n statt n_k, m statt m_k, h_ν statt $h_\nu^{(k)}$, q_ν statt $q_\nu^{(k)}$ und h statt $h^{(k)}$. Ich knüpfe an Test (1.7.8) in Satz (1.7.II) und die unmittelbar darunter stehende Bemerkung an und schreibe weiter zur Abkürzung

$$\varphi_n(s) = \sum_{-\vartheta n}^{\vartheta n} \frac{n!\, n!\, s^p}{(n-p)!\, (n+p)!} f_{n+p}\,. \tag{2.1.10}$$

Da $\dfrac{q_1 + q_2}{h_1 + h_2}$ zwischen $\dfrac{q_1}{h_1}$ und $\dfrac{q_2}{h_2}$ liegt, kann man ohne Störung der übrigen Annahmen mehrere aneinanderstoßende Teilfolgen h_ν in eine zusammenfassen. Es sei

$$h' = h'(n) = \mathrm{Min}\,(h_1, \ldots, h_m)\,. \tag{2.1.11}$$

Man darf unbeschadet der Voraussetzung (2.1.6) annehmen, daß

$$h' \to \infty \quad \text{für } n \to \infty\,. \tag{2.1.12}$$

Es seien in leichter Abwandlung der Bezeichnungen in Satz (2.1.I)

$$n, n + h_1, \ldots, n + h_1 + \cdots + h_\varrho, \quad n - h'_1, \ldots, \quad n - h'_1 - \cdots - h'_\sigma$$

die Nummern, mit denen die einzelnen Teilfolgen abschließen, wenn man sie von n beginnend so durchläuft, wie sie aufeinander folgen. Man darf

$$h_1 \geq h_2 \geq \cdots \geq h_\varrho,\ h'_1 \geq h'_2 \geq \cdots \geq h'_\sigma$$

annehmen (Zusammenfassung von Teilfolgen). Hier sind also alle h_j und h'_k positiv. Ferner seien h_ϱ und h'_σ so gewählt, daß

$$h_1 + \cdots + h_\varrho = h'_1 + \cdots + h'_\sigma = H = Nh, \ -\vartheta n \leq H \leq \vartheta n + h \tag{2.1.13}$$

ist. Hier soll N eine natürliche Zahl sein. Um das zu erreichen, muß man zu den in φ_n vorkommenden f_{n+p} eventuell noch einige hinzunehmen, die nicht darin stehen. Man bezeichne bei den in φ_n eingehenden f_{n+p} die Werte von p, bei denen Vorzeichenwechsel von f'_{n+p} eintreten, für die Folge h_j mit p und für die Folge h' mit p'. Zu den p und p' nehme man gegebenenfalls aus den einzelnen Folgen h_j und h'_k noch Paare aufeinanderfolgender p-Werte hinzu und ziehe außerdem noch

p-Werte aus der Folge der vorhin noch hinzugenommenen nicht in φ_n eingehenden f_{n+p} heran. Diese Maßnahmen treffe man, um folgendes zu erreichen: 1. Es soll gleichviel p_λ und p'_λ geben, nämlich je $\mu = \mu(n)$ Stück $p_1, \ldots, p_\mu$ und $p'_1, \ldots, p'_\mu$. 2. Die Anzahl der p-Werte in h_j soll zwischen $\Delta h_j - 2$ und $\Delta h_j + 2$ liegen. 3. Die Anzahl der p-Werte in h'_k soll zwischen $\Delta h'_k - 2$ und $\Delta h'_k + 2$ liegen. 4. Es soll

$$\Delta H \geqq \mu \geqq \Delta H - 1 \tag{2.1.14}$$

gelten.

Nun bilde man das Polynom

$$F(z) = z^\mu \sum_{-\mu}^{\mu} A_\varkappa z^\varkappa = \prod_1^\mu \left\{ z \exp\left(- p_\lambda \frac{\pi i}{2H} \right) - \exp\left(p_\lambda \frac{\pi i}{2H} \right) \right\}$$
$$\prod_1^\mu \left\{ z \exp\left(p'_\lambda \frac{\pi i}{2H} \right) - \exp\left(- p'_\lambda \frac{\pi i}{2H} \right) \right\} . \tag{2.1.15}$$

Man findet

$$\sum_{-\mu}^{\mu} A_\varkappa \exp\left(\frac{\varkappa\, p\, \pi i}{H} \right) = \exp\left(\frac{-\mu\, p\, \pi i}{H} \right) F\left\{ \exp\left(\frac{p\, \pi i}{H} \right) \right\}$$
$$= 4^\mu \prod_1^\mu \sin \frac{p_\lambda - p}{2H} \pi \cdot \prod_1^\mu \sin \frac{p'_\lambda + p}{2H} \pi . \tag{2.1.16}$$

Man erkennt, daß diese Ausdrücke genau für die hervorgehobenen Werte $p_1, \ldots, p_\mu$ und $p'_1, \ldots, p'_\mu$ von p verschwinden und daß sie ihr Vorzeichen jeweils beim Durchgang von p durch eine jede dieser Stellen wechseln. Daher haben die

$$f'_{n+p} \sum_{-\mu}^{\mu} A_\varkappa \exp\left(\frac{\varkappa\, p\, \pi i}{H} \right)$$

alle einerlei Vorzeichen. Insbesondere ist

$$\sum_{-\mu}^{\mu} A_\varkappa > 0 .$$

Nun betrachte man

$$\psi_n = \sum_{-\mu}^{\mu} A_\varkappa \varphi_n \left[\exp\left(\frac{\varkappa\, \pi i}{H} \right) \right]$$
$$= \sum_{-\vartheta n}^{\vartheta n} f_{n+p} \frac{n!\, n!}{(n-p)!\, (n+p)!} \sum_{-\mu}^{\mu} A_\varkappa \exp\left(\frac{\varkappa\, p\, \pi i}{H} \right) . \tag{2.1.17}$$

Man sieht unmittelbar, daß

$$|\psi_n| \geqq |f'_n| \sum_{-\mu}^{\mu} A_\varkappa \tag{2.1.18}$$

ist und daß es einen Wert $j = j(n)$ aus $-\Delta H \leqq j \leqq \Delta H$ gibt, für den

$$\left| A_j \varphi_n \left[\exp\left(\frac{j\, \pi i}{H} \right) \right] \right| \geqq \frac{1}{2\mu + 1} \, |\psi_n| \geqq \frac{|f'_n| \sum_{-\mu}^{\mu} A_\varkappa}{2\Delta(\vartheta n + h) + 1} \tag{2.1.19}$$

gilt. Es soll gezeigt werden, daß

$$\overline{\lim} \left| \varphi_n\left[\exp\left(\frac{j\,\pi\,i}{H}\right)\right]\right|^{\frac{1}{n}} = 1 \tag{2.1.20}$$

ist. Hier hängt, wie gesagt, j noch von n ab. Es ist aber für jedes n trotzdem $\frac{j\,\pi}{H}$ ein Argument aus dem Intervall $-\varDelta\pi \leqq \frac{j\,\pi}{H} \leqq \varDelta\pi$. Aus (2.1.18) folgt daher wegen des in Satz (1.7.III) betreffend die Gleichmäßigkeit des Testes Gesagten, daß auf dem Bogen $-\varDelta\pi \leqq \arg z \leqq \varDelta\pi$ von $|z| = 1$ mindestens eines Singularität von (2.1.1) liegt.

Es bleibt (2.1.20) zu beweisen. Dies folgt aus (2.1.19). Um das einzusehen, müssen Abschätzungen von $|A_j|$ nach oben und von $\sum\limits_{-\mu}^{\mu} A_\varkappa$ nach unten angegeben werden.

Zunächst die Abschätzung von $\Sigma A_\varkappa$ nach unten. Nach (2.1.16) ist

$$\sum_{-\mu}^{\mu} A_\varkappa = 4^\mu \prod_1^\mu \sin p_\lambda \frac{\pi}{2H} \cdot \prod_1^\mu \sin p_\lambda' \frac{\pi}{2H}$$

$$> 4^{\varDelta H - 1} \left(\sin\frac{\pi}{2H} \cdot \sin 2\frac{\pi}{2H} \ldots \sin h\frac{\pi}{2H}\right)^2 \times$$

$$\times \left(\sin\frac{\pi h_1}{2H}\right)^{\varDelta h_2 + 2} \ldots \left(\sin \pi\frac{h_1 + \cdots + h_{\varrho-1}}{2H}\right)^{\varDelta h_\varrho + 2} \times$$

$$\times \left(\sin\frac{\pi h_1'}{2H}\right)^{\varDelta h_2' + 2} \ldots \left(\sin \pi\frac{h_1' + \cdots h_{\sigma-1}'}{2H}\right)^{\varDelta h_\sigma' + 2}$$

$$> 4^{\varDelta H - 1} \cdot \left(\frac{h!}{H^h}\right)^2 \cdot \left(\sin\frac{\pi h_1}{2H}\right)^{\varDelta h_1 + 2} \ldots \left(\sin \pi\frac{h_1 + \cdots + h_\varrho}{2H}\right)^{\varDelta h_\varrho + 2} \times$$

$$\times \left(\sin\frac{\pi h_1'}{2H}\right)^{\varDelta h_1' + 2} \ldots \left(\sin \pi\frac{h_1' + \cdots + h_\sigma'}{2H}\right)^{\varDelta h_\sigma' + 2}$$

$$> 4^{\varDelta H - 1} \left(\frac{h!}{H^h}\right)^2 \left[\left(\sin\frac{\pi h_1}{2H}\right)^{h_1} \ldots \left(\sin \pi\frac{h_1 + \cdots + h_\varrho}{2H}\right)^{h_\varrho}\right]^{\varDelta + \frac{2}{h'}}$$

$$\left[\left(\sin\frac{\pi h_1'}{2H}\right)^{h_1'} \ldots \left(\sin \pi\frac{h_1' + \cdots + h_\sigma'}{2H}\right)^{h_\sigma'}\right]^{\varDelta + \frac{2}{h'}}$$

$$\geqq 4^{\varDelta H - 1} \left(\frac{h!}{H^h}\right)^2 \left[\sin\frac{\pi}{2H} \cdot \sin 2\frac{\pi}{2H} \ldots \sin H\frac{\pi}{2H}\right]^{2\left(\varDelta + \frac{2}{h'}\right)}$$

$$\geqq \left(\frac{h!}{H^h}\right)^2 \frac{1}{4} 2^{-\frac{4H}{h'}} (2H)^{\varDelta + \frac{2}{h'}}$$

$$> \left(\frac{h}{e(\vartheta n + h)}\right)^{2h} 2^{-\frac{4(\vartheta n + h)}{h'}} (2\vartheta n)^{\varDelta + \frac{2}{h'}}.$$

Es ist nämlich

$$\sin\frac{\pi}{2H} \cdot \sin 2\frac{\pi}{2H} \ldots \sin H\frac{\pi}{2H} = \frac{\sqrt{H}}{2^{H-1}}. \tag{2.1.21}$$

Daher ist für große n

$$\frac{1}{n} \log \sum_{-\mu}^{\mu} A_\varkappa > -\frac{2h}{n} - \frac{2h}{n}\log\frac{n}{h} - \frac{2h}{n}\log\left(\vartheta + \frac{h}{n}\right) - 4\frac{\vartheta n + h}{h'n}\log 2.$$

Da die rechte Seite für $n \to \infty$ wegen (2.1.6) und (2.1.12) den Grenzwert 0 hat, so ergibt sich

$$\overline{\lim}\left(\sum_{-\mu}^{\mu} A_{\varkappa}\right)^{\frac{1}{n}} \geq 1. \tag{2.1.22}$$

Nun zur Abschätzung von $|A_j|$ nach oben. Man findet nach (2.1.15) aus dem Cauchyschen Koeffizientensatz in Anwendung auf $F(z)$

$$|A_j| \leq \operatorname*{Max}_{0 \leq x < 2\pi} |F(e^{ix})|.$$

Es ist

$$F(e^{ix}) = e^{\mu x i}\, 4^{\mu} \prod_1^{\mu} \sin\left(\frac{p_\lambda \pi}{2H} - \frac{x}{2}\right) \prod_1^{\mu} \sin\left(\frac{p'_\lambda \pi}{2H} + \frac{x}{2}\right).$$

Die Argumente

$$0,\ \frac{\pi}{H}(h_1 + \cdots + h_j),\ \frac{\pi}{H}(h'_1 + \cdots + h'_k),\ j = 1, 2, \ldots, \varrho;\ k = 1, 2, \ldots, \sigma$$

zerlegen $|z| = 1$ in Bögen, deren jeder eine zwischen $\pi\,\dfrac{h'}{H}$ und $\pi\,\dfrac{h}{H}$ gelegene Bogenlänge hat.

Die Anfangs- und die Endargumente mögen nach Belieben dem einen oder dem anderen der beiden zusammenstoßenden Bögen zugerechnet werden. Für die Abschätzung wähle man x fest. Dann gehört x einem bestimmten der Bögen an. In Abänderung der bis jetzt benutzten Bezeichnungsweise sei $h_0\,\dfrac{\pi}{H}$ der Bogen, auf dem x liegt. Es seien $\dfrac{\pi h_1}{H},\ldots,\dfrac{\pi h_\varrho}{H}$ die im positiven Umlaufssinn folgenden Bögen und $\pi\,\dfrac{h'_1}{H},\ldots,\dfrac{\pi h'_\sigma}{H}$ die im negativen Umlaufssinn folgenden. Dabei seien ϱ und σ so bestimmt, daß $\pi - \dfrac{\pi h}{H} \leq \dfrac{\pi(h_0 + \cdots + h_\varrho)}{H} < \pi$ und

$\pi - \dfrac{\pi h}{H} \leq \dfrac{\pi(h_0 + h'_1 + \cdots + h'_\sigma)}{H} < \pi$ ausfällt. Daß dabei einige Teilfolgen beiseite bleiben und somit ϱ und σ kleinere Werte erhalten als vorher, hat auf die Abschätzung von $|F(e^{ix})|$ nach oben keinen Einfluß, weil alle $|\sin| \leq 1$ sind. Dann ist* für hinreichend große N nach (2.1.13) und (2.1.21)

$$|F(e^{ix})| \leq 4^{\mu}\left(\sin\frac{\pi h_0}{2H}\right)^{\Delta h_0 - 2}\left(\sin\pi\frac{h_0 + h_1}{2H}\right)^{\Delta h_1 - 2} \ldots \left(\sin\pi\frac{h_0 + \cdots + h_\varrho}{2H}\right)^{\Delta h_\varrho - 2} \times$$

$$\times \left(\sin\pi\frac{h_0 + h'_1}{2H}\right)^{\Delta h'_1 - 2} \ldots \left(\sin\pi\frac{h_0 + \cdots + h'_\sigma}{2H}\right)^{\Delta h'_\sigma - 2}$$

$$\leq 4^{\Delta h}\left[\left(\sin\frac{\pi h_0}{2H}\right)^{h_0}\left(\sin\pi\frac{h_0 + h_1}{2H}\right)^{h_1} \ldots \left(\sin\pi\frac{h_0 + \cdots + h_\varrho}{2H}\right)^{h_\varrho}\right]^{\Delta - \frac{2}{h'}} \times$$

$$\times \left[\left(\sin\pi\frac{h_0 + h'_1}{2H}\right)^{h'_1} \ldots \left(\sin\pi\frac{h_0 + \cdots + h_\sigma}{2H}\right)^{h'_\sigma}\right]^{\Delta - \frac{2}{h'}}$$

---

* Beim Übergang zur vorvorletzten Zeile der folgenden Abschätzung werden dabei Ungleichungen benutzt, die in einem Hilfssatz nachgetragen werden sollen.

$$\leq 4^{\varDelta h}\left[\frac{1}{\sqrt{\sin\frac{\pi\,h}{2\,H}}}\sin 2\,\frac{\pi\,h}{2\,H}\cdots\sin(N-1)\,\frac{\pi\,h}{2\,H}\right]^{2h\left(\varDelta-\frac{2}{h'}\right)}$$

$$=4^{\frac{2\,N\,h}{h'}}\left(\frac{4\,N}{\left(\sin\frac{\pi}{2\,N}\right)^{3}}\right)^{h\left(\varDelta-\frac{2}{h'}\right)}$$

$$<4^{\frac{2\,N\,h}{h'}}\,(4\,N^4)^{h\varDelta}\,.$$

Daraus folgt nach (2.1.13)

$$\frac{1}{n}\log|F(e^{i\,x})|<\frac{2}{h'}\left(\vartheta+\frac{h}{n}\right)\log 4+\frac{2\,\varDelta\,h}{n}\log\left[2\left(\frac{\vartheta\,n+h}{h}\right)^{2}\right]\,. \qquad (2.1.23)$$

Da die rechte Seite wegen (2.1.6) und (2.1.12) für $n\to\infty$ den Grenzwert 0 hat, so folgt

$$\underline{\lim}\,|A_j|^{-\frac{1}{n}}\geq 1\,. \qquad (2.1.24)$$

Zieht man (2.1.22) und (2.1.3)' heran, so folgt aus (2.1.19), daß

$$\overline{\lim}\left|\varphi_n\left[\exp\left(\frac{j\,\pi\,i}{H}\right)\right]\right|^{\frac{1}{n}}\geq 1$$

ist. Aber nach Satz (1.7.II) muß

$$\overline{\lim}\left|\varphi_n\left[\exp\left(\frac{j\,\pi\,i}{H}\right)\right]\right|^{\frac{1}{n}}\leq 1$$

sein. Daher ist

$$\overline{\lim}\left|\varphi_n\left[\exp\left(\frac{j\,\pi\,i}{H}\right)\right]\right|^{\frac{1}{n}}=1$$

und damit ist Satz (2.1.I) bewiesen.

Es bleibt noch der in der letzten Fußnote angekündigte

Hilfssatz. *Es handelt sich um die beiden Ungleichungen*

$$\left(\sin x\,\frac{\pi}{2\,N}\right)^{x}\geq\sin\frac{\pi}{2\,N}\,,\quad 0\leq x\leq 1$$

$$\left(\sin x_0\,\frac{\pi}{2\,N}\right)^{x_0}\left(\sin(x_0+x_1)\,\frac{\pi}{2\,N}\right)^{x_1}\cdots\left(\sin(x_0+\cdots+x_k)\,\frac{\pi}{2\,N}\right)^{x_k}<$$

$$<\sin 2\,\frac{\pi}{2\,N}\cdot\sin 3\,\frac{\pi}{2\,N}\cdots\sin(N-1)\,\frac{\pi}{2\,N}$$

$0\leq x_j\leq 1,\ N-1\leq x_0+\cdots+x_k<N,\ j=0,1,\dots,k;\ N$ *ist natürliche Zahl.*
Die erste Ungleichung gilt für hinreichend große N, die zweite für N > 3.

Der Beweis werde kurz angedeutet. Man hat für die erste Ungleichung zu beachten, daß die Funktion

$$\left(\sin\frac{\pi\,x}{2\,N}\right)^{x}\,,\quad 0\leq x\leq 1 \qquad (2.1.25)$$

für $x\to 0$ den Grenzwert 1 hat. Wächst x, so fällt die Funktion zunächst bis zu einem gewissen positiven Minimum. Dann steigt sie wieder, um bei $x = N$ wieder den Wert 1 anzunehmen. Die erste der beiden Ungleichungen folgt dann aus der Tatsache, daß die Ableitung von (2.1.25) für genügend große N ($N \geq 4$) noch negativ ist.

Zum Beweis der zweiten Ungleichung schließt man so: Man bestimme ganze Zahlen $a, b, \ldots, k$, für die

$$1 \leq x_0 + \cdots + x_a < 2$$
$$2 \leq x_0 + \cdots + x_b < 3$$
$$\vdots$$
$$N - 1 \leq x_0 + \cdots + x_k < N$$

gilt. Dann ist

1.
$$\left(\sin \pi \frac{x_0}{2N}\right)^{x_0} \cdots \left(\sin \pi \frac{x_0 + \cdots + x_a}{2N}\right)^{a}$$
$$\leq \left(\sin \pi \frac{x_0 + \cdots + x_a}{2N}\right)^{x_0 + \cdots + x_a}$$
$$= \sin \pi \frac{x_0 + \cdots + x_a}{2N} \cdot \left(\sin \pi \frac{x_0 + \cdots + x_a}{2N}\right)^{x_0 + \cdots + x_a - 1}$$
$$< \sin 2 \frac{\pi}{2N} \cdot \left(\sin \pi \frac{x_0 + \cdots + x_a}{2N}\right)^{x_0 + \cdots + x_a - 1}$$

2.
$$\left(\sin \pi \frac{x_0 + \cdots + x_a}{2N}\right)^{x_0 + \cdots + x_a - 1}$$
$$\left(\sin \pi \frac{x_0 + \cdots + x_{a+1}}{2N}\right)^{x_{a+1}} \cdots \left(\sin \pi \frac{x_0 + \cdots + x_b}{2N}\right)^{x_b}$$
$$\leq \left(\sin \pi \frac{x_0 + \cdots + x_b}{2N}\right)^{x_0 + \cdots + x_b - 1}$$
$$= \sin \pi \frac{x_0 + \cdots + x_b}{2N} \cdot \left(\sin \pi \frac{x_0 + \cdots + x_b}{2N}\right)^{x_0 + \cdots + x_b - 2}$$
$$< \sin 3 \frac{\pi}{2N} \left(\sin \pi \frac{x_0 + \cdots + x_b}{2N}\right)^{x_0 + \cdots + x_b - 2}$$
$$\vdots$$

$N-2$.
$$\left(\sin \pi \frac{x_0 + \cdots + x_i}{2N}\right)^{x_0 + \cdots + x_i - (N-3)} \cdots \left(\sin \pi \frac{x_0 + \cdots + x_j}{2N}\right)^{x_j}$$
$$\leq \left(\sin \pi \frac{x_0 + \cdots + x_j}{2N}\right)^{x_0 + \cdots + x_j - (N-3)}$$
$$= \sin \pi \frac{x_0 + \cdots + x_j}{2N} \cdot \left(\sin \pi \frac{x_0 + \cdots + x_j}{2N}\right)^{x_0 + \cdots + x_j - (N-2)}$$
$$< \sin (N-1) \frac{\pi}{2N} \left(\sin \pi \frac{x_0 + \cdots + x_j}{2N}\right)^{x_0 + \cdots + x_j - (N-2)}$$

$N-1$.
$$\left(\sin \pi \frac{x_0 + \cdots + x_j}{2N}\right)^{x_0 + \cdots + x_j - (N-2)} \cdots \left(\sin \pi \frac{x_0 + \cdots + x_k}{2N}\right)^{x_k}$$
$$\leq \left(\sin \pi \frac{x_0 + \cdots + x_k}{2N}\right)^{x_0 + \cdots + x_k - (N-2)} \leq 1 .$$

Faßt man die $N - 1$ Abschätzungen zusammen, so erhält man die zweite der im Hilfssatz angegebenen Ungleichungen.

Hiermit ist FABRYs Beweis für seinen Hauptsatz (2.1.I) abgeschlossen. Die FABRYsche Darstellung ist Bedenken begegnet. So bemerkt G. FABER [3] S. 63: „Der FABRYsche Beweis bietet durch die verwickelten Rechnungen, deren er bedarf, dem Verständnis nicht unerhebliche Schwierigkeiten." So spricht L. LEAU [1] S. 366 «d'habiles calculs malheureusement assez complexes». So ist nach A. PRINGSHEIM [5] S. 299 „der wertvolle Inhalt jener FABRYschen Arbeiten infolge der leider sehr schwer genießbaren Darstellung wohl niemals ganz vollständig ausgeschöpft worden". PRINGSHEIM [4] S. 97 findet zudem den FABRYschen Beweisgang „verwickelt und sogar nicht ganz einwandfrei". Ich gebe gerne zu, daß es einige Mühe macht, sich in die Arbeiten FABRYs so zu vertiefen, daß man zum vollen Genuß und zur vollen Einsicht in die geniale Einfachheit der Gedankenführung dieses Meisters seiner Wissenschaft gelangt. Ich habe es daher nicht verschmäht, in der vorstehenden Darstellung einiges auszuführen, was FABRY dem Leser überlassen hat, so z. B. den Hilfssatz auf S. 49, den FABRY weder formuliert noch beweist. So hat ja auch schon E. LANDAU [2] S. 83/84 eine drei Zeilen füllende Andeutung von FABRY in 10 Zeilen ausgeführt (FABRY [1], S. 382).

Die Schwierigkeiten, die G. FABER beim Versuch, die Arbeit FABRYs zu lesen, empfand, haben ihn veranlaßt, in seiner Arbeit [3] einen anderen Beweisweg anzugeben. Dieser ersetzt die von FABRY für jedes ϑ-Intervall konstruierten Polynome (2.1.15) durch eine für alle Intervalle gleichzeitig brauchbare ganze transzendente Hilfsfunktion. Der FABERsche Ansatz hat in vielen Lehrbuchdarstellungen seinen Niederschlag gefunden (s. z. B. L. BIEBERBACH [2], E. LANDAU [2], A. PRINGSHEIM [6]). Ich glaube nicht fehlzugehen, wenn ich bemerke, daß mancher Leser der FABERschen Arbeit die gleiche Empfindung gehabt hat, die FABER beim Lesen der FABRYschen beschlich. Zudem ist zu bemerken, daß die FABERsche Methode zunächst nur den Spezialfall (2.1.II) des FABRYschen Hauptsatzes erfaßt. Der allgemeine FABRYsche Hauptsatz (2.1.I) wurde erst der Ausgestaltung der FABERschen Methode zugänglich, die man PÓLYA [22] verdankt. Dem wende ich mich jetzt zu. Diese neue Methode führt sogar zu einer Verallgemeinerung von Satz (2.1.I), die zugleich eine vereinfachte Formulierung ermöglicht. Dies ist

Satz (2.1.III). *Die Voraussetzung 1 von Satz (2.1.I) bleibt unverändert bestehen. Die Annahmen 2 und 3 werden durch die folgende ersetzt:*

2″. Es sei ϑ eine von n_k unabhängige Zahl aus $0 < \vartheta < 1$, und es sei

$$f'_{n+p} = \Re(f_{n+p}\, e^{i\beta n}), \quad -\vartheta n \leqq p \leqq \vartheta n, \quad n \in \{n_k\} \qquad (2.1.26)$$

gesetzt. Die Maximaldichte derjenigen

$$n + p, \quad -\vartheta n \leqq p \leqq \vartheta n, \quad n \in \{n_k\}, \qquad (2.1.27)$$

die einen Vorzeichenwechsel in der Folge der (2.1.26) *bedingen, sei*
Δ, $0 \leqq \Delta < 1$. *Dann liegt auf dem Bogen*

$$|z| = 1, \quad |\arg z| \leqq \Delta \pi$$

mindestens eine singuläre Stelle von (2.1.1).

Wegen des Begriffes „Maximaldichte" vgl. 1.3.

Es ist klar, daß der Satz (2.1.I) in dem Satz (2.1.III) enthalten ist.
Aber nur für $\Delta = 0$ ist Satz (2.1.III) mit Satz (2.1.I), d. i. Satz (2.1.II)
identisch. Für $\Delta > 0$ ist Satz (2.1.III) allgemeiner als Satz (2.1.I).

Der auf der Faber-Pólyaschen Methode beruhende Beweis verläuft
wie folgt. Zunächst ersetze man die in der Voraussetzung 1 des Satzes
(2.1.III) vorkommende Nummernfolge $\{n_k\}$ durch eine Teilfolge, für die

$$\lim |f'_n|^{\frac{1}{n}} = 1, \quad n \in \{n_k\}$$

ist, und für die außerdem die in der Voraussetzung 2″ dieses Satzes
genannten Intervalle (2.1.26) für verschiedene k elementefremd sind.
Dabei wird die Maximaldichte allenfalls verkleinert. Die neue Nummernfolge werde wieder mit $\{n_k\}$ bezeichnet. Alsdann bezeichne man die
Folge derjenigen Nummern aus (2.1.26), bei denen ein Vorzeichen-
wechsel von f'_{n+p} eintritt, mit $\{\nu_\lambda\}$. Es soll also das auf Nr. ν_λ in (2.1.26)
folgende, von Null verschiedene Element ein anderes Vorzeichen haben
als Nr. ν_λ. Dann füge man zu den Zahlen $\nu_\lambda + \frac{1}{2}$ noch so viele weitere
reelle Zahlen hinzu, daß eine Folge $\{\varrho_k\}$ der Dichte Δ entsteht. Die ϱ_k
seien der Größe nach geordnet. Und von den zu den $\nu_\lambda + \frac{1}{2}$ noch
hinzugenommenen ϱ_k soll jeweils eine gerade Zahl zwischen zwei aufeinanderfolgenden ganzen Zahlen liegen. Die Folge $\{\varrho_k\}$ soll außerdem
die in Satz (1.3.VII) genannte Eigenschaft b) haben. Dann bilde man
mit diesen $\{\varrho_k\}$ die Funktion (1.3.19). Die hier vorgenommene Konstruktion der $\{\varrho_k\}$ will ich nicht ins einzelne ausführen. Sie ist bei
Pólya [22] und V. Bernstein [2] ausführlich dargelegt. Nach Satz
(1.3.VII) ist die Funktion $A(z)$, die durch (1.3.19) definiert ist, eine
ganze Funktion vom Typus Δ der Ordnung 1, die überdies die Eigenschaft (1.3.20) besitzt. Ihr Indikatordiagramm ist die Strecke
$\langle - i \pi \Delta, + i \pi \Delta \rangle$. Nunmehr bilde man

$$h(\varphi, f; z) = \sum_0^\infty A(n) f_n z^n, \qquad \varphi(z) = \sum_0^\infty A(n) z^n. \tag{2.1.28}$$

Hier haben nun alle

$$A(n) f_{n+p} e^{i\beta n}, \quad -\vartheta n \leqq p \leqq \vartheta n, \quad n \in \{n_k\} \tag{2.1.29}$$

einen nichtnegativen Realteil und gilt wegen (1.3.20)

$$\lim |A(n)|^{\frac{1}{n}} = 1, \quad n \in \{n_k\}. \tag{2.1.30}$$

Daher ist nach Satz (1.8.II) $z = 1$ eine singuläre Stelle für die Funktion (2.1.28).

Nach Satz (1.3.VI) ist

$$\varphi(z) = \sum_{0}^{\infty} A(n)\, z^n \qquad (2.1.31)$$

in der längs $|z| = 1$, $|\arg z| \leq \Delta \pi$ aufgeschnittenen RIEMANNschen Ebene holomorph. Daher folgt nach dem HADAMARDschen Multiplikationssatz (1.4.I), daß (2.1.1) auf dem Bogen $|z| = 1$, $|\arg z| \leq \Delta \pi$ mindestens eine singuläre Stelle hat. Das ist aber die Behauptung von Satz (2.1.III).

Noch möchte ich bemerken, daß die in dieser Darstellung unterdrückte Hilfskonstruktion einer Folge der Dichte Δ aus einer von der Maximaldichte Δ entbehrlich ist, wenn die Vorzeichenwechsel jener Realteile eine Dichte besitzen, wie dies z. B. für $\Delta = 0$ der Fall ist.

Ich weiß nicht, ob der FABER-PÓLYAsche Beweis allgemein als einfacher als der FABRYsche empfunden werden wird. Jedenfalls ist er angesichts der vielen Vorbereitungen, die er erfordert, nicht kürzer als der FABRYsche. Letzteren habe ich aus zwei weiteren Gründen ausführlich zur Darstellung gebracht, einmal weil ich es für ungerecht halte, die obengenannten Vorwürfe auf FABRY sitzenzulassen und weiter, weil es in einer Zeit, die Freude daran hat, den Primzahlsatz mit arithmetischen Methoden zu beweisen, von Interesse sein könnte, daß man mit Polynomen statt mit transzendenten Hilfsfunktionen auskommt. Es ist ja doch auch von Wert, zu sehen, daß man, wie FABRY es tut, wesentlich mit den Hilfsmitteln durchkommt, die in 1.8 bei den grundlegenden Sätzen zum Ziel führten. Allerdings liefert, wie gesagt, die PÓLYAsche Methode die Verallgemeinerung (2.1.III) von Satz (2.1.I), die bis jetzt der FABRYschen Methode noch nicht zugänglich zu sein scheint.

Eine Ergänzung zu Satz (2.1.III) ist der später anzuführende Satz (3.3.XIII).

Eine zwischen den Sätzen (2.1.I) und (2.1.III) stehende Formulierung enthalten nach S. MANDELBROJT [17] auch ältere Arbeiten von J. R. BRAITZEV und TH. SUBBOTIN, die mir nicht zugänglich waren.

2.2. Der Fabrysche Lückensatz.

Satz (2.2.I). *Es sei $\{n_k\}$ eine Folge monoton wachsender natürlicher Zahlen mit der Dichte 0. Das heißt, es sei*

$$k = o(n_k) . \qquad (2.2.1)$$

Es sei in (2.1.1)

$$f_n = 0, \quad n \notin \{n_k\} . \qquad (2.2.2)$$

Dann hat (2.1.1) *den* $|z| = 1$ *zur natürlichen Grenze.*

Fabry [1] S. 382. Die hier gegebene Formulierung zuerst bei G. Faber [3, 5]. Nach einer von Landau [2] näher ausgeführten Fabryschen Schlußweise kann Satz (2.2.I) aus Satz (2.1.II) gefolgert werden. Ich ziehe es vor, erst noch eine Verallgemeinerung von Satz (2.2.I) zu formulieren, mit dessen Beweis dann auch der Satz (2.2.I) als richtig erkannt ist.

Satz (2.2.II) (Fabry [4]). *Für die Potenzreihe* (2.1.1) *werde vorausgesetzt: Es gebe eine Folge* $\{n_k\}$ *von natürlichen Zahlen mit folgenden Eigenschaften:*

1. Es sei

$$\overline{\lim} \, |f_n|^{\frac{1}{n}} = 1, \quad n \in \{n_k\}. \tag{2.2.3}$$

2. Es existiere ein von k unabhängiges ϑ aus $0 < \vartheta < 1$ und eine Unterteilung der

$$f_{n+p}, \quad -\vartheta n \leqq p \leqq \vartheta n, \quad n \in \{n_k\} \tag{2.2.4}$$

in $m_k = m(n_k)$ Teilfolgen, die

$$h_\nu^{(k)}, \quad \nu = 1, 2, \ldots, m_k \tag{2.2.5}$$

Glieder haben mögen. Es sei

$$h^{(k)} = \operatorname*{Max}_{\nu = 1, \ldots, m_k} h_\nu^{(k)}, \quad h^{(k)} = o\,(n_k)\,. \tag{2.2.6}$$

3. Es sei $p_\nu^{(k)}$ die Anzahl der von 0 verschiedenen f_{n+p}, $n \in \{n_k\}$ in der Teilfolge $h_\nu^{(k)}$. Es gebe eine von k unabhängige Zahl $\varDelta$ aus $0 \leqq \varDelta < 1$, so daß

$$p_\nu^{(k)}/h_\nu^{(k)} \leqq \varDelta, \quad \nu = 1, 2, \ldots, m_k \tag{2.2.7}$$

ist.

Dann hat (2.2.1) *auf jedem abgeschlossenen Bogen der Länge $2\,\varDelta\,\pi$ des $|z| = 1$ mindestens eine singuläre Stelle.*

Dieser Satz (2.2.II) hat eine große Ähnlichkeit mit Satz (2.1.I). Er unterscheidet sich von diesem in seinen Voraussetzungen nur dahin, daß statt der Realteile f'_{n+p}, $n \in \{n_k\}$ und der Zahl ihrer Vorzeichenwechsel jetzt die f_{n+p}, $n \in \{n_k\}$ selbst und die Anzahl der von 0 verschiedenen derselben tritt. Satz (2.2.II) behauptet dementsprechend die Existenz mindestens einer Singularität auf jedem Peripheriebogen von der Länge $2\,\varDelta\,\pi$, während Satz (2.1.I) nur einen solchen Peripheriebogen namhaft machen konnte. Im Falle von Satz (2.2.II) existieren daher stets mindestens zwei singuläre Stellen auf $|z| = 1$, während es bei Satz (2.1.I) mit einer einzigen Singularität sein Genüge haben kann.

In der Tat folgt aber Satz (2.2.II) unmittelbar aus Satz (2.1.I). Es sei die reelle Zahl ω beliebig gewählt. Man betrachte die Reihe

$$\sum f_n e^{i\,\omega n} z^n \,. \tag{2.2.8}$$

Man ordne jedem $n \in \{n_k\}$ ein reelles $\beta_n = \beta(n)$ so zu, daß

$$f'_n = f_n\, e^{i\,\omega\, n}\, e^{i\,\beta\, n} = |f_n|$$

ist. Dann ist

$$f'_n = \Re\, (f_n\, e^{i\,\omega\, n}\, e^{i\,\beta\, n})$$

und daher nach Voraussetzung (2.2.3) von Satz (2.2.II)

$$\overline{\lim}\, |f'_n|^{\frac{1}{n}} = 1, \quad n \in \{n_k\}.$$

Daher ist die erste Annahme von Satz (2.1.I) erfüllt. Die zweite Voraussetzung von Satz (2.2.II) ist mit der zweiten von Satz (2.1.I) gleichlautend. Die dritte Voraussetzung von Satz (2.1.I) erkennt man als erfüllt, wenn man beachtet, daß die Zahl der Vorzeichenwechsel jener Realteile f'_{n+p} nicht größer sein kann als die Zahl der von 0 verschiedenen f_{n+p}. Daher hat die Reihe (2.2.8) nach Satz (2.1.I) mindestens eine singuläre Stelle auf $|z| = 1$, $|\arg z| \leq \varDelta\, \pi$. Daher hat (2.1.1) unter den Annahmen von Satz (2.2.II) für *jedes* reelle ω mindestens eine singuläre Stelle auf $|z| = 1$, $|\arg z + \omega| \leq \varDelta\, \pi$. Das ist aber die Behauptung von Satz (2.2.II).

Die Schlußweise, die von Satz (2.1.I) zu Satz (2.2.II) führte, kann auch auf Satz (2.1.III) angewandt werden. Man gelangt so zu der folgenden Verallgemeinerung von Satz (2.2.II).

Satz (2.2.III). *Die Voraussetzung 1 von Satz (2.2.II) werde unverändert beibehalten. Die Annahmen 2 und 3 dieses Satzes werden ersetzt durch*

2'. Es existiere ein von k unabhängiges ϑ aus $0 < \vartheta < 1$, und es mögen in

$$\{f_{n+p}\}, \quad -\vartheta\, n \leq p \leq \vartheta\, n, \quad n \in \{n_k\}$$

diejenigen Elemente, welche von Null verschieden sind, die Maximaldichte $\varDelta$ mit $0 \leq \varDelta < 1$ besitzen. Dann hat (2.2.1) auf jedem abgeschlossenen Bogen des $|z| = 1$ von der Länge $2\,\varDelta\,\pi$ mindestens eine singuläre Stelle. Im ganzen gibt es also dann mindestens zwei singuläre Stellen auf $|z| = 1$.

Zu dieser Formulierung vgl. auch OSTROWSKI [6].

Satz (2.2.II) ist für $\varDelta = 0$ eine Verschärfung des FABRYschen Lückensatzes (2.2.I). Satz (2.2.II) geht nämlich dann in Satz (2.2.I) über, wenn alle $p_v^{(k)} = 0$ sind. In diesem Falle $\varDelta = 0$ kann man ähnlich wie beim Übergang von Satz (2.1.I) zu Satz (2.1.II) die Formulierung von Satz (2.2.II) vereinfachen zu

Satz (2.2.IV). *Die Voraussetzung 1 von Satz (2.2.II) bleibt unverändert. Statt 2 und 3 wird aber angenommen:*

2'. Die in Voraussetzung 2 von Satz (2.2.II) erklärte Folge (2.2.4) möge genau $p^{(k)}$ von 0 verschiedene Elemente aufweisen und es sei $p^{(k)} = o\,(n_k)$. Dann ist der $|z| = 1$ natürliche Grenze für (2.1.1).

Satz (2.2.IV) ist zugleich der Spezialfall $\Delta = 0$ von Satz (2.2.III) (s. a. M. Kössler [1, 2, 3, 4] und F. Lösch [1]).

Pólya [21] hat hervorgehoben, daß man diesen Satz (2.2.IV) noch weiter verschärfen kann, nämlich zu*:

Satz (2.2.V). *Die Voraussetzung 2' von Satz* (2.2.IV) *werde ersetzt durch*:

2''. Es sei $r^{(k)}$ die Zahl der von 0 verschiedenen Elemente in der Folge

$$f_{n+p}, \quad -\vartheta n \leqq p < 0, \quad n \in \{n_k\}$$

und es sei $s^{(k)}$ die Zahl der von 0 verschiedenen Elemente in der Folge

$$f_{n+p}, \quad 0 < p \leqq \vartheta n, \quad n \in \{n_k\}$$

und es sei

$$\text{entweder } r^{(k)} = o(n_k) \quad \textbf{oder } s^{(k)} = o(n_k).$$

Dann ist der $|z| = 1$ natürliche Grenze für (2.2.1).

Die Voraussetzungen von Satz (2.2.III) sind in dem von S. Mandelbrojt [1, 2] hervorgehobenen Fall erfüllt, daß in (2.1.1) $f_n = 0$ gilt für alle $n \equiv r \bmod q$. Hier ist q eine beliebige natürliche Zahl > 1 und r ein fester Rest. Setzt man nämlich $n_k = r + kq$, so gilt $k/n_k \to 1/q$. Die Maximaldichte der von übrigen f_n, die von Null verschieden seien, ist $\left(1 - \dfrac{1}{q}\right)$. Jeder Bogen der Länge $2\pi\left(1 - \dfrac{1}{q}\right)$ auf $|z| = 1$ trägt dann nach Satz (2.2.III) wegen $q > 1$ mindestens eine singuläre Stelle. Man kommt so auf den

Satz (2.2.VI). *In* (2.1.1) *sei*

$$f_n = 0, \quad n \equiv r \bmod q. \tag{2.2.9}$$

Hier ist q eine natürliche Zahl > 1 und r ein fester Rest. Dann hat (2.1.1) *auf $|z| = 1$ mindestens zwei singuläre Stellen. Man kann noch hinzufügen: Ist α eine dieser singulären Stellen, so gibt es eine (von α abhängige) q-te Einheitswurzel $\zeta \neq 1$ so, daß $\varrho\alpha$ eine singuläre Stelle von* (2.1.1) *ist.*

Mandelbrojt [2] hat diesen Satz mit Hilfe des Hadamardschen Multiplikationssatzes (1.4.I) bewiesen. Nach Ostrowski [6, 8] kann man aber Satz (2.2.VI) in seinem vollen Umfang unmittelbar einsehen, wenn man die wegen (2.2.9) für jede primitive q-te Einheitswurzel bestehende Identität

$$\sum_{0}^{q-1} \zeta^{-\lambda r} f(\zeta^\lambda z) = 0 \tag{2.2.10}$$

beachtet. Ist nämlich α eine singuläre Stelle von $f(z)$ auf $|z| = 1$, so zeigt die Identität, daß mindestens noch ein zweiter Summand für

---

* Nicht ganz so weit geht eine Bemerkung bei E. Fabry [1].

$z = \alpha$ singulär sein muß. Das ist aber der Satz in seinem vollen Inhalt. Übrigens zeigt das Beispiel

$$f(z) = z^r\left(\frac{1}{1-z} - \frac{1}{1-\zeta z}\right), \quad \zeta \text{ primitive } q\text{-te Einheitswurzel,}$$

daß nicht immer mehr als zwei Singularitäten aufzutreten brauchen.

Als **Folgerung** aus Satz (2.2.IV) gibt Ostrowski [6] eine Vertiefung des Singularitätentests (1.7.8) an. Diese Bedingung bleibt notwendig und hinreichend für die Singularität der Stelle $z = 1$ auch dann, wenn n nur eine Teilfolge $\{n_k\}$ der natürlichen Zahlen n durchläuft, für die k/n_k einen positiven Grenzwert hat. Daß die Bedingung hinreichend ist, ist klar. Sie ist aber auch notwendig. Denn wäre für diese Folge und das durch (2.1.10) erklärte φ_n der $\overline{\lim} \, |\varphi_n(1)|^{\frac{1}{n}} < 1$, $n \in \{n_k\}$, so würde das nach Satz (2.2.III) bedeuten, daß die durch die Eulersche Reihentransformation aus (2.1.1) erhaltene Reihe auf ihren Konvergenzkreis, der in $z = 1$ den $|z| = 1$ berührt, noch einen weiteren singulären Punkt hätte, während doch feststeht, daß die übrigen Stellen auf der Peripherie dieses Kreises regulär sind.

Ostrowski [8] gelangt zu einer wesentlichen Vertiefung von Satz (2.2.VI), nämlich zu

Satz (2.2.VII). *In (2.1.1) mögen alle Koeffizienten Null sein, deren Nummern k Restklassen modulo einer Primzahl q angehören. Dann hat (2.1.1) auf $|z| = 1$ mindestens $k + 1$ verschiedene Singularitäten. Ist α eine derselben, so hat (2.1.1) auf $|z| = 1$ wenigstens k weitere Singularitäten, die aus α durch Multiplikation mit q-ten Einheitswurzeln hervorgehen.*

Es sei

$$f_n = 0, \quad n \equiv r_j \bmod q, \quad j = 1, 2, \ldots, k.$$

Ist dann ζ eine primitive q-te Einheitswurzel, so gelten die k Identitäten (2.2.10)

$$\text{für } r = r_j, \; j = 1, 2, \ldots, k. \tag{2.2.11}$$

Ist dann α eine Singularität von $f(z)$ auf $|z| = 1$, so genügt es zu zeigen, daß wenigstens $k + 1$ der Funktionen $f(\zeta^\lambda z)$, $\lambda = 0, 1, \ldots, q - 1$ in α singulär sind. Sind nämlich in α nur $\mu < k + 1$ Funktionen $f(\zeta^\lambda z)$ singulär, so lassen sich die k angeschriebenen Identitäten *nicht* nach diesen μ singulären Funktionen auflösen, da alle übrigen Summanden darin an der Stelle α regulär sind. Läßt sich also zeigen, daß keine m-reihige Unterdeterminante der Matrix $(\zeta^{-\lambda r_j})$ verschwindet, so ergibt sich aus diesem Widerspruch der Beweis des Satzes (2.2.VII). Diesen Nachweis hat G. N. Tschebotareff, wie Ostrowski [8] ausführt, erbracht. Er soll hier nicht wiedergegeben werden.

Ein dem Satz (2.2.VII) entsprechender Satz gilt nicht ohne weiteres, wenn der Modul q keine Primzahl ist, weil sich dann k modulo q verschiedene Restklassen unter Umständen in weniger Restklassen modulo eines Teilers von q zusammenordnen können. Th. Motzkin [1] hat für die Fälle $k = 2$ und $k = 3$ und eine beliebige natürliche Zahl $q > 2$ festgestellt, daß $f(z)$ auf $|z| = 1$ wenigstens $k + 1$ Singularitäten hat, wenn die Restklassen folgenden Bedingungen genügen: 1. Sie lassen sich nach keinem von 2 verschiedenen Teiler von q als Modul in weniger als k Restklassen zusammenfassen. 2. Falls q gerade ist, fallen die k Restklassen nicht in nur eine Restklasse modulo 2. Ist dann α eine Singularität von $f(z)$ auf $|z| = 1$, so hat $f(z)$ noch k weitere Singularitäten auf $|z| = 1$, die aus α durch Multiplikation mit q-ten Einheitswurzeln hervorgehen.

Zum Satz (2.2.VII) s. a. T. Vijayaraghavan [1] und P. Dienes [2], S. 382.

Zu weiteren naheliegenden Verallgemeinerungen gelangt man nach Ostrowski [8], wenn man $f_n = 0$ für mehrere Moduln und mehrere Restklassen derselben gleichzeitig verlangt.

Erwähnt sei noch der folgende Satz, bei dem nach Ostrowski [8] auch G. H. Hardy mitgewirkt hat.

Satz (2.2.VIII). *Aus der Reihe* (2.2.1) *mögen diejenigen Glieder herausgehoben werden, deren Nummern n einer Restklasse $n \equiv r \bmod q$, q Primzahl angehören. Diese Teilreihe*

$$\varphi(z) = \sum_{n \,\equiv\, r(q)} f_n z^n \tag{2.2.12}$$

möge den $|z| = 1$ zur natürlichen Grenze haben. Dann hat die Menge der Singularitäten von (2.1.1) *auf dem $|z| = 1$ die Mächtigkeit des Kontinuums. Unter diesen Singularitäten von $f(z)$ auf $|z| = 1$ gibt es mindestens zwei — aber nicht immer mehr als zwei —, die aus einander durch Multiplikation mit einer q-ten Einheitswurzel hervorgehen.*

Die Identität

$$\sum_{0}^{q-1} \zeta^{-\lambda r} f(\zeta^\lambda z) = q\,\varphi(z) \tag{2.2.13}$$

lehrt, daß jede Stelle auf $|z| = 1$ für wenigstens einen der Summanden auf der linken Seite dieser Identität singulär ist. Daher hat die Menge der Singularitäten auf $|z| = 1$ für wenigstens einen dieser Summanden die Mächtigkeit des Kontinuums. Ist dann S die abgeschlossene Menge der Singularitäten von $f(z)$ auf $|z| = 1$, so sind $\zeta^\lambda S$, $\lambda = 1, 2, \ldots, q-1$ die Singularitäten der anderen Summanden in dieser Identität. Da ihre Vereinigungsmenge die ganze Peripherie von $|z| = 1$ bedeckt und da jede der q Mengen abgeschlossen ist, muß mindestens eine Stelle von $|z| = 1$ mindestens zweien dieser Mengen angehören. Andererseits lehren Beispiele, daß es nicht mehr als zwei singuläre Stellen von $f(z)$ auf $|z| = 1$ zu geben braucht, die durch Multiplikation mit einer q-ten Einheitswurzel zusammenhängen. Um das einzusehen, betrachte man eine Funktion $f(z)$, die in $|z| < 1$ regulär ist und deren Singularitäten auf $|z| = 1$ genau einen Bogen der Länge $2\,\pi/q$ füllen. Nun kann man $f(z)$ so schreiben:

$$f(z) = \sum_0^{q-1} z^\lambda f_\lambda(z^q) \,. \tag{2.2.14}$$

Aus der Darstellung

$$q\,z^\lambda f_\lambda(z^q) = \sum_0^{q-1} \zeta^{-\lambda\nu} f(\zeta^\lambda z), \quad \lambda = 0, 1, \ldots, q-1$$

folgt dann, daß jede Stelle auf $|z| = 1$ für jeden Summanden auf der rechten Seite von (2.2.14) singulär ist. Daher sind in $f(z)$ Teilreihen vom Typus (2.2.12) enthalten, die den $|z| = 1$ zur natürlichen Grenze haben.

Der FABRYsche Lückensatz (2.2.I) ist eine weitgehende Verallgemeinerung des HADAMARDschen Lückensatzes (1.8.V). Dieser hat statt der FABRYschen Lückenbedingung (2.2.1) für die Potenzreihe

$$\sum_0^\infty f_{n_k} z^{n_k} \tag{2.2.15}$$

die Bedingung

$$\underline{\lim} \frac{n_{k+1} - n_k}{n_k} > 0 \,.$$

BOREL [2] gab die Lückenbedingung

$$\underline{\lim} \frac{n_{k+1} - n_k}{\sqrt{n_k}} > 0 \,.$$

G. FABER [3, 5] erwähnt besonders Lückenbedingungen wie

$$\sum \frac{1}{n_k^\sigma} \text{ konvergent für ein } \sigma \text{ aus } 0 < \sigma < 1$$

oder

$$\underline{\lim} \frac{n_{k+1} - n_k}{n_k^\sigma} > 0, \quad \sigma > 0 \,.$$

FABRY [1] hob besonders die Lückenbedingung

$$n_{k+1} - n_k \to \infty \tag{2.2.16}$$

hervor. Das ist ein Spezialfall von (2.2.1). Dies erkennt man nach LANDAU [3] so: Aus (2.2.16) folgt (2.2.1). Denn es sei bei beliebig gegebenem $\omega > 0$ die Zahl $\mu(\omega)$ so bestimmt, daß

$$n_{k+1} - n_k > \omega \quad \text{für } k \geqq \mu(\omega)$$

ist. Dann ist für $k > 2\,\mu$

$$\frac{n_k}{k} > \frac{n_k - n_\mu}{k} > \frac{(k - \mu)\,\omega}{k} = \omega - \frac{\mu}{k}\,\omega > \frac{\omega}{2} \,.$$

Aber aus (2.2.1) folgt *nicht* (2.2.16). Denn man nehme z. B.

$$n_{2h} = h^2, \quad n_{2h+1} = h^2 + 1 \,.$$

Ähnlich kann man auch auf die Nichtfortsetzbarkeit von (2.2.9) schließen, wenn für ein festes $p > 0$

$$n_{k+p} - n_k \to \infty$$

gilt (Fabry [1]).

Einen direkten Beweis des Fabryschen Lückensatzes, der der in 2.1. vorgetragenen Faberschen Methode nahesteht, gaben F. Carlson und E. Landau [1].

Einen Beweis für den Sonderfall beschränkter Koeffizienten gab G. Szegö [1].

F. Lösch [3] hat die Frage aufgeworfen, ob man die ϑ-Umgebungen in Satz (2.2.II) durch Umgebungen

$$-\frac{n_k}{\varphi(n_k)} \leq p \leq \frac{n_k}{\varphi(n_k)}, \quad \varphi(n_k) \to \infty$$

ersetzen kann. Er hat an Beispielen gezeigt, daß dies nicht angeht, wenn man nicht noch weitere Voraussetzungen über die Größenordnung der nichtverschwindenden Koeffizienten hinzunimmt. So erhält Lösch

Satz (2.2.IX). *(2.1.1) ist über den $|z| = 1$ hinaus nicht fortsetzbar, wenn die folgenden Voraussetzungen erfüllt sind: Es existiert eine positive, nicht abnehmende Funktion $\varphi(n)$ und eine Teilfolge $\{n_j\}$ der natürlichen Zahlen mit folgenden Eigenschaften:*

$$\frac{\varphi(2n)}{\varphi(n)} = O(1), \quad \frac{\varphi(n) \log n}{n} = o(1)$$

$$|f_n| < n^{K \varphi(n)}, \quad n = 1, 2, \ldots$$

$$\left| f_{n_j} \right| > n^{-K \varphi(n_j)}, \quad K \text{ konstant}$$

$$f_{n_j + p} = 0, \text{ wenn } p \neq 0 \text{ und}$$

$$- \sqrt{n_j \varphi(n_j) \log n_j} \leq p \leq \sqrt{n_j \varphi(n_j) \log n_j}.$$

H. Claus [1] hat diesen Satz weiter verschärft zu

Satz (2.2.X). *(2.1.1) ist über den $|z| = 1$ nicht fortsetzbar, wenn die folgenden Voraussetzungen erfüllt sind: Es existiert eine Funktion $\varphi(x)$ und eine Teilfolge $\{n_j\}$ der natürlichen Zahlen mit folgenden Eigenschaften:*

1. $\varphi(x)$ *in* $x \geq 0$ *differenzierbar und positiv.*

2. $\dfrac{\varphi(x)}{x} \to 0, \quad \dfrac{\varphi(x)}{\log x} \to \infty, \quad \varphi'(x) \downarrow 0$ *für* $x \downarrow 0$.

3. $\overline{\lim} \, |f_n|^{\frac{1}{\varphi(n)}} = 1, \quad n = 1, 2, 3, \ldots$.

4. $\overline{\lim} \, |f_n|^{\frac{1}{\varphi(n)}} = 1, \quad \overline{\lim} \, |f_{n+p}|^{\frac{1}{\varphi(n)}} < 1, \quad n \in \{n_j\}$,

wenn **entweder** $- \varphi(n_j) \leq p < 0$ **oder** $0 < p \leq \varphi(n_j)$.

Die Behauptung des Satzes bleibt richtig, wenn in dem betreffenden, in 4. genannten Intervall Ausnahmekoeffizienten vorhanden sind, die in ihrer Gesamtheit

$$\overline{\lim}\, |f_{n+p}|^{\frac{1}{\varphi(n)}} < 1$$

nicht erfüllen, wofern für die Anzahl $\psi(n)$ dieser Ausnahmekoeffizienten

$$\frac{\psi(n)}{\varphi(n)} \to 0, \quad n \in \{n_j\}$$

gilt.

Im Zusammenhang mit ihren Untersuchungen über Überkonvergenz haben P. Erdös und G. Piranian [1] zu den Ergebnissen von F. Lösch und H. Claus den folgenden Zusatz gemacht:

Satz (2.2.XI). *(2.1.1) besitze Doppellücken, d. h. es gebe drei Indexfolgen*

$$l_i < m_i < n_i, \quad m_i - l_i \to \infty, \quad n_i - m_i \to \infty$$

und eine natürliche Zahl k so, daß

$$f_n = 0, \quad \text{wenn } l_i < n \leq m_i \text{ oder wenn } m_i + k < n \leq n_i$$

ist. Die $|f_n|$ seien beschränkt und die zwischen den Lückenpaaren stehenden f_{m_i+j}, $i = 1, 2, \ldots, j = 1, 2, \ldots, k$ sollen keine Nullfolge bilden. Dann ist (2.2.1) über den $|z| = 1$ nicht fortsetzbar.

Vgl. auch Satz (3.3.XIV).

Aus den Untersuchungen von S. Agmon [1, 2, 5, 6] sei der Satz (2.2.XII) hervorgehoben. Der Formulierung werde vorausgeschickt: S. Agmon nennt eine Unterfolge $\{f_n\}$, $n \in \{n_k\}$ der Koeffizienten von (2.1.1) eine *Hauptfolge*, wenn sie folgende Eigenschaften hat: Es existiere eine Zahl $K > 0$ und eine Folge $\{q_n\}$ positiver Zahlen mit

$$\frac{q_n}{q_{n+1}} \to 1, \ \log\frac{q_{n-1}\, q_{n+1}}{q_n^2} \leq \frac{B}{n}, \quad n = 2, 3, 4, \ldots, B \text{ konstant,}$$

so daß

$$q_n \geq |f_n|, \quad n = 2, 3, 4, \ldots$$

und

$$q_n \leq K\, |f_n|, \quad n \in \{n_k\}.$$

S. Agmon beweist, daß stets solche Hauptfolgen existieren. Dann lautet sein

Satz (2.2.XII). *In (2.1.1) sei $\{f_n\}$, $n \in \{n_k\}$ mit $m_{k+1} - n_k \to \infty$ Hauptfolge und es sei eine der folgenden Bedingungen erfüllt:*

$$\overline{\lim}\left|\frac{f_{n+p}}{f_n}\right| \leq e^{-\Theta(p)} \text{ oder } \overline{\lim}\left|\frac{f_{n-p}}{f_n}\right| \leq e^{-\Theta(p)}, \quad p = 1, 2, \ldots, n \in \{n_k\}.$$

$\Theta(p)$ sei dabei eine nichtabnehmende Funktion mit

$$\sum \frac{\Theta(p)}{p^2} = \infty.$$

Dann ist der $|z| = 1$ natürliche Grenze für (2.1.1).

Darin ist der Fabrysche Lückensatz für die speziellere Lückenbedingung

$$n_{k+1} - n_k \to \infty, \quad f_n = 0, \quad n \notin \{n_k\}$$

enthalten. Die Hauptfolge wird aus den nichtverschwindenden Koeffizienten genommen. Es ist $\Theta(p) = \infty$ zu nehmen. Spezialfälle des Satzes (2.2.XIII) schon bei L. Ilieff [1] und R. P. Boas [2].

Im Zusammenhang mit seiner fundamentalen Ungleichung bei den Koeffizienten asymptotischer Dirichletscher Reihen gibt S. Mandelbrojt [24, 25] einen Beweis des Fabryschen Lückensatzes auf völlig anderer Grundlage.

P. Turán [1, 2] gelingt es, den allgemeinen Fabryschen Lückensatz (2.1.I) in die Bohrsche Theorie der Anwendung diophantischer Approximationen auf funktionentheoretische Fragen einzuordnen. Das hatte vorher schon N. Wiener angestrebt (R. E. A. C. Paley und N. Wiener [1]; N. Wiener [1, 2]).

Man kann sich fragen, ob statt der Lückenbedingungen (2.2.6) oder (2.2.1) auch schwächere, wie

$$\text{a) } \overline{\lim} \, (n_{k+1} - n_k) = \infty \text{ oder b) } \underline{\lim} \frac{k}{n_k} = 0 \qquad (2.2.17)$$

ausreichen, um zu schließen, daß (2.1.1) mit $f_n = 0$, $n \notin \{n_k\}$ den $|z| = 1$ als natürliche Grenze hat. Fabry [1] und G. Faber [5] haben an Beispielen gezeigt, daß sich aus solchen Bedingungen nicht der $|z| = 1$ als natürliche Grenze von (2.1.1) ergibt. Fabry hat für die Bedingung (2.2.17a) und Faber für (2.2.17b) Reihen (2.1.1) angegeben, die auf dem $|z| = 1$ nur eine einzige Singularität besitzen. S. Mandelbrojt [2, 14] gibt für (2.2.17a) Beispiele von Reihen (2.1.1), die in der Riemannschen Ebene nur eine einzige singuläre Stelle haben. Eine volle Klärung dieser Frage gibt erst Pólya [26, 28]. Er beweist

Satz (2.2.XIII). *Es sei $\{n_k\}$ eine wachsende Folge natürlicher Zahlen, die nicht die Dichte 0 hat, d. h. für die*

$$k \neq o\,(n_k)$$

ist. Dann kann man in (2.1.1) *die Koeffizienten so wählen, daß sie der Bedingung*

$$f_n = 0, \quad k \notin \{n_k\}$$

genügen und daß die Reihe (2.1.1) *über den $|z| = 1$ hinaus analytisch fortsetzbar ist.*

Einen weiteren Beweis für diese Umkehrung des Fabryschen Lückensatzes (2.2.II) gab P. Erdös [1]. A. Z. Walfisch [1] hat nach dem mir allein zugänglichen Referat in den Reviews 12, S. 668 diese Überlegungen vereinfacht und durch numerische Rechnungen ergänzt.

Ich führe noch ein Beispiel von G. FABER [5] an. Es ist

$$f(z) = \sum_0^\infty a_\nu \left(\frac{z + z^2}{2}\right)^{\lambda_\nu} = \sum_0^\infty f_n z^n, \quad \overline{\lim} |a_\nu|^{\frac{1}{\lambda_\nu}} = 1 . \qquad (2.2.18)$$

Hier ist $\{\lambda_\nu\}$ eine wachsende Folge natürlicher Zahlen. Diese Reihe konvergiert im Innern der Lemniskate

$$|z(z + 1)| = 2$$

gleichmäßig und hat nach dem FABRYschen Lückensatz für

$$\nu = o\,(\lambda_\nu)$$

diese Lemniskate zur natürlichen Grenze. Die Lemniskate enthält den $|z| < 1$ im Innern und berührt $|z| = 1$ nur im Punkt $z = 1$. Diese Stelle ist die einzige singuläre Stelle von $f(z)$ auf $|z| = 1$. Die in (2.2.18) angegebenen Partialsummen der Potenzreihe bilden eine überkonvergente Abschnittsfolge, d. h. die Folge dieser Partialsummen konvergiert noch im Äußeren des Einheitskreises, nämlich eben in jener Lemniskate. Nimmt man

$$\frac{\lambda_{\nu+1}}{2\,\lambda_\nu} \to \infty$$

an, d. h. hat (2.2.18) OSTROWSKIsche Lücken (vgl. Satz (3.1.I)), dann ist die untere Dichte der Koeffizienten f_n Null. Das heißt, es ist

$$\underline{\lim}\,\frac{k}{n_k} = 0, \quad \text{wenn } f_n = 0, \quad n \notin \{n_k\} .$$

Sind aber in (2.2.18) alle $a_\nu \neq 0$, so ist die obere Dichte von $\{n_k\}$ d. h.

$$\overline{\lim}\,\frac{k}{n_k} = \frac{1}{2} .$$

2.3. Der FABRYsche Quotientensatz.

FABRY [1] S. 380; [4] S. 77.

Satz (2.3.I). *Für (2.1.1) möge eine unendliche Folge natürlicher Zahlen $\{n_k\}$ existieren mit folgenden Eigenschaften:*

1. Es sei

$$\overline{\lim}\,|f_n|^{\frac{1}{n}} = 1, \quad n \in \{n_k\}. \qquad (2.3.1)$$

2. Es existiere eine von k unabhängige Zahl ϑ aus $0 < \vartheta < 1$, so daß für $f_n = |f_n|\,e^{i\,\omega_n}, \; -\pi < \omega_{m+1} - \omega_m < \pi$

$$\text{Max }|\omega_{m+1} - \omega_m| \to 0, \quad n_k(1 - \vartheta) \leq m < m + 1 \leq n_k(1 + \vartheta) \qquad (2.3.2)$$

gilt, wobei $Q_k = Q\,(n_k)$ Werte von m ausgenommen werden, für die

$$Q_k = o\,(n_k) \qquad (2.3.3)$$

sein soll. Dann ist $z = 1$ eine singuläre Stelle von (2.1.1).

Bevor ich in den Beweis eintrete, hebe ich einen Spezialfall hervor, der den Grund für die Benennung Quotientensatz klar herausstellt. Es ist

Satz (2.3.II). *Gilt in* (2.1.1)

$$\lim_{n \to \infty} \frac{f_n}{f_{n+1}} = s, \tag{2.3.4}$$

so ist $z = s$ *eine singuläre Stelle auf* $|z| = 1$.

Man hat in (2.3.2) nur $\omega_{m+1} - \omega_m$ durch $\omega_{m+1} - \omega_m + \omega$ zu ersetzen, um zu schließen, daß $s = e^{i\omega}$ singulär ist. In dem Sonderfall (2.3.4) ist $Q_k = 0$ und $n_k = k$ für alle k.

Beweis von Satz (2.3.I). Auch dieser Satz folgt aus Satz (2.1.II). Wenn

$$\Re f_m \, e^{-i\beta} = |f_m| \cos(\omega_m - \beta)$$

für jedes

$$\beta \text{ aus } \beta_0 \leq \beta \leq \beta_0 + \gamma, \quad 0 < \gamma < \frac{\pi}{8} \tag{2.3.5}$$

mindestens q Vorzeichenwechsel hat, während m das Intervall von (2.3.2) mit Ausnahme jener Q Werte von m durchläuft, so ist

$$\sum_{n_k(1-\vartheta)}^{n_k(1+\vartheta)} |\omega_{m+1} - \omega_m| \geq q\,\gamma, \tag{2.3.6}$$

wobei über die genannten Werte von m summiert wird.

Um das einzusehen, errichte man im Scheitel des Winkels (2.3.5) auf seinen Schenkeln Lote. Diese bestimmen auf der Peripherie des um den Winkelscheitel gelegten Einheitskreises zwei neue Kreisbogen Γ der Länge γ. Man verbinde zwei aufeinanderfolgende Punkte $e^{i\omega_m}$ durch Bogen B des Einheitskreises von einer Länge $\leq \pi$. Diese Kreisbögen B müssen jeden Durchmesser durch die Punkte der beiden neuen Kreisbögen Γ mindestens q-mal treffen. Daher haben diese Kreisbögen B mindestens die Längensumme $q\,\gamma$, wie in (2.3.6) behauptet wurde. Da nun aber (2.3.2) angenommen wird, so ist für jedes gegebene $\varepsilon > 0$ und genügend große n_k

$$\sum_{n_k(1-\vartheta)}^{n_k(1+\vartheta)} |\omega_{m+1} - \omega_m| < 2\varepsilon\vartheta n_k. \tag{2.3.7}$$

Daher ist

$$q\,\gamma < 2\varepsilon\vartheta n_k.$$

Für mindestens ein $\beta = \beta(n_k)$ des Winkels (2.3.5) gilt daher

$$q = o(n_k). \tag{2.3.8}$$

Da aber β_0 aus (2.3.5) beliebig auch von n_k abhängig angenommen werden darf, so kann man es so einrichten, daß

$$\left|\omega_{n_k} - \beta(n_k)\right| < \frac{\pi}{8}$$

bleibt. Da man ohne Beeinträchtigung der übrigen Voraussetzungen des Satzes (2.3.I) statt (2.3.1)

$$\lim |f_n|^{\frac{1}{n}} = 1, \quad n \in \{n_k\}$$

annehmen darf, so ist auch

$$\overline{\lim} |f_n \cos (\omega_n - \beta_n)|^{\frac{1}{n}} = 1, \quad n \in \{n_k\} \,.$$

Daher gilt die erste Annahme von Satz (2.1.II). Die Annahme 2' dieses Satzes ist wegen (2.3.3) und (2.3.8) erfüllt. Daher ergibt sich Satz (2.3.I) aus Satz (2.1.II).

Diese Darstellung folgt genau der Beweisführung von FABRY [4], S. 77, indem nur ein Schluß etwas näher ausgeführt wurde, wie dies schon bei BIEBERBACH [2], S. 313 auf Grund einer mündlichen Auskunft von A. OSTROWSKI steht. In etwas anderer Weise hat LANDAU [2], S. 85 den Übergang von Satz (2.1.II) zu Satz (2.3.I) dargestellt.

Einen auch Hilfsmittel von R. NEVANLINNA heranziehenden Beweis des FABRYSCHEN Quotientensatzes (2.3.II) geben DUFRESNOY und PISOT [1].

Ein Beweis von Satz (2.3.II) auch bei S. AGMON [2].

H. DELANGE [2] verallgemeinert den FABRYSCHEN Quotientensatz durch den dem Satze (2.1.I) nahestehenden, aber aus anderer Wurzel gewonnenen

Satz (2.3.III). *Für (2.1.1) werde vorausgesetzt*

$$f_n = |f_n| \, e^{i \omega_n}, \quad |\omega_{n+1} - \omega_n| \leqq \pi, \quad \overline{\lim} |\omega_{n+1} - \omega_n| = \alpha < \pi \,.$$

Dann besitzt (2.1.1) auf $|z| = 1$ mindestens eine singuläre Stelle mit $|\arg z| \leqq \alpha$.

Es ist in der älteren Literatur wohl die Frage aufgeworfen worden, ob die Existenz des Grenzwertes (2.3.4) notwendig dafür ist, daß auf $|z| = 1$ nur eine singuläre Stelle von (2.1.1) liegt. Bereits HADAMARD [1, 3] hat diese Frage negativ entschieden. Besonders einfach sind die Beispiele, die G. FABER im Anschluß an Satz (1.3.II) angegeben hat. Die Reihen

$$\sum_1^\infty \frac{\sin \pi \sqrt{n}}{\pi \sqrt{n}} \, z^n \quad \text{und} \quad \sum_0^\infty \left(\sin \pi \sqrt{n}\right)^2 z^n$$

stellen nach diesem Satz Funktionen dar, die in der ganzen RIEMANN-schen Ebene nur bei $z = 1$ singulär sind. Und trotzdem existiert bei diesen Reihen der Grenzwert von f_n/f_{n+1} nicht.

Will man also den FABRYSCHEN Quotientensatz *umkehren*, so muß man zusätzliche Annahmen z. B. über die Singularitäten von (2.1.1) auf $|z| = 1$ machen. So hat schon Darboux [1] 1878 aus dem asymptotischen Verhalten der Koeffizienten einer Potenzreihe, die auf dem Konvergenzkreis außer einem einzigen Pol keine weitere singuläre Stelle hat, den Schluß gezogen, daß der Quotient f_n/f_{n+1} gegen die Koordinate dieser Polstelle konvergiert*. R. Jungen [1] hat dies Ergebnis auf mehrere Pole und auf algebrologarithmische Singularitäten von (2.1.1) auf $|z| = 1$ ausgedehnt. Er fand so u. a. den

Satz (2.3.IV). *Wenn (2.1.1) auf $|z| = 1$ bis auf endlich viele algebrologarithmische Singularitäten regulär ist und wenn unter diesen Singularitäten eine einzige s von möglichst hohem Gewicht ist, so konvergiert f_n/f_{n+1} gegen s für $n \to \infty$.*

Wegen des Begriffes der algebro-logarithmischen Singularität siehe 3.3. Es handelt sich um Verallgemeinerungen der Pole. In diesem Fall ist das Gewicht die Ordnung des Poles und der Satz setzt voraus, daß am Rand nur Pole und darunter nur einer von möglichst hoher Ordnung ist.

J. M. Whittaker and R. Wilson [1] beweisen

Satz (2.3.V). *Wenn (2.1.1) auf $|z| = 1$ bis auf eine einzige bei $z = 1$ gelegene isolierte wesentlich singuläre Stelle endlicher Ordnung regulär ist,*

---

* Er folgt übrigens aus der später zu beweisenden Formel (3.3.25) für $p = 1$. In diesem Zusammenhang darf auch an einen Satz von Hadamard [1, 3] erinnert werden, der in einer von F. Pellegrino [1] herrührenden Verallgemeinerung also lautet:

(2.2.1) *hat auf $|z| = 1$ dann und nur dann als einzige Singularität einen Pol der Ordnung m an der Stelle $z = 1$, wenn*

$$\lim \frac{f_{n+1}}{f_n} = 1$$

und

$$\overline{\lim} \left| 1 + \sum_{1}^{m} (-1)^\lambda \binom{m}{\lambda} \frac{f_{n-\lambda}}{f_n} \right|^{\frac{1}{n}} < 1$$

gilt.

Hadamards Spezialfall ist $m = 1$. Seine Untersuchungen beziehen sich allgemein auf die Ermittlung der Lage der Pole von (2.2.1) auf $|z| = 1$, falls (2.2.1) auf $|z| = 1$ keine anderen Singularitäten als Pole hat, sowie auf die Aufstellung von Kriterien dafür, daß für (2.2.1) dieser Fall eintritt. Weiter handelt es sich dann um Kriterien dafür, daß (2.2.1) eine in der Gaussschen Ebene meromorphe Funktion definiert. Diese Theorie soll in diesem Bericht nicht vorgeführt werden, weil sie schon vielerorts dargestellt ist. Im schwierigsten Punkt haben G. Pólya [14] und in anderer Weise A. Ostrowski [10] wesentliche Vereinfachungen erzielt.

Auf algebro-logarithmische Singularitäten haben G. Piranian [1] und R. Wilson [6] Teile dieser Theorie ausgedehnt (vgl. 3.3).

In diesen Zusammenhang gehört auch eine Bemerkung von U. Broggi [1], die sich auf den Fall bezieht, daß (2.2.1) eine rationale Funktion darstellt. Dann entfällt die zweite auf einen limsup bezügliche Bedingung in der Formulierung von F. Pellegrino. An ihre Stelle tritt eben die Bedingung, daß (2.2.1) eine rationale Funktion definiert.

*dann gibt es eine Folge $\{n_k\}$ von natürlichen Zahlen mit der Dichte 1,
so daß*

$$f_n/f_{n+1} \to 1, \quad n \in \{n_k\}$$

ist.

Von endlicher (exponentieller) Ordnung ϱ heißt die wesentlich singuläre Stelle $z = 1$, wenn $f(z)$ in der Umgebung derselben in der Form

$$f(z) = g(z) + h\left(\frac{1}{1-z}\right)$$

darstellbar ist. Hier ist $g(z)$ bei $z = 1$ regulär und bedeutet $h(\tau)$ eine ganze Funktion endlicher Ordnung ϱ.

R. H. COOKE [1] gab folgende Ergänzung zu Satz (2.3.V).

Satz (2.3.VI). *Ist (2.1.1) in der ganzen RIEMANNschen Ebene bis auf die Stelle $z = 1$ holomorph und sind in der Entwicklung*

$$f(z) = \sum_0^\infty e_n \left(\frac{z}{1-z}\right)^n$$

alle $e_n \geq 0$, so gilt in (2.1.1) $f_n/f_{n+1} \to 1$.

Angeregt durch Satz (2.3.V) bewies REY-PASTOR [1] einen Zusatz zum Quotientensatz (2.3.II), nämlich

Satz (2.3.VII). *Wenn in (2.1.1) $f_n/f_{n+1} \to 1$ für eine Folge von n-Werten der Dichte 1 gilt und wenn (2.1.1) auf $|z| = 1$ nur Singularitäten algebrologarithmischer Natur besitzt, dann gibt es eine einzige von höchstem Gewicht und diese liegt bei $z = 1$.*

V. BERNSTEIN [3] und R. WILSON [3] geben

Satz (2.3.VIII). *Wenn die dominanten Singularitäten von (2.1.1) auf $|z| = 1$ algebro-logarithmisch sind, und wenn $f_n/f_{n+1} \to 1$ gilt für $n \to \infty$, dann hat (2.1.1) auf $|z| = 1$ eine einzige Singularität von größtem Gewicht, und diese liegt bei $z = 1$.*

Ähnliche Zusätze macht WILSON [3] auch zu anderen Sätzen dieses § 2.

A. J. MACINTYRE and R. WILSON [2] geben den folgenden

Satz (2.3.IX). *Wenn (2.1.1) auf $|z| = 1$ außer bei $z = 1$ keine andere Singularität hat, dann gibt es zu jedem $\varepsilon > 0$ eine Folge $\{n_k\}$ der Maximaldichte* 1, für die*

$$\left|\frac{f_n}{f_{n+1}} - 1\right| < \varepsilon, \quad n \in \{n_k\}$$

ausfällt.

Ähnliche Aussagen geben die Verfasser, wenn zwar mehrere Singularitäten auf $|z| = 1$ liegen, die bei $z = 1$ gelegene, aber zusätzliche Eigenschaften hat, wie z. B. gut zugänglich oder fast isoliert zu sein*.

---

* Wegen dieser Begriffe siehe 1.3 vor Satz (1.3.IX).

S. Agmon [6] gibt folgenden

Satz (2.3.X). *(2.1.1) habe auf* $|z| = 1$ *nur die eine singuläre Stelle* $z = 1$. *Es seien* $\{n_k\}$ *die Nummern einer Hauptfolge* von Koeffizienten von* (2.1.1). *Dann ist*

$$\lim_{n \to \infty} \frac{f_n}{f_{n+m}} = 1, \quad m = \pm 1, \pm 2, \ldots, \quad n \in \{n_k\}.$$

Wenn außerdem noch

$$n_{k+1} - n_k = O(1)$$

gilt, dann ist

$$\lim_{n \to \infty} \frac{f_n}{f_{n+1}} = 1, \quad n = 1, 2, 3, \ldots.$$

§ 3. Weiteres über Lücken und Koeffizientendichten.

3.1. Der Lückensatz von Ostrowski.

Im Zusammenhang mit seinen Untersuchungen über Potenzreihen mit überkonvergenten Abschnittsfolgen** fand Ostrowski [7] den folgenden

Satz (3.1.I). *Die Potenzreihe (2.1.1) besitze unendlich viele Lücken mit ins Unendliche wachsendem Quotienten, d. h. es existieren zwei Folgen* $\{n_k\}$ *und* $\{n_k'\}$ *von natürlichen Zahlen, so daß in (2.1.1)*

$$f_n = 0, \quad n_k + 1 \leqq n \leqq n_k', \quad k = 1, 2, \ldots$$

ist und derart, daß

$$\frac{n_k'}{n_k} \to \infty$$

gilt. Dann definiert die Potenzreihe (2.1.1) eine eindeutige analytische Funktion mit einem einfach zusammenhängenden Existenzgebiet.

Lücken wie die im Satz (3.1.I) genannten werden Ostrowski*sche Lücken* genannt. Der Beweis von Satz (3.1.I) beruht auf folgendem Zusatz zu Satz (3.1.I). Die Abschnittsfolge

$$P_k(z) = \sum_0^{n_k} f_n z^n$$

der in Satz (3.1.I) genannten Potenzreihe (2.1.1) konvergiert gleichmäßig in jedem abgeschlossenen Teilbereich des Existenzgebietes der durch (2.1.1) definierten analytischen Funktion.

---

* Wegen des Begriffes Hauptfolge siehe 2.2. vor Satz (2.2.XII).

** Die Überkonvergenz wird in diesem Bericht nicht behandelt. Nur Ostrowskis Hauptsatz sei erwähnt. Eine Potenzreihe (2.1.1) mit überkonvergenten Abschnittsfolgen, d. h. mit Abschnittsfolgen, die in einem Bereich gleichmäßig konvergieren, der Bogen von $|z| = 1$ im Innern enthält, läßt sich als Summe zweier anderer Potenzreihen darstellen, deren eine einen größeren Konvergenzradius hat, während die andere eine (2.1.1) mit Hadamardschen Lücken ist. Eine zusammenfassende Darstellung der Überkonvergenz gab G. Bourion [1].

Es sei
$$n_k' > \vartheta_k n_k, \quad \vartheta_k \to \infty.$$
Man setze
$$f(z) = P_k(z) + R_k(z), \quad P_k(z) = \sum_0^{n_k} f_n z^n = \sum_0^{n_k'} f_n z^n.$$

Man nehme irgendein dem Existenzbereich von $f(z)$ angehöriges Polygon Π_3, das mit $|z| < 1$ einen nichtleeren Durchschnitt hat. In diesem Durchschnitt nehme man irgendein Polygon Π_1 an. Weiter sei Π_2 irgendein Polygon aus dem Innern von Π_3. Dann existiert nach dem in die Lehrbücher der Funktionentheorie übergegangenen Mehrkonstantensatz von A. Ostrowski und R. Nevanlinna eine nur von der geometrischen Konfiguration der drei Polygone abhängige, d. h. hier von k unabhängige Zahl γ aus $0 < \gamma < 1$ derart, daß
$$M_2 < M_1^\gamma M_3^{1-\gamma}$$

ist. Hier bedeutet M_i das Maximum von $|R_k(z)|$ auf dem Rand von Π_i ($i = 1, 2, 3$). Für $z \in \Pi_1$ möge $|z| \leq \varrho_1 < 1$ sein. Es sei
$$M = \text{Max } |f(z)| \text{ in } |z| \leq (1 + \varepsilon)\varrho_1, \quad \varepsilon > 0, \quad (1 + \varepsilon)\varrho_1 < 1.$$
Dann ist
$$M_1 \leq \sum_{n_k'}^\infty |f_\nu| \varrho_1^\nu, \quad |f_n| \leq \frac{M}{[(1 + \varepsilon)\varrho_1]^n}, \quad n = 0, 1, \dots$$
Das heißt, es ist
$$M_1 \leq \frac{M}{(1 + \varepsilon)^{n_k'}} \left(1 + \frac{1}{1 + \varepsilon} + \cdots\right)$$
$$= \frac{M}{(1 + \varepsilon)^{n_k'}} \frac{1 + \varepsilon}{\varepsilon}$$
$$< A \frac{1}{(1 + \varepsilon)^{\vartheta_k n_k}}.$$

Hier ist A und sind weiterhin A_1, A_2 von k unabhängige Zahlen. Wegen
$$R_k(z) = f(z) - P_k(z)$$
findet man, falls $|z| \leq \varrho_3$, $\varrho_3 > 1$ für $z \in \Pi_3$ ist,
$$M_3 < A_1 + \sum_0^{n_k} |f_\nu| \varrho_3^\nu$$
$$< A_1 + (n_k + 1)\left((1 + \varepsilon_1)\varrho_3\right)^{n_k}, \quad \varepsilon_1 > 0$$
$$< A_2^{n_k}.$$
Daher wird
$$M_2 < A^\gamma \left(\frac{1}{(1 + \varepsilon)^{\gamma\vartheta_k}} A_2^{1-\gamma}\right)^{n_k}.$$

Wegen $\vartheta_k \to \infty$ gilt daher $M_2 \to 0$ für $k \to \infty$. Daraus folgt, daß die Polynomfolge $P_k(z)$ in Π_2 gleichmäßig gegen $f(z)$ konvergiert.

Da Π_2 irgendein dem Innern von Π_3 angehöriges Polygon ist und Π_3 ein beliebiges Polygon aus dem Existenzgebiet von $f(z)$ ist (nur der Bedingung unterworfen, daß es mit $|z| < 1$ einen nichtleeren Durchschnitt hat), so folgt aus bekannten Konvergenzeigenschaften von Polynomfolgen, daß das Existenzgebiet von $f(z)$ einfach zusammenhängend ist und daß die Folge $P_k(z)$ in jedem Teilbereich desselben gleichmäßig gegen $f(z)$ konvergiert. Daher ist auch $f(z)$ eindeutig.

Falls man die Forderung $\vartheta_k \to \infty$ wegläßt und nur das Vorhandensein von unendlich vielen Lücken annimmt, so ergibt sich aus einer ähnlichen Überlegung noch immer die Konvergenz der $P_k(z)$ an jeder regulären Stelle von $f(z)$ auf $|z| = 1$. Das bedeutet aber keine Aussage über analytische Fortsetzung.

Das schon erwähnte Beispiel (2.2.18) lehrt für $\dfrac{\lambda_{\nu+1}}{\lambda_\nu} \to \infty$, daß der Existenzbereich von $f(z)$ tatsächlich größer als $|z| < 1$ sein kann.

Von H. Grönwall [1] rührt der folgende Satz her, den erst Ostrowski [1] so allgemein bewiesen hat.

Satz (3.1.II). *Eine Reihe* (2.2.1) *mit* Ostrowski*schen Lücken, d. h. mit Lücken wie in Satz* (3.1.I) *beschrieben, kann nie Lösung einer algebraischen Differentialgleichung sein.*

Ein Spezialfall ist die leicht einzusehende Bemerkung von G. Pólya [17], daß eine Lückenreihe, d. h. eine (2.2.1) mit (3.3.22) und (3.3.23), nie Lösung einer linearen Differentialgleichung mit rationalen Koeffizienten sein kann.

Grönwall [1] hat noch die Zusatzvoraussetzung, daß $n_{k+1} - n_k'$ beschränkt ist.

3.2. Der Lückensatz von Pólya.

Pólya [16, 25].

Satz (3.2.I). *In der Potenzreihe* (2.1.1) *sei*

$$f_n = 0, \quad n \in \{n_k\} \tag{3.2.1}$$

und

$$\lim \frac{k}{n_k} = 0 . \tag{3.2.2}$$

(Das heißt die untere Dichte der Nummern der von Null verschiedenen Koeffizienten sei 0.) *Dann definiert* (2.1.1) *eine eindeutige Funktion mit einfach zusammenhängendem Existenzgebiet.*

Man kann die Folge $\{n_k\}$ in zwei zueinander komplementäre Teilfolgen $\{n_k'\}$ und $\{n_k''\}$ zerlegen, von denen die erstere die Dichte 0, die zweite Ostrowskische Lücken hat. (Der Leser mag das selbst überlegen oder bei G. Pólya [22], S. 567, oder V. Bernstein [2], S. 265, nachlesen.) Die ganze Funktion

$$A(z) = \prod_1^\infty \left(1 - \left(\frac{z}{n_k'}\right)^2\right) \tag{3.2.3}$$

gehört dann nach Satz (1.3.VII) höchstens dem Minimaltypus der Ordnung 1 an und es gilt nach Satz (1.3.VIII)

$$\lim |A(n_k'')|^{\frac{1}{n_k''}} = 1 . \tag{3.2.4}$$

Die Funktion

$$g(z) = \sum_0^\infty f_n \, A(n) \, z^n \tag{3.2.5}$$

genügt daher den Voraussetzungen von Satz (3.1.I) und ist daher nach diesem Satz eindeutig mit einfach zusammenhängendem Existenzgebiet. Nun bemerke man, daß $f(z)$ und $f(e^{-s})$ entweder beide eindeutige Funktionen mit einfach zusammenhängendem Existenzgebiet sind oder daß keine dieser Funktionen diese Eigenschaft hat. Das gleiche gilt auch für $g(z)$ und $g(e^{-s})$. Das ergibt sich durch elementare Überlegungen, die PÓLYA [25], S. 759 ausführlich dargestellt hat. Wir betrachten daher jetzt die beiden Funktionen

$$F(s) = f(e^{-s}) \quad \text{und} \quad F^*(s) = g(e^{-s}) .$$

Wir wissen, daß $F^*(s)$ eine eindeutige Funktion mit einfach zusammenhängendem Existenzgebiet ist und wollen zeigen, daß $F(s)$ die gleiche Eigenschaft hat. Zum Beweis beachten wir, daß diese beiden Funktionen nach (1.5.8) durch die Funktionaltransformation (1.5.9) verbunden sind. Es können somit die Sätze (1.5.V) und (1.5.VI) herangezogen werden. Der letztere lehrt, daß jeder zugängliche singuläre Punkt von $F(s)$ auch ein singulärer Punkt für $F^*(s)$ ist. Wäre nun $F(s)$ keine eindeutige Funktion mit einfachzusammenhängendem Existenzgebiet, so gäbe es eine geschlossene JORDAN-Kurve C der s-Ebene, längs der $F(s)$ analytisch fortgesetzt werden kann, die aber entweder die Mehrdeutigkeit der Funktion $F(s)$ offenbart, oder die Randpunkte des Existenzgebietes von $F(s)$ umschließt. Man kann C als Polygon annehmen. Läßt sich zeigen, daß C auch zugängliche singuläre Punkte von $F(s)$ umschließt, so würde sie nach Satz (1.5.VI) auch singuläre Punkte von $F^*(s)$ einschließen. Da aber nach Satz (1.5.V) auch $F^*(s)$ längs C analytisch fortsetzbar ist, so widerspricht das der Kenntnis, daß $F^*(s)$ eine eindeutige Funktion mit einfachzusammenhängendem Existenzgebiet ist. Es bleibt also zu zeigen, daß C zugängliche singuläre Punkte von $F(s)$ umschließt. Ich skizziere kurz die Schlüsse, die PÓLYA [25], S. 758 ausführlich dargelegt hat. Man geht davon aus, daß C, das ein n-Eck sein möge, seiner Innenwinkelsumme $(n-2)\,\pi$ entsprechend mindestens eine ausspringende Ecke haben muß. Es sei E_2 eine solche und es sei E_1 die bei Durchlaufung des Polygons der Ecke E_2 vorausgehende Ecke, und es sei E_3 die auf E_2 folgende Ecke. Läßt man nun die Ecke E_2 längs $E_2 E_3$ auf E_3 zu wandern und durchläuft sie dabei die Punkte E_2^*, so setze man die Wanderung so lange fort, bis entweder die Strecke $E_1 E_2^*$ einen singulären

Punkt von $F(s)$ enthält, oder bis die Strecke außer ihren Endpunkten noch weitere Punkte des n-Ecks trägt, oder bis E_2^* den Punkt E_3 erreicht. Im zweiten und dritten Fall ist die Betrachtung des n-Ecks auf die Betrachtung von Polygonen mit höchstens $n-1$ Ecken reduziert. Im ersten Fall ist einer der singulären Punkte, die auf der Strecke liegen, mit der man haltmacht, zugänglich. Es bleibt also nur noch der Beweis für Dreiecke zu führen. Macht man da aber eine analoge Wanderung, so muß der erste der drei Fälle eintreten, weil sonst die über das Polygon gemachten Voraussetzungen nicht erfüllt wären.

Pólya [22] hat folgende Umkehrung von Satz (3.2.I) gefunden.

Satz (3.2.II). *Wenn in (2.1.1) die untere Dichte der Nummernfolge $\{n_k\}$ der von 0 verschiedenen Koeffizienten nicht 0 ist, dann kann man die f_n, $n \in \{n_k\}$ stets so wählen, daß (2.1.1) eine mehrdeutige analytische Funktion definiert.*

Pólya [16] hat seinen Satz (3.2.I) auch auf allgemeinere DIRICHLETsche Reihen ausgedehnt und dabei an ältere Untersuchungen von V. VÄISÄLA [1], E. HILLE [1] und J. F. RITT [1, 2] angeknüpft. Dabei zeigte sich, daß Satz (3.2.I) auch für DIRICHLETsche Reihen gilt und es ergab sich als Verallgemeinerung des FABRYschen Lückensatzes, daß bei Koeffizientendichte 0 das Existenzgebiet konvex ist. Weiter gilt nach PÓLYA [16] der

Satz (3.2.III). *Wenn in (1.5.9) die Funktion $A(u)$ — die Oberfunktion von $a(u)$ — höchstens dem Minimaltypus der Ordnung 1 angehört und wenn $F^*(s)$ ganz ist, dann ist $F(s)$ eine eindeutige Funktion mit konvexem Existenzgebiet.*

3.3. Weiteres über Koeffizientendichte.

Zum Verständnis der in 3.1 und 3.2 bewiesenen Sätze mögen die nun folgenden Ergebnisse dienen. Bereits FABER [3] vermutete, daß die untere Dichte der Koeffizienten* von (2.1.1) positiv sein muß, wenn auf $|z| = 1$ nur isolierte singuläre Stellen liegen. FABER [6] trat den Beweis für einen spezielleren Satz in dieser Richtung an, den erst PÓLYA [25] voll bewältigen konnte. Es ist

Satz (3.3.I). *Wenn auf dem Konvergenzkreis von (2.1.1) nur eine einzige singuläre Stelle liegt und wenn diese zudem ein Pol oder eine wesentlich singuläre Stelle ist, dann ist die Koeffizientendichte von (2.1.1) Eins.*

Unter den Voraussetzungen dieses Satzes kann man nämlich $f(z)$ als Summe zweier Funktionen darstellen, von denen die eine in der RIEMANNschen Ebene nur jene eine singuläre Stelle aufweist, während die andere einen größeren Konvergenzkreis hat. Man kann ohne Beschränkung der Allgemeinheit annehmen, daß die fragliche singuläre

---

* Ich bediene mich dieser kurzen Ausdrucksweise statt der eigentlich korrekten „untere Dichte der Nummernfolge den von Null verschiedenen Koeffizienten.‘‘

Stelle bei $z = 1$ liegt. Dann sei

$$f(z) = g(z) + h(z), \quad g(z) = \sum_0^\infty g_n z^n, \quad h(z) = \sum_0^\infty h_n z^n, \quad \overline{\lim} \, |h_n|^{\frac{1}{n}} < 1 \; .$$

Nach dem Satz (1.3.II) gibt es dann eine ganze Funktion $A(z)$, die höchstens dem Minimaltypus der Ordnung 1 angehört und für die

$$g_n = A(n), \quad n = 1, 2, \ldots$$

ist. Dann gilt nach Pólya [25] folgendes

Lemma (3.3.A). *Gehört die ganze Funktion $A(z)$ höchstens dem Minimaltypus der Ordnung 1 an, so ist für jedes $\alpha > 0$ die Dichte der Folge derjenigen natürlichen Zahlen, für die*

$$A(n) > e^{-\alpha n} \tag{3.3.1}$$

ist, gleich Eins.

Für die h_n gibt es aber nach Annahme ein $\alpha > 0$, so daß für alle hinreichend großen n

$$|h_n| \leqq e^{-\alpha n}$$

ist. Dies zusammen mit Lemma (3.3.A) beweist den Satz (3.3.I).

Bei Beweis von Lemma (3.3.A) folge ich der Darstellung von Pólya [25], S. 745 ff. Eine etwas andere Fassung gab J. M. Whittaker [1].

Um klarzulegen, wo die Schwierigkeiten liegen, die die Beweisführung überwinden muß, sei noch eine Bemerkung eingeschaltet, auf Grund deren R. C. Buck [3] ein verwandtes Lemma für gewisse ganze Funktionen vom Mitteltypus der Ordnung 1 begründet hat.

Es sei $\mathfrak{N}_1$ in $g(z) = \sum_0^\infty A(n) z^n$ die Menge derjenigen n, für die $|A(n)| \leqq e^{-\alpha n}$ ist, und $\mathfrak{N}_2$ die Menge derjenigen n, für die $|A(n)| > e^{-\alpha n}$ ist. Dann schreibe man

$$g(z) = g_1(z) + g_2(z), \quad g_1(z) = \sum_{n \in \mathfrak{N}_1} A(n) z^n, \quad g_2(z) = \sum_{n \in \mathfrak{N}_2} A(n) z^n \; .$$

Hier hat $g_1(z)$ einen Konvergenzradius größer als 1, und daher ist auch $g_2(z)$ auf $|z| = 1$ nur bei $z = 1$ singulär. Nach dem Satz (2.2.III) kann daher die Maximaldichte Δ der Koeffizienten $A(n)$, $n \in \mathfrak{N}_2$ nicht dem Intervall $0 \leqq \Delta < 1$ angehören, da sonst nach diesem Satz auf jedem Peripheriebogen der Länge $2 \Delta \pi$ auf $|z| = 1$ mindestens eine singuläre Stelle von $g_2(z)$ liegen müßte. Man bekommt somit durch diese Überlegung ein dem Lemma (3.3.A) verwandtes Lemma und einen dem Satz (3.3.I) verwandten Satz, in dem das Wort Dichte durch Maximaldichte ersetzt ist. Gerade in diesem Unterschied zwischen Dichte und Maximaldichte liegt die eigentliche Schwierigkeit.

Ausgangspunkt des Pólyaschen Beweises ist der folgende

Hilfssatz: *Es sei $P(z) = z^n + \cdots$ ein Polynom n-ten Grades mit dem höchsten Koeffizienten 1. Dann gibt es unter den $n + 1$ Werten,* *die $P(z)$ an $n+1$ ganzzahligen Stellen $z_0, z_1, \ldots, z_n$ annimmt, mindestens einen, dessen absoluter Betrag $(n/2e)^n$ übertrifft.*

Es ist

$$P(z) = \sum_0^n P(z_k) \prod_{j \neq k} \frac{z - z_j}{z_k - z_j}.$$

Daraus ergibt sich durch Koeffizientenvergleich

$$1 = \sum_0^\infty P(z_k) \prod_{j \neq k} \frac{1}{z_k - z_j}.$$

Denkt man sich die $z_0, z_1, \ldots, z_n$ der Größe nach geordnet

$$z_0 < z_1 < \cdots < z_n,$$

so wird

$$z_k - z_{k-1} \geq 1, \quad z_k - z_{k-2} \geq 2, \ldots, \quad z_k - z_0 \geq k,$$

$$z_{k+1} - z_k \geq 1, \quad z_{k+2} - z_k \geq 2, \ldots, \quad z_n - z_k \geq n - k.$$

Daher ist

$$1 \leq M \sum_0^\infty \frac{1}{k!\,(n-k)!} = \frac{M}{n!} \sum_0^n \binom{n}{k} < M \left(\frac{2e}{n} \right)^n, \quad M = \operatorname*{Max}_{k=0,\ldots,n} |P(z_n)|,$$

womit die Behauptung des Hilfssatzes begründet ist.

Der Beweis von Lemma (3.3.A) läuft darauf hinaus, zu zeigen, daß die natürlichen n für die

$$A(n) \leq e^{-\alpha n} \tag{3.3.2}$$

ist, die Dichte 0 haben. Sei die Anzahl der Werte n mit $n \leq r$, für die (3.3.2) gilt, mit $N(r)$ bezeichnet, so ist zu zeigen, daß

$$\lim_{r \to \infty} \frac{N(r)}{r} = 0 \tag{3.3.3}$$

ist. Es sei $n(r)$ die Anzahl der Nullstellen von $A(z)$, deren absoluter Betrag $\leq r$ ist. Dann ist aus der Theorie der ganzen Funktionen bekannt, daß

$$\lim_{r \to \infty} \frac{n(r)}{r} = 0 \tag{3.3.4}$$

ist. Man gehe von der Produktdarstellung

$$A(z) = c\,e^{az} \prod_1^\infty \left(1 - \frac{z}{a_k} \right) e^{\frac{z}{a_k}}, \quad c, a, a_k \text{ konstant}$$

aus. Man kann sich nämlich beim Beweis von Lemma (3.3.A) auf ganze transzendente $A(z)$ beschränken, weil die Behauptung des Lemmas für ganze rationale $A(z)$ trivial ist. Nun betrachte man die ganzzahligen z aus dem Intervall

$$\beta R < z \leq R, \quad 0 < \beta < 1, \quad \beta, R \text{ gegeben.} \tag{3.3.5}$$

Für $n(2R)$ schreibe man kurz n. Dann ist

$$n \to \infty \quad \text{für } R \to \infty \quad \text{und} \quad |a_{n+p}| > 2R, \quad |a_k| \leq 2R, \quad k = 1, 2, \ldots, n.$$

Für ganzzahlige z aus (3.3.5) ist dann

$$|A(z)\,A(-z)| = |c|^2 \prod_1^\infty \left|1 - \frac{z}{a_k^2}\right| \geqq |c|^2 \prod_1^\infty \left|1 - \frac{z^2}{|a_k|^2}\right|$$

$$= |c|^2 \prod_1^n \frac{|a_k| + z}{|a_k|} \frac{|z - |a_k||}{|a_k|} \prod_{n+1}^\infty \left(1 + \frac{z^2}{|a_k|^2 - z^2}\right)^{-1} \geqq$$

$$\geqq |c|^2 \left(\frac{1}{2R}\right)^n \prod_1^n |z - |a_k|| \prod_{n+1}^\infty \left(1 + \frac{z^2}{|a_k|^2 - z^2}\right)^{-1} \geqq$$

$$\geqq |c|^2 \left(\frac{1}{2R}\right)^n |P(z)| \left\{\prod_1^\infty \left(1 + \frac{4\,z^2}{3\,|a_k|^2}\right)\right\}^{-1}, \quad P(z) = \prod_1^n (z - |a_k|).$$

Auf $P(z)$ wende man den Hilfssatz an. Dann ist für ganzzahlige z aus (3.3.5) mit höchstens n Ausnahmen

$$|P(z)| > \left(\frac{n}{2\,e}\right)^n.$$

Daher folgt für die übrigen nach (3.3.4) vorhandenen Werte von z aus (3.3.5)

$$|A(z)| > |c|^2 \left(\frac{1}{2R}\right)^n \left(\frac{n}{2\,e}\right)^n \left\{A(-z) \prod_1^\infty \left(1 + \frac{4\,z^2}{3\,|a_k|^2}\right)\right\}^{-1} >$$

$$> |c|^2 \exp\left[-\left(1 + \log\frac{4R}{n}\right) \frac{z\,n}{\beta R}\right] \left\{A(-z) \prod_1^\infty \left(1 + \frac{4\,z^2}{3\,|a_k|^2}\right)\right\}^{-1}.$$

Dabei ist nochmals (3.3.5) berücksichtigt. In der geschweiften Klammer steht eine ganze Funktion, die höchstens dem Minimaltypus der Ordnung 1 angehört. Denn dies ist für $A(-z)$ der Fall, aber auch für das unendliche Produkt, das höchstens der Ordnung $\frac{1}{2}$ zugehört. Daher ist für jedes vorgegebene $\alpha > 0$ und für genügend große R

$$|A(z)| > e^{-\alpha z}$$

für alle ganzen z aus (3.3.5) mit höchstens $n(2R)$ Ausnahmen. Für die Anzahl der Ausnahmewerte gilt aber

$$N(R) \leqq \beta R + n(2R).$$

Daher ist nach (3.3.4)

$$\varlimsup_{R \to \infty} \frac{N(R)}{R} \leqq \beta.$$

Da aber β aus $0 < \beta < 1$ beliebig gewählt werden kann, ist damit (3.3.3) und daher das Lemma (3.3.A) bewiesen.

Man kann nach PÓLYA [28] den Satz (3.3.I) noch etwas anders formulieren. Man stellt nach BOREL [6] zwei Potenzreihen $\sum_0^\infty f_n z^n$ und $\sum_0^\infty f_n' z^n$ in die gleiche Klasse, wenn die Koeffizienten f_n und f_n' bei gleicher Nummer entweder beide $= 0$ oder beide $\neq 0$ sind. Dann gelten nach PÓLYA [28] die beiden folgenden Sätze, die zusammengenommen mit (3.3.I) gleichwertig sind.

Satz (3.3.II). *Dafür, daß eine Klasse von Potenzreihen Funktionen enthält, die auf dem Konvergenzkreis nur einen einzigen Pol und keine weiteren Singularitäten besitzen, ist notwendig und hinreichend, daß alle Koeffizienten bis auf endlich viele von Null verschieden sind.*

Satz (3.3.III). *Dafür, daß eine Klasse von Potenzreihen Funktionen enthält, die auf dem Konvergenzkreis außer einer einzigen wesentlich singulären Stelle, die weder Pol noch kritisch ist, keine weitere singuläre Stelle aufweist, ist notwendig und hinreichend, daß unendlich viele Koeffizienten Null sind und daß die von Null verschiedenen Koeffizienten (d. h. ihre Nummern) die Dichte Eins haben.*

Satz (3.3.II) ergibt sich aus dem asymptotischen Verhalten der Koeffizienten in diesem Fall [vgl. (3.3.25)].

Satz (3.3.III) folgt betreffs der Notwendigkeit der Bedingung aus Satz (3.3.II) und Satz (3.3.I). Wenn umgekehrt eine Koeffizientenfolge der Dichte 1 vorgegeben ist, so haben die nach der Voraussetzung in Satz (3.3.III) verschwindenden, unendlich vielen Koeffizienten die Dichte 0. Man kann aber nach Satz (1.3.VII) stets eine ganze Funktion höchstens vom Minimaltypus der Ordnung 1 angeben, die genau an diesen ganzzahligen Stellen der Dichte 0 (abgesehen von negativ ganzzahligen Nullstellen) verschwindet. Ist diese Funktion $A(z)$, so hat $\sum\limits_{0}^{\infty} A(n)\,z^n$ die in Satz (3.3.III) behauptete Eigenschaft. Denn nach einem Zusatz zu Satz (1.3.II) [vgl. Satz (1.3.X)] kann die betreffende singuläre Stelle kein Pol sein.

Noch ein mit Satz (3.3.I) verwandter Satz von PÓLYA [25] sei angeführt.

Satz (3.3.IV). *Wenn auf dem Konvergenzkreis der Potenzreihe (2.1.1) nur eine einzige singuläre Stelle $z = 1$ liegt und diese gut zugänglich ist, so ist die obere Dichte der Nummernfolge der nichtverschwindenden Koeffizienten von (2.1.1) Eins.*

Der Beweis stützt sich auf die Interpolation der Koeffizienten einer solchen Potenzreihe durch eine ganze Funktion $A(z)$ vom Exponentialtypus gemäß Satz (1.3.IX). Bei der Formulierung dieses Satzes findet sich auch die Definition des Begriffes „gut zugänglicher singulärer Punkt". An Hand der Bemerkung von R. C. BUCK, die ich unmittelbar hinter der Formulierung von Lemma (3.3.A) angegeben habe, findet man leicht, daß die Maximaldichte der Koeffizienten Eins ist. Eine detailliertere Untersuchung der Koeffizientenfunktion führte PÓLYA dazu, „obere Dichte" statt Maximaldichte beweisen zu können.

Zum Beweis des Satzes (3.3.IV) benutzt man den Satz (1.3.IX). Auf die Funktion $A(z)$ wendet man den folgenden bekannten Hilfssatz an:

Es sei $A(z)$ in einem Gebiet G eindeutig und regulär. Es seien E und F abgeschlossene Teilmengen von G. Es gelte

$$|A(z)| \leq M, \quad z \in G$$

und es sei N die Anzahl der mit Vielfachheit genommenen Nullstellen von $A(z)$ in E. Dann ist

$$|A(z)| \leq M e^{-kN}, \quad z \in F.$$

Dabei hängt $k > 0$ von $A(z)$, M und N nicht ab, sondern ist allein durch die Konfiguration E, F, G bestimmt und hat für alle ähnlichen Konfigurationen den gleichen Wert.

Nun sei $G = G_r$ der Kreissektor $-\vartheta < \arg z < \vartheta, 0 < |z| < r(1 + \beta)$, ϑ ist die in Satz (1.3.IX) vorkommende Zahl. β aus $0 < \beta < 1$ sei fest angenommen. $E = E_r$ sei die Strecke $\langle r\beta, r \rangle$. $F = F_r$ sei der Punkt $z = r$. Es sei

$$M[r(1 + \beta)] = \operatorname*{Max}_{z \in G_r} A(z).$$

$n(r)$ sei die Anzahl der Nullstellen von $A(z)$ in E_r. Die Zahl k des Hilfssatzes ist von r unabhängig. Es ist also

$$|A(r)| \leq M[r(1 + \beta)] e^{-kn(r)}. \tag{3.3.6}$$

Es sei $N(r)$ die Anzahl der verschwindenden unter den Funktionswerten $A(0), A(1), \ldots, A([r])$. Es ist

$$N(r) \leq \beta r + n(r). \tag{3.3.7}$$

Nun gilt

$$\overline{\lim} \left\{ \frac{\log |A(r)|}{r} + k \frac{N(r)}{r} \right\} \geq \overline{\lim} \frac{\log |A(r)|}{r} + k \underline{\lim} \frac{N(r)}{r}.$$

Daher ist nach (3.3.6) und (3.3.7)

$$\overline{\lim} \frac{\log |A(r)|}{r} + k \underline{\lim} \frac{N(r)}{r} \leq \overline{\lim} \left(\frac{\log M[r(1 + \beta)] - kn(r)}{r} + k \cdot \frac{\beta r + n(r)}{r} \right)$$

$$= \overline{\lim} \frac{\log M[r(1 + \beta)]}{r} + k\beta = k\beta.$$

Hier ist zuletzt (1.3.28) verwendet[1]. Das heißt aber, es ist

$$\underline{\lim} \frac{N(r)}{r} \leq \beta.$$

Da $\beta > 0$ beliebig klein angenommen werden kann, so folgt

$$\underline{\lim} \frac{N(r)}{r} = 0. \tag{3.3.8}$$

Das ist aber die Behauptung des Satzes (3.3.IV).

---

[1] Nach (1.3.28) ist $\overline{\lim} \dfrac{\log |A(r)|}{r} = h(0) = 0$ und $\overline{\lim} \dfrac{\log M[r(1 + \beta)]}{r(1 + \beta)} =$

$= h(-\vartheta, \vartheta)$ in der Bezeichnungsweise von (1.1.3). Man sieht nach 1.1. leicht, daß $h(-\vartheta, \vartheta) = \operatorname*{Max}_{\varphi \in (-\vartheta, \vartheta)} h(\varphi)$ ist. Ferner ist nach (1.3.28) $h(\varphi) = 0$ für $\varphi \in \langle -\vartheta, \vartheta \rangle$.

PÓLYA hat bemerkt, daß man in Satz (3.3.IV) die Voraussetzung „gut zugänglich" nicht durch „zugänglich" ersetzen kann. Das heißt, man kann in der Definition von gut zugänglich nicht den Winkelraum als einen von der Öffnung π annehmen. Das lehrt nach PÓLYA das Beispiel

$$\sum_{0}^{\infty}\left(\frac{4\,z + 4\,z^2 + z^6}{9}\right)^{n!}$$

$z = 1$ ist ein zugänglicher singulärer Punkt. Aber die obere Dichte der Koeffizienten ist 5/6.

Spezialisiert man in der Voraussetzung des Satzes (3.3.IV) die Annahme „gut zugänglich" durch „fast isoliert von *endlicher* Ordnung", so kann man nach PÓLYA [25] sogar zeigen, daß die *Dichte* der nicht-verschwindenden Koeffizienten Eins ist.

Verwandte Sätze auch bei J. SOULA [7].

In anderer Richtung führt J. M. WHITTAKER [2] den Satz (3.3.I) weiter zu

Satz (3.3.V). *Wenn auf dem Konvergenzkreis von* (2.2.1) *genau* k *singuläre Stellen liegen und wenn diese Pole oder wesentlich singuläre Stellen sind, dann ist die untere Koeffizientendichte mindestens* $1/k$.

Mit anderen Worten, wenn $f_n = 0$ für $n \notin \{n_\lambda\}$, dann ist

$$\varliminf \frac{\lambda}{n_\lambda} \geqq \frac{1}{k}\,.$$

Das kann man auch in der Form

$$\varlimsup \frac{n_1 + (n_2 - n_1) + \cdots + (n_\lambda - n_{\lambda-1})}{\lambda} \leqq k$$

schreiben. Dann bedeutet es eine Aussage über die Maximalgröße der Durchschnittslänge der Lücken in (2.2.1). Der Beweis stützt sich auf Satz (1.3.XIV) und auf Lemma (3.3.A). Daraus erschließt WHITTAKER zunächst das

Lemma (3.3.B). *Ist* $A(z)$ *von der Form* (1.3.33), *so gehört zu jedem* $\alpha > 0$ *eine Folge* $\mathfrak{N}_1$ *von natürlichen Zahlen, deren untere Dichte mindestens* $1/k$ *ist, so daß*

$$A(n) > e^{-\alpha n}, \quad n \in \mathfrak{N}_1 \tag{3.3.9}$$

ist.

Hieraus und aus (1.3.34) folgt dann ebenso wie beim Beweis von Satz (3.3.I) der Satz (3.3.III) unmittelbar. Das Lemma (3.3.B) beweist WHITTAKER wie folgt:

Man darf annehmen, daß die Summanden in (1.3.33) gegenüber linearer Kombination mit komplexen Zahlenkoeffizienten linear unabhängig sind. Dann setze man

$$\Phi(z) = e^{-i\vartheta_1 z}\,A(z) = \sum_{1}^{k} e^{i\eta_j z}\,A_j(z)\,, \quad \eta_j = \vartheta_1 - \vartheta_j\,. \tag{3.3.10}$$

Es gibt eine ganze nichtnegative Zahl q_1 so, daß

$$\begin{vmatrix} A_1(z) & A_2(z) \\ A_1(z+q_1) & e^{i\eta_2 z} A_2(z+q_1) \end{vmatrix} \not\equiv 0 \qquad (3.3.11)$$

ist. Um ein solches q_1 zu finden, wähle man $z = z_1$ so, daß $A_1(z_1) \neq 0$ ist. Dann ist

$$\Phi_1(z) = e^{\frac{1}{2} i \vartheta_k z} \begin{vmatrix} A_1(z_1) & A_2(z_1) \\ A_1(z+z_1) & e^{i\eta_2 z} A_2(z+z_1) \end{vmatrix} \qquad (3.3.12)$$

höchstens von der Ordnung 1 mit einem Typus $< \pi$. Denn es ist

$$\frac{1}{2}\vartheta_k + \eta_2 = \frac{1}{2}\vartheta_k + \vartheta_1 - \vartheta_2 \geqq \frac{1}{2}\vartheta_k - \vartheta_k = -\frac{1}{2}\vartheta_k > -\pi \qquad (3.3.13)$$

und

$$\frac{1}{2}\vartheta_k + \eta_2 = \frac{1}{2}\vartheta_k + \vartheta_1 - \vartheta_2 < \frac{1}{2}\vartheta_k < \pi. \qquad (3.3.14)$$

Daher kann nach Satz (1.3.V) die Funktion (3.3.12) nicht für alle ganzzahligen $z = 0, 1, 2, \ldots$ verschwinden, es sei denn diese Funktion ist identisch Null. Das aber würde bedeuten, daß

$$A_1(z_1) A_2(z_1 + z) e^{i\eta_2 z} - A_2(z_1) A_1(z_1 + z) \equiv 0,$$

d. h. daß

$$A_1(z_1) A_2(\mathfrak{z}) e^{i\eta_2 \mathfrak{z}} e^{-i\eta_2 z_1} - A_2(z_1) A_1(\mathfrak{z}) \equiv 0$$

ist, und das wäre wegen $A_1(z_1) \neq 0$ gegen die Voraussetzung, daß $A_1(\mathfrak{z})$ und $A_2(\mathfrak{z}) e^{i\eta_2 \mathfrak{z}}$ linear unabhängig sind. Nun wähle man also das ganze nichtnegative q_1 so, daß (3.3.11) richtig ist. Durch analoge Schlüsse kann man eine ganze nichtnegative Zahl q_2 finden, für die

$$\begin{vmatrix} A_1(z) & A_2(z) & A_3(z) \\ A_1(z+q_1) & A_2(z+q_1) e^{i\eta_2 q_1} & A_3(z+q_1) e^{i\eta_3 q_1} \\ A_1(z+q_2) & A_2(z+q_2) e^{i\eta_2 q_2} & A_3(z+q_2) e^{i\eta_3 q_2} \end{vmatrix} \not\equiv 0$$

ist. Durch mehrfache Wiederholung gelangt man schließlich zur Kenntnis von $k-1$ nichtnegativen ganzen Zahlen q_j, für die

$$D(z) = \begin{vmatrix} A_1(z) \ldots \ldots A_k(z) \\ \cdot \qquad \qquad \cdot \\ \cdot \qquad \qquad \cdot \\ \cdot \qquad \qquad \cdot \\ A_1(z+q_{k-1}) \quad A_k(z+q_{k-1}) e^{i\eta_k q_{k-1}} \end{vmatrix} \not\equiv 0 \qquad (3.3.15)$$

ist. Man entwickle diese Determinante nach der ersten Spalte:

$$D(z) = A_1(z) D_0(z) + \cdots + A_1(z+q_{k-1}) D_{k-1}(z).$$

Dann entnehme man (3.3.10) $\Phi(z+q)$ für $q = q_0 = 0, q_1, \ldots, q_{k-1}$, multipliziere diese Ausdrücke der Reihe nach mit

$$D_0(z), \ldots, D_{k-1}(z)$$

und addiere. Dann kommt nach Spaltenkombination in (3.3.15) heraus

$$D(z) = \sum_0^{k-1} \Phi(z + q_s) D_s(z) \,. \tag{3.3.16}$$

Hier gehören die Funktionen $D(z), D_0(z), \ldots, D_{k-1}(z)$ alle höchstens dem Minimaltypus der Ordnung 1 an. Außerdem ist nach Konstruktion $D(z) \not\equiv 0$. Man wähle zwei Zahlen γ, δ gemäß der Bedingung $0 < \gamma < \frac{1}{2}\,\delta$. Dann gibt es ein natürliches n_0 so, daß für natürliche n

$$D_s(n) < e^{\gamma n}, \; n > n_0, \; s = 0, 1, \ldots, k-1 \tag{3.3.17}$$

ist. Nach Lemma (3.3.A) gibt es eine Folge $\mathfrak{N}_2$ natürlicher Zahlen der Dichte 1, so daß

$$D(n) > e^{-\gamma n}, \quad n \in \mathfrak{N}_2 \,.$$

Daher ist

$$\sum_0^{k-1} |\Phi(n + q_s) D_s(n)| \geqq \left| \sum_0^{k-1} \Phi(n + q_s) D_s(n) \right| > e^{-\gamma n}, \quad n \in \mathfrak{N}_2 \,. \tag{3.3.18}$$

Daher gilt für alle $n \in \mathfrak{N}_2$ und mindestens eine der Zahlen q_s

$$|\Phi(n + q_s) D_s(n)| > \frac{1}{k}\, e^{-\gamma n} \,. \tag{3.3.19}$$

Nach (3.3.17) und (3.3.18) gilt daher

$$|\Phi(n + q_s)| > \frac{1}{k}\, e^{-2\gamma n} > e^{-\delta n} \geqq c^{-\delta(n + q_s)}$$

für alle genügend großen $n \in \mathfrak{N}_2$ und mindestens eine der Zahlen $q_s, s = 0, 1, \ldots, k-1$. Daher gilt nach (3.3.10)

$$|A(\nu)| = |\Phi(\nu)| > e^{-\delta \nu} \tag{3.3.20}$$

für eine Folge $\{\nu\} = N_0$ von natürlichen Zahlen, deren Dichte ermittelt werden soll. Wenn $n \in \mathfrak{N}_2$ ist, dann gilt für mindestens eine der Zahlen $\nu = n + q_s, s = 0, 1, \ldots, k-1$ die Aussage $\nu \in N_0$. Es sei N_s die Folge, die aus N_0 entsteht, wenn man alle Zahlen von N_0 um q_s verkleinert. Dann ist

$$\mathfrak{N}_2 \subset \bigcup_0^{k-1} N_s = \mathfrak{N}_3 \,.$$

Daher hat auch $\mathfrak{N}_3$ die Dichte 1. Daher hat N_0 eine untere Dichte $\geqq \frac{1}{k}$, da doch alle Folgen N_s die gleiche untere Dichte haben. Damit ist Lemma (3.3.B) mit $\mathfrak{N}_1 = N_0$ bewiesen.

MANDELBROJT [21] hat bemerkt, daß man mit der gleichen Methode etwas mehr beweisen kann, nämlich

Satz (3.3.VI). *(2.2.1) möge auf $|z| = 1$ genau k singuläre Stellen haben und diese seien alle Pole oder wesentlich singuläre Stellen. Sie mögen alle einem Peripheriebogen der Länge $\Delta \pi$ angehören. Es sei p*

eine natürliche Zahl $p \leqq 2/\Delta$. Es sei $\{n_\lambda^{(p)}\}$ die Folge derjenigen n, für die $f_n \neq 0$ ist, und die überdies $\equiv p$ sind modulo $\left[\dfrac{2}{\Delta}\right]$. Dann ist

$$\varliminf \frac{\lambda}{n_\lambda^{(p)}} \geqq \frac{\Delta}{2\,k}\;.$$

Satz (3.3.I) ist der Spezialfall $\Delta = 2$, $p = 0$ von Satz (3.3.VI).

J. M. Macintyre and R. Wilson [1] haben die Frage behandelt, wann in dem Satz (3.3.V) die untere Dichte der nichtverschwindenden Koeffizienten gleich $1/k$ sein kann. Im Falle $k = 2$ hat sich als Spezialfall eines allgemeineren Satzes die folgende Auskunft gefunden.

Satz (3.3.VII). *Im Falle $k = 2$ des Satzes (3.3.V) kann die untere Dichte der nichtverschwindenden Koeffizienten nur dann gleich $\dfrac{1}{2}$ sein, wenn $f(z)$ in der Form*

$$f(z) = f_1(z) \pm f_1(-z) + f_2(z)$$

geschrieben werden kann und wenn dabei $f_2(z)$ einen größeren Konvergenzkreis hat als $f(z)$, während $f_1(z)$ in und auf dem Konvergenzkreis von $f(z)$ holomorph ist bis auf eine einzige isolierte singuläre Stelle, die ein Pol oder eine wesentlich singuläre Stelle ist.

Die beiden Singularitäten von $f(z)$ auf $|z| = 1$ sind demnach gleicher Art und zueinander diametral gelegen.

Der Formulierung des allgemeineren Satzes (3.3.VIII), von dem Satz (3.3.VII) ein Spezialfall ist, muß eine Definition vorausgeschickt werden, die der Absicht entspringt, alle die Funktionen mit gleichem Konvergenzkreis in eine Klasse zusammenzufassen, deren Differenz einen größeren Konvergenzkreis als Minuend und Subtrahend hat. Es ist der Begriff der Folge kleiner Koeffizienten. Man sagt, eine Koeffizientenfolge

$$f_n, \quad n \in \mathfrak{A}'$$

von (2.2.1) sei eine Folge kleiner Koeffizienten, wenn es eine Zahl $\alpha > 0$ gibt, so daß

$$|f_n| < e^{-\alpha n}, \quad n \in \mathfrak{A}'$$

ist. Dann lautet der allgemeinere Satz von Macintyre and Wilson [1] so:

Satz (3.3.VIII). *Wenn (2.2.1) auf $|z| = 1$ bis auf zwei singuläre Stellen holomorph ist und wenn diese Stellen Pole oder wesentlich singuläre Stellen sind, dann ist die Dichte jeder Folge kleiner Koeffizienten von (2.2.1) Null, es sei denn, daß die beiden Singularitäten von gleicher Art sind und sich an Stellen befinden, die im Mittelpunkt des Einheitskreises einen Zentriwinkel von der Form $2\,\pi\,m/p$, $m, p > 1$, natürliche Zahlen, $(m, p) = 1$, bilden. Dann existiert die Dichte der kleinen Koeffizienten und ist gleich $1/p$.*

Zwei Singularitäten bei $z = 1$ und bei $z = e^{i\vartheta}$ heißen dabei von der gleichen Art, wenn es eine Konstante c gibt, so daß $f(z) - c f(e^{-i\vartheta} z)$ bei $z = 1$ holomorph ist.

MACINTYRE und WILSON [1] beweisen noch eine Reihe verwandter Sätze. So bleibt die Aussage von Satz (3.3.VIII) richtig, wenn beide Singularitäten fast isoliert und von endlicher Ordnung (im Sinn der Begriffsbildung der ganzen Funktionen) sind. Wenn aber beide Singularitäten fast isoliert oder gut zugänglich* sind (ohne weitere Beschränkung), dann ist die untere Dichte der kleinen Koeffizienten Null, es sei denn, sie entsprechen in Lage und Beschaffenheit den Angaben von Satz (3.3.VIII). Dann ist die untere Dichte der kleinen Koeffizienten gleich $1/p$.

Satz (3.3.IX). *Hat* (2.2.1) *auf dem* $|z| = 1$ *keine anderen Singularitäten als* k *Pole oder wesentlich singuläre Stellen endlicher Ordnung, dann ist die obere Dichte der kleinen Koeffizienten höchstens* $(k - 2)/(k - 1)$, *es sei denn, die* k *Singularitäten bilden die Ecken eines regulären Polygons. In diesem Fall existiert die Dichte der kleinen Koeffizienten und ist* $(k - 1)/k$ *und sind alle Singularitäten von gleicher Art.*

W. PONTING [1] setzt die Untersuchungen von MACINTYRE und WILSON fort. Er betrachtet für gerades k, zunächst für $k = 4$ und $k = 6$, Fälle, in denen die obere Dichte der kleinen Koeffizienten größer als $1 = 2/k$ ist (das ist kleiner als $(k - 2)/(k - 1)$). Dann ergibt sich

Satz (3.3.X). *Wenn* (2.2.1) *auf* $|z| = 1$ *bis auf* $k = 4$ *oder* $k = 6$ *Pole oder wesentlich singuläre Stellen endlicher exponentieller Ordnung holomorph ist und wenn die obere Dichte der kleinen Koeffizienten von* (2.2.1) *größer als* $1 - 2/k$ *ist, dann fallen die singulären Stellen in* k *Ecken eines regulären Polygones. Dies Polygon hat entweder genau* k *Ecken oder es hat deren* $k + u$ *oder* $k + 2 u'$ *oder* $j\,k/2$. *Hier ist* u *ein Teiler von* k *und* $3 u' = k$ *und* j *eine ganze Zahl größer als 3. Im Falle* $k + u$ *liegen die Singularitäten in den Ecken von* k/u *regulären* u-*Ecken, im Falle* $k + 2 u'$ *liegen sie in den Ecken von 3 regulären* u'-*Ecken und im letzten Falle liegen sie in den Ecken von zwei regulären* $k/2$-*Ecken.*

Den Fall des Satzes (3.3.V), in dem es sich um Pole auf $|z| = 1$ handelt, haben schon S. MANDELBROJT [2, 14] und A. OSTROWSKI [8] vorweggenommen. Während sich MANDELBROJT bei seinem Beweis auf die — in diesem Bericht nicht dargestellten — HADAMARDschen Koeffizientenkriterien für Potenzreihen (2.1.1) stützt, die auf $|z| = 1$ keine anderen Singularitäten als Pole haben, zieht OSTROWSKI Formeln für das asymptotische Verhalten der Koeffizienten solcher Potenzreihen heran, Beziehungen, auf denen auch der bei Satz (2.3.IV) erwähnte Ansatz von DARBOUX [1] beruht. Dabei ergeben sich dann Sätze, wie

---

* Vgl. 1.3 vor Satz (1.3.IX).

Satz (3.3.XI). *Hat (2.1.1) auf $|z| = 1$ keine anderen Singularitäten als Pole und bedeutet k die Anzahl dieser Pole höchster Multiplizität, so gibt es für hinreichend große n unter je k aufeinanderfolgenden Koeffizienten*

$$f_{n+1}, f_{n+2}, \ldots, f_{n+k} \tag{3.3.21}$$

mindestens einen von 0 verschiedenen.

Die Beziehung dieses Satzes zu Satz (3.3.V) erkennt man, wenn man bemerkt, daß nach der Behauptung von Satz (3.3.XI) die untere Koeffizientendichte $\geq \frac{1}{k}$ sein muß.

Die Bedeutung solcher Sätze für die analytische Fortsetzung erkennt man, wenn man sie negativ wendet, da man dann aus dem Nichtzutreffen der in den betreffenden Sätzen behaupteten Koeffizienteneigenschaften schließen kann, daß auf $|z| = 1$ andere Singularitäten vorkommen als die in dem betreffenden Satz angenommenen. So folgt doch z. B. aus Satz (3.3.V), daß eine Funktion (2.1.1) mit unterer Koeffizientendichte 0 auf $|z| = 1$ nicht nur Pole oder wesentlich singuläre Stellen haben kann. Das folgt ja übrigens auch schon aus Satz (3.2.I).

Der Satz (3.3.XI) gibt Auskunft auch für sog. Lückenreihen, d. h. Reihen (2.1.1) mit der Eigenschaft der Existenz einer Folge $\{n_\lambda\}$ natürlicher Zahlen mit der Eigenschaft

$$\overline{\lim} \, (n_{\lambda+1} - n_\lambda) = \infty \tag{3.3.22}$$

und

$$f_n = 0, \quad n \notin \{n_\lambda\} . \tag{3.3.23}$$

Aus (3.3.22) folgt nämlich durch einen ähnlichen Schluß wie auf S. 59

$$\overline{\lim} \, \frac{n_k}{k} = \infty , \quad \text{d.h.} \quad \underline{\lim} \, \frac{k}{n_k} = 0 .$$

OSTROWSKIs Beweis für Satz (3.3.XI) sei kurz dargestellt.

Hat (2.1.1) an der Stelle $z = \alpha$, $|\alpha| = 1$ einen Pol der Ordnung m, so gilt für den Hauptteil dieses Poles in der Umgebung von $z = \alpha$ eine Entwicklung

$$T_\alpha(z) = b_0(\alpha - z)^{-m} + b_1(\alpha - z)^{-m+1} + \cdots, \quad b_0 \neq 0 .$$

Man entwickle $T_\alpha(z)$ nach Potenzen von z:

$$T_\alpha(z) = \sum_0^\infty t_n^{(\alpha)} z^n .$$

Dann gilt für den Koeffizienten $t_n^{(\alpha)}$ von z^n die Abschätzung[1]

$$t_n^{(\alpha)} = \frac{b_0 \, n^{m-1}}{(m-1)! \, \alpha^{m+n}} + O(n^{m-2}) . \tag{3.3.24}$$

Für Pole niedrigerer als m-ter Ordnung gilt (3.3.24) mit $b_0 = 0$. Nach Abzug der Summe der Hauptteile aller Pole von $f(z)$ auf $|z| = 1$ bleibt

---

[1] Man vergl. z. B. die schon in 1.3. benutzte Darstellung (5.1.8).

eine Funktion übrig, die in $|z| \leq 1$ regulär ist, deren Konvergenzradius also größer als 1 ist. Nach dem CAUCHYschen Koeffizientensatz gilt für die Koeffizienten der Entwicklung einer solchen Funktion nach Potenzen von z die Darstellung $o\,(n^{-1})$.

Nun seien $\alpha_1, \ldots, \alpha_p$ die Koordinaten der p Pole höchster Ordnung von (2.1.1) auf $|z| = 1$ und es sei m diese Höchstordnung. Dann gilt die Darstellung

$$f_n = (c_1 \alpha_1^{-n} + \cdots + c_p \alpha_p^{-n})\, n^{m-1} + O(n^{m-2}) \qquad (3.3.25)$$

mit p Zahlen $c_1, \ldots, c_p$, die sämtlich von 0 verschieden und von n unabhängig sind.

Daraus folgt übrigens für $p = 1$ der DARBOUXsche Spezialfall von Satz (2.3.IV) sowie die anläßlich dieses Satzes erwähnten Ergänzungen.

Nun gilt der folgende

Hilfssatz: *Hat* (2.1.1) *auf* $|z| = 1$ *keine anderen Singularitäten als Pole, ist* m *die höchste vorkommende Ordnung der Pole und liegen genau* p *Pole dieser Höchstordnung vor, so gibt es eine Zahl* $\gamma > 0$, *so daß für alle* $n = 0, 1, 2, \ldots$

$$\mathrm{Max}\,\{|f_n|, |f_{n+1}|, \ldots, |f_{n+p-1}|\} > \gamma\, n^{m-1} \qquad (3.3.26)$$

ist.

In der Form

$$|f_n| + |f_{n+1}| + \cdots + |f_{n+p-1}| > B\, n^{m-1}, \quad B > 0$$

findet sich dieser Hilfssatz (ohne Beweis) schon bei CARLSON [5].

Zum Beweis des Hilfssatzes ist zu zeigen: Es existiert eine von n unabhängige Zahl $\gamma > 0$ derart, daß für jedes ganze $n \geq 0$ wenigstens eine der p Zahlen

$$\left| c_1 \alpha_1^{-n-\varrho} + \cdots + c_p \alpha_p^{-n-\varrho} \right|, \quad \varrho = 1, 2, \ldots, p$$

größer als γ ausfällt. Denn gilt für ein $\gamma > 0$ und für ein $n \geq 0$

$$\sum_{\lambda=1}^{p} \frac{c_\lambda}{\alpha_\lambda^{n}}\, \alpha_\lambda^{-\varrho} = \beta_\varrho\, \gamma, \quad |\beta_\varrho| \leq 1, \quad \varrho = 1, 2, \ldots, p, \qquad (3.3.27)$$

so liefert die Auflösung dieser Gleichungen

$$\frac{c_\lambda}{\alpha_\lambda^{n}} = \sum_{\varrho=1}^{p} \delta_{\lambda\varrho}\, \beta_\varrho\, \gamma, \quad \lambda = 1, 2, \ldots, p. \qquad (3.3.28)$$

Die Auflösung der Gleichungen (3.3.27) ist möglich, weil die zur Matrix $(\alpha_\lambda^{-\varrho})$ reziproke Matrix $\delta_{\lambda\varrho}$ existiert. Die Determinante $\|\alpha_\lambda^{-\varrho}\|$ ist nämlich von 0 verschieden, weil die $\alpha_1, \ldots, \alpha_p$ voneinander verschieden sind. Es sei nun $\gamma_0 = \mathrm{Min}\,|c_\lambda|$, $\gamma_1 = \sum_{\lambda, \varrho} |\delta_{\lambda\varrho}|$. Dann folgt aus (3.3.28)

$$|c_\lambda| = \left| \frac{c_\lambda}{\alpha_\lambda^{n}} \right| \leq \gamma_1\, \gamma, \quad \gamma_0 \leq \gamma_1\, \gamma, \quad \gamma \geq \frac{\gamma_0}{\gamma_1}.$$

Daher kann (3.3.27) nicht gelten, wenn $0 < \gamma < \dfrac{\gamma_0}{\gamma_1}$ ist. Der Hilfssatz ist damit bewiesen.

Unter den p aufeinanderfolgenden Zahlen $n+1, \ldots, n+p$ gibt es demnach für jedes n eine N, für die

$$|f_N|^{\frac{1}{N}} > \gamma^{\frac{1}{N}} N^{\frac{m-1}{N}}$$

ist. Da hier die rechte Seite für $N \to \infty$ den Grenzwert 1 hat, so gibt es eine unendliche Folge von Indizes

$$\{n_\mu\} \quad \text{mit } 0 < n_{\mu+1} - n_\mu \le p, \text{ so daß}$$

$$\lim |f_n|^{\frac{1}{n}} = 1, \quad n \in \{n_\mu\} \, .$$

Daher muß unter je p aufeinanderfolgenden Koeffizienten (3.3.21) für genügend großes n mindestens einer von 0 verschieden sein. Damit ist Satz (3.3.XI) bewiesen.

Aus ihm folgt nach OSTROWSKI [8] eine Verschärfung eines anderen Satzes von S. MANDELBROJT [2, 14], nämlich

Satz (3.3.XII). *Es gebe eine Folge natürlicher Zahlen $\{n_\lambda\}$ und eine natürliche Zahl k, so daß*

$$\overline{\lim} \, (n_{\lambda+1} - k n_\lambda) = \infty \tag{3.3.29}$$

und

$$f_n = 0, \; n_\lambda < n < n_{\lambda+1}, \quad \lambda = 1, 2, \ldots . \tag{3.3.30}$$

Dann kann $f(z)$ nicht die Form

$$f(z) = f_1(z)/[P(z)]^{q,k} \tag{3.3.31}$$

haben.

Hier bedeutet q eine ganze Zahl, P ein Polynom und $f_1(z)$ eine in $|z| \le 1$ reguläre Funktion.

Denn dann hat die Potenzreihe, die $[f(z)]^k$ in der Umgebung von $z = 0$ darstellt, Lücken, deren Längen ins Unendliche wachsen, nämlich zwischen $k n_\lambda$ und $n_{\lambda+1}$.

PÓLYA [17] und TSUJI [1] haben unabhängig voneinander in (3.3.29) die Zahl k durch 1 ersetzen können und haben darüber hinaus auch Singularitäten von dem aus der Theorie der FUCHSschen Differentialgleichungen bekannten algebro-logarithmischen Typus zulassen können.

Den Satz (3.3.V) haben PÓLYA [18], TSUJI [1], NARUMI [1], SHIMIZU [2] auf algebraische und algebro-logarithmische Singularitäten verallgemeinert.

Diese und verwandte Untersuchungen stützen sich auf asymptotische Abschätzungen der Koeffizienten solcher Potenzreihen (2.1.1), die auf $|z| = 1$ keine anderen Singularitäten als solche von algebro-logarithmischem Charakter haben.

Da auf diese Dinge in diesem Bericht gelegentlich kurz hingedeutet wird, seien die Hauptbegriffe kurz fixiert*: Eine singuläre Stelle α heißt *algebro-logarithmisch* für eine Funktion $f(z)$, wenn $f(z)$ in der Umgebung von α als Summe von endlich vielen Einzelfunktionen dargestellt werden kann, die bei s entweder holomorph sind, oder die Gestalt

$$(z - \alpha)^{-s} [\log (z - \alpha)]^k \varphi(z), \quad s \text{ komplexe Zahl}, \ k \geqq 0 \text{ ganz},$$

$$\varphi(z) \text{ holomorph bei } z = \alpha, \qquad (3.3.32)$$

$$\varphi(\alpha) \neq 0 .$$

Man darf $\alpha = 1$ annehmen und die Entwicklung

$$(z - \alpha)^{-s} \left[\log \left(\frac{1}{1 - z}\right)\right]^k = \sum_0^\infty c_n z^n$$

betrachten. Dann ist nach JUNGEN [1]

$$\left.\begin{aligned}
|c_n| &= C \, n^{\Re s - 1} (\log n)^k \left\{1 + O\left(\frac{1}{\log n}\right)\right\}, \quad s \neq 0, -1, -2, \ldots \\[4pt]
|c_n| &= C' n^{s-1} (\log n)^{k-1} \left\{1 + O\left(\frac{1}{\log n}\right)\right\}, \quad s = 0, -1, -2, \ldots \\[4pt]
|c_n| &= 0, \ n > -s, \ \text{für } k = 0 \quad \text{und} \quad s = 0, -1, -2, \ldots
\end{aligned}\right\} \quad (3.3.33)$$

mit positiven konstanten C und C'. $[\Re s, k]$, $[s, k - 1]$, $[-\infty, 0]$ heißen bezw. in den drei Fällen *Gewicht* der Einzelfunktion (3.3.32). $[g_1', g_2'] > [g_1'', g_2'']$ bedeutet, daß die erste nichtnegative der Differenzen $g_1' - g_1'', g_2' - g_2''$ positiv ist. Gewicht der singulären Stelle α von $f(z)$ heißt das höchste bei den Einzelfunktionen auftretende Gewicht. Die Untersuchungen über die Koeffizienten von Potenzreihen (2.1.1), die auf $|z| = 1$ keine anderen Singularitäten als solche von algebrologarithmischem Typus haben, die JUNGEN [1] und R. WILSON [3] gaben, zeigen eine Beziehung des Gewichtes zur HADAMARDsc*hen Ordnung* ω der Reihe (2.1.1) im Konvergenzkreis. Diese kann nach HADAMARD [1, 3] im Falle der Reihe (2.1.1) durch

$$\omega = 1 + \overline{\lim} \, \frac{\log |f_n|}{n}$$

definiert werden. Setzt man im Falle, daß ω endlich ist, noch mit WILSON [3]

$$\omega_1 = 1 + \overline{\lim} \, \frac{\log |f_n| - (\omega - 1) \log n}{\log \log n}$$

<hr>

* Die Literatur über das asymptotische Verhalten der Koeffizienten ist sehr ausgedehnt. O. PERRON [1, 2, 3, 4], G. FABER [8], S. NARUMI [1], D. SHIMIZU [2], M. TSUJI [1], P. DIENES [1], R. JUNGEN [1], H. G. EGGLESTON and R. WILSON [1], R. WILSON [3, 4], H. G. EGGLESTON [1, 2, 3], E. M. WRIGHT [1, 2, 3], A. J. MACINTYRE, R. WILSON [4] and L. HÄUSLER [1]. In diesen Arbeiten werden z. T. auch noch allgemeinere Singularitäten wie z. B. die von der Art $\exp\left(\dfrac{\gamma}{1 - z}\right)$, γ konstant betrachtet.

so ergibt sich, daß für Reihen (2.1.1), die auf $|z| = 1$ bis auf Stellen von algebro-logarithmischem Typus regulär sind,

$$[\omega, \omega_1] = [g_1, g_2]$$

ist. Hier ist $[g_1, g_2]$ das höchste bei den endlich vielen Stellen algebro-logarithmischen Charakters vorkommende Gewicht. Das führt R. Wilson [3] dazu, bei beliebigen Potenzreihen (2.1.1) $[\omega, \omega_1]$ als Gewicht der Funktion im $|z| \leq 1$ zu bezeichnen. Nun kann noch der gelegentlich vorkommende Begriff der *Dominanz* erklärt werden. Wenn in

$$f(z) = f_1(z) + f_2(z)$$

das Gewicht von $f_1(z)$ größer ist als das Gewicht von $f_2(z)$ und wenn alle drei Funktionen den gleichen Konvergenzkreis $|z| = 1$ haben, so heißen die Singularitäten von $f_1(z)$ auf dem $|z| = 1$ dominant. $f_2(z)$ heißt die *Restfunktion*. Vgl. auch 2.3 (Fußnote).

Dabei ergeben sich auch Verallgemeinerungen der Abschätzung (3.3.26), die wie die ganze Fragestellung auf G. Pólya zurückgehen. In seiner weitesten Fassung lautet das Ergebnis so (R. Wilson [3]).

Die dominante Funktion von (2.1.1) möge das Gewicht $[\sigma, k]$ haben. Sie besitze q algebro-logarithmische Singularitäten dieses Gewichtes und r sei die kleinste Zahl von Elementen dieses Gewichtes bei diesen q Singularitäten. Die Restfunktion habe ein Gewicht kleiner als $[\sigma - r + 1, k]$. Dann existieren positive Zahlen A, B, so daß für alle genügend großen n und eine Zahl $p \leq qr$ die Abschätzung

$$A n^{\sigma - r} (\log n)^k \leq |f_n| + \cdots + |f_{n+p}| \leq B n^{\sigma - 1} (\log n)^k$$

gilt.

Mit solchen Hilfsmitteln ergeben sich Zusätze zu bisher in diesem Bericht schon besprochenen Sätzen. Zum Beispiel findet R. Wilson [3] folgende Ergänzung zu dem Spezialfall $\varDelta = 0$ des Satzes (2.1.III):

Satz (3.3.XIII). *Die dominanten Singularitäten von (2.1.1) auf* $|z| = 1$ *seien von algebro-logarithmischem Typ, und zwar vom Gewicht* $[\sigma, k]$. *Es sei* $\{n_\lambda\}$ *eine Folge natürlicher Zahlen und* $\Theta = o\left(\dfrac{n}{\log n}\right)$, $n \in \{n_\lambda\}$ *genommen. Es sei für ein reelles von p unabhängiges* $\beta = \beta(n)$, $n \in \{n_\lambda\}$

$$f'_{n+p} = \Re(f_{n+p}\, e^{i\beta(n)}), \quad -\Theta \leq p \leq \Theta, \quad n \in \{n_\lambda\}.$$

Dann sei vorausgesetzt:

　　a) $\qquad \varliminf [f'_n / n^{\sigma - 1} (\log n)^k] > 0, \quad n \in \{n_\lambda\}$.

　　b) Die Folge derjenigen

$$f'_{n+p}, \quad -\Theta \leq p \leq \Theta, \quad n \in \{n_\lambda\},$$

welche Vorzeichenwechsel bestimmen, habe die Dichte 0. Dann hat (2.1.1) eine dominante Singularität bei $z = 1$.

Entsprechende Ergänzungen zum FABRYschen Quotientensatz sind schon in 2.3 angegeben.

Von S. AGMON [3] rühren die beiden folgenden Sätze her.

Satz (3.3.XIV). *(2.1.1) habe die folgenden Eigenschaften. Es existieren zwei Folgen $\{p_\nu\}$, $\{q_\nu\}$ positiver Zahlen mit*

$$q_{\nu-1} < p_\nu < q_\nu$$

derart, daß

a) $\quad f_n = 0, \quad p_\nu \leqq n \leqq q_\nu, \quad q_\nu - p_\nu \geqq k, \quad k > 0 \text{ ganz},$

b) $\qquad\qquad p_{\nu+1} - q_\nu = O(1)$.

Dann hat (2.2.1) mindestens $k + 1$ Singularitäten auf $|z| = 1$.

Vgl. auch Satz (2.2.XII).

Satz (3.3.XV). *(2.2.1) habe auf $|z| = 1$ nur endlich viele singuläre Stellen: $z = \exp(i\vartheta_\nu)$, $\nu = 1, 2, \ldots, s$. Diese seien quasi-isoliert (d. h. es existiere ein $\varrho > 1$ und ein Gebiet*

$$\Delta_\varrho : \{|z| < \varrho, \quad z \neq t e^{i\vartheta\nu}, \quad 1 \leqq t < \varrho, \quad \nu = 1, 2, \ldots, s\},$$

in dem $f(z)$ holomorph ist). $\delta(z)$ sei der Abstand des Punktes $z \in \Delta_\varrho$ vom Rand von Δ_ϱ. Es möge zwei Konstanten $h > 0$, $c > 0$ geben, so daß

$$|f(z)| = O([\delta(z)]^{-h}) , \quad \overline{\lim} \, |f_n| \, n^c > 0 \, .$$

Es seien $\{p_\nu\}$, $\{q_\nu\}$, $q_{\nu-1} < p_\nu < q_\nu$, zwei wachsende Folgen natürlicher Zahlen, die die Eigenschaft a) von Satz (3.3.XIV) haben und für die

c) $\qquad\qquad p_{\nu+1} - q_\nu = o\left(\dfrac{q_\nu}{\log q_\nu}\right)$

ist. Dann liegen auf $|z| = 1$ mindestens $k + 1$ Singularitäten von (2.2.1).

Bei S. AGMON [3] präsentieren sich diese Sätze als Verallgemeinerung von Satz (3.3.XI), der aus Satz (3.3.XIV) entsteht, wenn man die Annahme b) durch die ersetzt, daß (2.2.1) auf $|z| = 1$ keine anderen Singularitäten als Pole haben soll.

L. TSCHAKALOFF [1] beweist

Satz (3.3.XVI). *In (2.2.1) seien die $|f_n|$ beschränkt. Dann sind alle auf $|z| = 1$ gelegenen Pole von (2.2.1) einfach. Wenn $f_n \to 0$, so hat (2.2.1) keine Pole auf $|z| = 1$.*

Man vergleiche dazu (3.3.25).

R. WILSON [6] beweist u. a.

Satz (3.3.XVII). *(2.2.1) habe auf $|z| = 1$ drei Pole der Ordnung m, die dominant sind. Es seien*

$$f_n, \quad f_{n+1}, \ldots, f_{n+q}$$

für unendliche viele n von der Form $o(n^{m-1})$. Dann liegen die dominanten Pole in Ecken eines regulären Polygons. Die dominanten Elemente sind linear abhängig, die kleinen Koeffizienten, d. h. die von der Form $o(n^{m-1})$, sind in einer Folge positiver Dichte regelmäßig verteilt. Und ähnliche Aussagen für k dominante Pole.

Von D. V. Widder und J. J. Gergen [1] und J. J. Gergen und D. V. Widder [1] rührt der folgende Satz her.

Satz (3.3.XVIII). *(2.2.1) hat den $|z| = 1$ als natürliche Grenze, wenn es eine Folge $\{n_k\}$ natürlicher Zahlen gibt, für die*

1.
$$f_n = 0, \quad n \notin \{n_k\},$$

2. *die Folge* $\exp (2\, i\, \pi\, \varphi\, n_k)$ *einen Grenzwert hat für jedes irrationale* φ.
Dazu S. Mandelbrojt [11, 12].

G. Bourion [2] hat die analytische Fortsetzung von Lückenreihen studiert. Lückenreihe heißt in diesem Zusammenhang eine (2.2.1), die eine Zerlegung

$$f(z) = \sum_0^\infty a_n z^n + \sum_0^\infty b_n z^n$$

besitzt, für die

$$\overline{\lim} \, |b_n|^{\frac{1}{n}} < 1$$

und für die zwei Folgen $\{m_k\}$ und $\{n_k\}$ natürlicher Zahlen existieren mit $m_k < \lambda n_k$, $k = 1, 2, \ldots$, λ fest, und

$$a_n = 0, \quad m_k \leqq n < n_k.$$

G. Bourion hat unter Heranziehung von 1.3 und von M. L. Cartwright [1] Beispiele von Lückenreihen gebildet, die in einem beliebig kleinen Winkelraum nach unendlich fortgesetzt werden können. Eine Lückenreihe kann niemals die Komplementärmenge eines von der vollen Peripherie verschiedenen Bogens des Einheitskreises als Existenzgebiet haben.

3.4. Komplementäre Reihen.

Nach S. Mandelbrojt [5] heißen zwei Potenzreihen

$$l(z) = \sum_0^\infty l_n z^n, \quad \overline{\lim} \, |l_n|^{\frac{1}{n}} = 1 \tag{3.4.1}$$

$$m(z) = \sum_0^\infty m_n z^n, \quad \overline{\lim} \, |m_n|^{\frac{1}{n}} = 1 \tag{3.4.2}$$

komplementär, wenn $h(l, m; z) \equiv 0$ ist.

Satz (3.4.I). *Von den beiden komplementären Potenzreihen (3.4.1) und (3.4.2) hat entweder die eine mehr als eine singuläre Stelle auf $|z| = 1$ oder hat die andere nicht nur Pole auf $|z| = 1$.* Mandelbrojt [5], Pólya [17].

Pólya bemerkt noch, daß man das Wort „Pole" durch „algebrologarithmische Stellen" ersetzen kann. Ich stelle den Beweis nur für den angegebenen Wortlaut von Satz (3.4.I) dar. Er stützt sich auf Satz (5.1.VI), dessen dort angegebener Beweis so unmittelbar ist, daß er auch ohne Kenntnisnahme des ganzen 5.1 verständlich ist. Es sei z. B. $z = 1$ ein Pol von $m(z)$. Das kann man ohne Beschränkung der

Allgemeinheit annehmen. Es sei $z = \alpha$ die einzige Singularität von $l(z)$ auf $|z| = 1$. Es sei $f(z)$ der Hauptteil des Poles $z = 1$ von $m(z)$. Dann ist

$$m(z) = f(z) - g(z)$$

und es ist $g(z)$ bei $z = 1$ regulär. Wegen $h(l, m; z) \equiv 0$ ist

$$h(l, f; z) = h(l, g; z) . \tag{3.4.3}$$

Nun hat $h(l, f; z)$ nach Satz (5.1.VI) auf $|z| = 1$ die gleichen Singularitäten wie l. Daher ist α eine singuläre Stelle von $h(l, f; z)$. Nach dem HADAMARDschen Multiplikationssatz (1.4.I) hat $h(l, g; z)$ auf $|z| = 1$ keine anderen singulären Stellen als solche, die sich durch Multiplikation der singulären Stellen von l und g auf $|z| = 1$ ergeben. Es ist aber α die einzige singuläre Stelle von l auf $|z| = 1$, während g bei $z = 1$ regulär ist. Daher kann α nicht singuläre Stelle von $h(l, g; z)$ sein. Wegen (3.4.3) wäre α sowohl reguläre Stelle wie singuläre Stelle der gleichen Funktion. Dieser Widerspruch beweist Satz (3.4.I).

Satz (3.4.II). *Die Reihe* (2.2.1) *sei eine verallgemeinerte Lückenreihe in bezug auf eine ganze Funktion*

$$g(z) = \sum_{0}^{\infty} g_n\, z^n \ \textit{mit}\ |g_n|^{\frac{1}{n}} = o\left[\exp\left(- 2^{(q+1)n}\right)\right]. \tag{3.4.4}$$

Das heißt $\sum_{0}^{\infty} g(f_n)\, z^n$ *sei eine Lückenreihe im Sinne von* (3.3.22) *und* (3.3.23). *Außerdem werde* (2.2.1) *in zwei komplementäre Reihen zerlegt, deren eine aus den Gliedern*

$$f_n\, z^n , \quad n \in \{n_k\}$$

bestehen möge, für die $g(f_n) = 0$ *ist. Diese Folge* $\{n_k\}$ *habe außerdem die Eigenschaft, daß eine Reihe*

$$\sum_{0}^{\infty} b_n\, z^n , \quad \overline{\lim}\, |b_n|^{\frac{1}{n}} = 1, \quad n \in \{n_k\}$$

existiert, die auf $|z| = 1$ *keine anderen Singularitäten als Pole hat. Dann hat* (2.2.1) *mindestens zwei Singularitäten in der* RIEMANN*schen z-Ebene oder es hat die singuläre Stelle* $z = 1$ *eine (exponentielle) Ordnung* $> q$.

Der Beweis ergibt sich aus Satz (3.4.I) in Verbindung mit Satz (7.2.III). S. MANDELBROJT [5], J. GERGEN [1, 2].

Zu Sätzen über komplementäre Reihen führte auch die Betrachtung vollständiger Funktionensysteme* (vgl. R. E. A. C. PALEY and

---

* Eine Folge $\left\{t^{\prime\prime n} e^{-ct}\right\}$ heißt vollständig in $L^2(0, \infty)$, wenn aus

$$\int_{0}^{\infty} t^{\prime\prime n}\, e^{-ct}\, \Phi(t)\, dt = 0, n = 0, 1, \ldots ; \ \Phi(t) \in L^2(0, \infty)$$

folgt, daß $\Phi(t) \equiv 0$. $L^2(0, \infty)$ ist die Klasse der reellen Funktionen, deren Quadrat von 0 bis ∞ im LEBESGUEschen Sinn integrabel ist.

N. Wiener [1], N. Levinson [1], R. P. Boas and H. Pollard [1], R. P. Agnew [1], W. H. Fuchs [1]. Ich erwähne nur einen Satz aus R. P. Boas [1], von dem sich ein Spezialfall schon bei S. Mandelbrojt [26] findet.

Satz (3.4.III). *Eine Folge f_n komplexer Zahlen sei gegeben. Die Folge der natürlichen Zahlen werde in m komplementäre Teilfolgen $\mathfrak{N}_j, j = 1, \ldots, m$ aufgeteilt. Es werden die m Reihen*

$$\sum f_n z^n, \quad n \in \mathfrak{N}_j, \quad j = 1, \ldots, m$$

betrachtet. Einer jeden werde ein Winkelraum einer Öffnung $2\,\alpha_j > 0$ in $z = 0$ zugeordnet. Es sei

$$\alpha_1 + \cdots + \alpha_m > \pi.$$

Dann hat wenigstens eine der m Reihen den Konvergenzradius 0 oder definiert eine analytische Funktion, die in ihrem Winkelraum entweder eine Singularität hat oder unbeschränkt oder konstant ist.

§ 4. Die Häufigkeit der fortsetzbaren und der nicht fortsetzbaren Reihen.

4.1. Borel, Steinhaus, Boerner.

E. Fabry [1] und E. Borel [2, 3, 4] haben 1896 der Meinung Ausdruck gegeben, daß die Nichtfortsetzbarkeit über den Konvergenzkreis die Regel, die Fortsetzbarkeit die Ausnahme ist. E. Fabry [6] hat im Alter nochmals die Gründe dargelegt, die ihn zu dieser Auffassung führten. Borel faßt die Frage als eine Aussage über Wahrscheinlichkeiten auf. Steinhaus [1] hat 1929 diese Überlegung auf Grund präziser Fassung des zu benutzenden Wahrscheinlichkeitsbegriffes weitergeführt. Bei beiden von ihm gewählten Maßen erscheinen die nicht fortsetzbaren Reihen als die Regel. E. R. A. C. Paley und A. Zygmund [1] sowie C. Ryll-Nardzewski [1] haben dazu weiter beigetragen. H. Boerner [1] hat auf diesen durch die Heranziehung von Maßbegriffen charakterisierten Standpunkt eine volle Theorie gegründet. Er stützt sich auf B. Jessens [1] Maß- und Integrationstheorie in Torusräumen und findet eine Verbindung zu Mandelbrojts [1] Untersuchungen betreffend die Lage singulärer Punkte auf dem Konvergenzkreis. Insbesondere ergibt sich dabei ein weiterer Beweis für eine von Perrons Formeln [5] aus dieser Theorie. Boerners Satz lautet:

Satz (4.1.I). *Es seien in*

$$f(z) = \sum_{0}^{\infty} f_n z^n, \quad f_n = |f_n| \exp(2\pi i\, x_n), \quad x_n \text{ reell}, \quad \overline{\lim} |f_n|^{\frac{1}{n}} = 1 \qquad (4.1.1)$$

die $|f_n|$ gegeben. In dem Torusraum der Punkte $x = (x_0, x_1, \ldots)$, wo die x_n mod 1 zu nehmen sind, bilden die fortsetzbaren Potenzreihen (4.1.1) eine Menge vom Maß Null.

Dabei wird der Maßbegriff wie folgt eingeführt. Intervall heißt eine Punktmenge $J = (b_0, b_1, \ldots)$. Hier sind die b_j offene Teilbögen der x_j und es sind nur endlich viele dieser Teilbögen vom vollen Koordinatenkreis $0 \leq x_j < 1$ verschieden. Eine Punktfolge $x^{(k)}$ heißt konvergent gegen x, wenn $x_j^{(k)} \to x_j$ für alle j gilt. Ist jedem Punkt einer Punktmenge $\mathfrak{A}$ ein ihn enthaltendes Intervall zugeordnet, so genügen abzählbar viele dieser Umgebungen, um ganz $\mathfrak{A}$ zu bedecken. Inhalt mJ eines Intervalls heißt das Produkt der Längen der das Intervall bestimmenden Bögen b_j. Ist eine beliebige Punktmenge von abzählbar vielen J_ν bedeckt, so heißt die untere Grenze von $\sum mJ_\nu$ für alle möglichen Bedeckungen das äußere Maß $m_a J$ von J. Inneres Maß $m_i J$ von J heißt das $m_a \mathfrak{A}'$ ($\mathfrak{A}'$ Komplementärmenge von $\mathfrak{A}$). Ist $m_a \mathfrak{A} = m_i \mathfrak{A} = m\mathfrak{A}$, so heißt $\mathfrak{A}$ meßbar und $m\mathfrak{A}$ heißt das Maß von $\mathfrak{A}$. Unter einer S-Menge wird beim Beweis von Satz (4.1.I) eine Menge verstanden, die von zwei Punkten, welche sich nur in endlich vielen Koordinaten unterscheiden, entweder beide oder keinen enthält. Dann gilt der

Hilfssatz (4.1.I). *Das äußere Maß einer jeden S-Menge ist* 0 *oder* 1.

In der Tat: Es sei $\mathfrak{S}$ eine S-Menge und $m_a \mathfrak{S} = s \, (0 \leq s \leq 1)$. Zu jedem $\varepsilon > 0$ gibt es eine Überdeckung $\{J_\nu\}$ von $\mathfrak{S}$ mit $\sum mJ_\nu < s + \varepsilon$. Für jedes J_ν ist

$$m_a \, (J_\nu \cap \mathfrak{S}) = s \cdot mJ_\nu$$

und man kann eine Überdeckung $\{J_{\nu\mu}\}$ von $J_\nu \cap \mathfrak{S}$ finden, für die $\sum mJ_{\nu\mu} < (s + \varepsilon) mJ_\nu$ ist. Die abzählbar vielen Intervalle $J_{\nu\mu}, \nu, \mu = 1, 2, \ldots$ überdecken $\mathfrak{S}$ und es ist

$$s \leq \sum_{\mu\,\nu} mJ_{\nu\mu} < (s + \varepsilon) \, \sum mJ_\nu \leq (s + \varepsilon)^2 \,.$$

Daher ist $s \leq s^2$, Somit ist $s = 0$ oder $1 \leq s$, d. h. $s = 1$. (Die für einige Schritte dieser Überlegung unterdrückten Beweise wird der Leser leicht ergänzen. Sie sind bei BOERNER in aller Ausführlichkeit dargestellt.)

Ist nun bei gegebenen $|f_n|$ in (4.1.1) $\mathfrak{S}_r$ die Menge derjenigen Potenzreihen (4.1.1), die auf einem abgeschlossenen Bogen β_r von $|z| = 1$ der Länge $2 \pi/r$ (r natürliche Zahl) wenigstens eine singuläre Stelle haben, so ist $m_a \mathfrak{S}_r = 1$. Denn $\mathfrak{S}_r$ ist eine S-Menge. $\beta_r^{(l)}$ sei der Bogen, der aus β_r durch Drehung um $2 \pi l/r$, $l = 0, 1, \ldots, r - 1$ hervorgeht. Alle diese Bögen haben die gleichen äußeren Maße. Da ihre Vereinigungsmenge den $|z| = 1$ bedeckt, so bedecken die zugehörigen Mengen $\mathfrak{S}_r^{(l)}$ den Torusraum. Daher ist

$$\sum_0^{r-1} m \, \mathfrak{S}_r^{(l)} = r \, m_a \mathfrak{S}_r \geq 1 \,.$$

Daraus folgt $m_a \mathfrak{S}_r > 0$. Nach Hilfssatz (4.1.I) ist demnach

$$m_a \mathfrak{S}_r = 1 \,.$$

Es zeigt sich aber weiter: $\mathfrak{S}_r$ ist meßbar. Zum Beweis nehme man als β_r den Bogen $z = e^{i\varphi}$, $-\pi/r \leqq \varphi \leqq \pi/r$. Dann definiere man für jeden gegebenen Punkt x des Torusraums eine Zahl α aus $\langle 0, \pi \rangle$ durch die Festsetzung, daß wenigstens einer der beiden Punkte $e^{\pm i\alpha}$ eine singuläre Stelle für (4.1.1) ist, während der Bogen $z = e^{i\varphi}, -\alpha < \varphi < \alpha$ keinen singulären Punkt von (4.1.1) trägt. $\mathfrak{S}_r$ ist die Punktmenge, auf der $\cos \alpha \geqq \cos \pi/r$ ist. Es ist zu beweisen, daß $\cos \alpha$ eine meßbare Funktion von x ist, d. h. daß für jedes reelle η die Menge derjenigen x, für die $\cos \alpha > \eta$ ist, meßbar ist. Der Beweis beruht auf folgenden Schlüssen: f_n, d. h. der Realteil und der Imaginärteil von f_n, sind meßbare Funktionen von x. Es sei $0 < h < 1$ und $z = \zeta + h$.

$$f(z) = \sum_0^\infty f_n(\zeta + h)^n = \sum_0^\infty g_n \zeta^n, \quad g_n = \sum_n^\infty \binom{\nu}{n} f_n h^{\nu-n}. \qquad (4.1.2)$$

g_n ist meßbare Funktion von x für jedes h. Ferner:

$$1/\varrho_h = \varkappa_h = \overline{\lim} |g_n|^{\frac{1}{n}} \qquad (4.1.3)$$

ist meßbare Funktion von x für jedes h. $\exp(\pm i\alpha_h)$ seien die Schnittpunkte des Konvergenzkreises K_h von $\Sigma g_n \zeta^n$ mit $|z| = 1$. Es ist natürlich $0 \leqq \alpha_h \leqq \alpha$ und es gilt $\alpha_h \to \alpha$. Das ist für $\alpha = 0$ klar. Ist $\alpha > 0$, so sei $0 < \varepsilon < \alpha$. Der Bogen $z = e^{i\varphi}$, $-\alpha + \varepsilon \leqq \varphi \leqq \alpha - \varepsilon$ ist frei von singulären Punkten. Es gibt ein $\delta > 0$, so daß der Bereich

$$z = \varrho e^{i\varphi}, \quad 0 \leqq \varrho \leqq 1 + \delta, \quad -\alpha + \varepsilon \leqq \varphi \leqq \alpha - \varepsilon$$

von singulären Punkten frei ist. Dann ist $\alpha_h > \alpha - \varepsilon$ für $h < \delta/2$. Denn der Punkt $1 + \delta$ liegt außerhalb K_h, da dieser Kreis sonst den $|z| = 1$ nicht schneidet und K_h könnte daher keinen singulären Punkt von (4.1.1) treffen, wenn $\alpha_h \leqq \alpha - \varepsilon$ wäre. Außerdem ist $1 - h \leqq \leqq \varrho_h \leqq 1 + h$, also $\varkappa_h \to 1$.

Nach dem Cosinussatz ist

$$\cos \alpha_h = \frac{1 + h^2 - \varrho_h}{2h} = \frac{h}{2} + \frac{1}{\varkappa_h^2} \frac{\varkappa_h + 1}{2} \cdot \frac{\varkappa_h - 1}{2} \cdot$$

Daher ist*

$$\cos \alpha = \lim_{h \to 0} \cos \alpha_h = \lim_{h \to 0} \frac{\varkappa_h - 1}{h}, \qquad (4.1.4)$$

und dies ist auch für $\alpha = 0$ richtig, weil dann $\varrho_h = 1$ ist. Daher ist $\cos \alpha_h$ meßbar.

Im ganzen ist also jetzt $m\mathfrak{S}_r = 1$. Nun seien

$$\beta_r^{(l)} : z = e^{i\varphi}, \quad 2\pi l/r \leqq \varphi \leqq 2\pi(l+1)/r, \quad r = 1, 2, \ldots; \quad l = 0, 1, \ldots, r-1$$

---

* (4.1.4) ist nach den Definitionen (4.1.2), (4.1.3) eine der oben erwähnten Perronschen Formeln zur Berechnung eines dem Punkt $z = 1$ auf der Peripherie des Konvergenzkreises von (4.1.1) zunächst gelegenen singulären Punktes, aus den Koeffizienten von (4.1.1). Siehe auch 1.1.

die zu allen natürlichen Zahlen r gehörigen Bögen, die aus einem derselben β_r durch Drehungen um Vielfache von $2\,\pi/r$ hervorgehen. $U_r^{(l)} = \left(\mathfrak{S}_r^{(l)}\right)'$ ist die Menge derjenigen Punkte des Torusraums, d. h. derjenigen Potenzreihen (4.1.1), für die der Bogen $\beta_r^{(l)}$ ein Bogen regulärer Punkte ist. Das ist wegen $m\,\mathfrak{S}_r^{(l)} = 1$ eine Menge vom Maß 0. Für $U = \bigcup U_r^{(l)}$ ist ebenfalls $mU = 0$. Damit ist Satz (4.1.I) bewiesen.

Die Arbeiten von S. Rios [1, 2] dürften sich nach den Referaten im Zentralblatt mit Boerner [1] berühren.

4.2. Pólya-Hausdorff.

Keine Maßbegriffe zieht die Auffassung heran, die Pólya [3] entwickelt hat. Sie stützt sich auf topologische Begriffsbildungen. Man betrachte die Menge der Potenzreihen

$$f(z) = \sum f_n\,z^n, \quad \overline{\lim} \, |f_n|^{\frac{1}{n}} = 1 \,. \tag{4.2.1}$$

Punkt heiße eine Klasse äquivalenter Potenzreihen. Äquivalent heißen dabei zwei Potenzreihen (4.2.1) und

$$g(z) = \sum_0^\infty g_n\,z^n, \quad \overline{\lim} \, |g_n|^{\frac{1}{n}} = 1 \,, \tag{4.2.2}$$

wenn

$$\overline{\lim} \, |f_n - g_n|^{\frac{1}{n}} < 1 \tag{4.2.3}$$

ist, d. h. wenn ihre Differenz einen Konvergenzradius größer als 1 hat. Die Umgebungen werden so definiert: Es sei irgendeine Folge positiver Zahlen

$$\{\varepsilon_n\}, \quad n = 0, 1, \ldots \text{ mit } \lim \varepsilon_n^{\frac{1}{n}} = 1 \tag{4.2.4}$$

gegeben. Dann gehört die Potenzreihe (4.2.2) der $\{\varepsilon_n\}$-Umgebung von (4.2.1) dann und nur dann an, wenn

$$\overline{\lim} \, \frac{|f_n - g_n|}{\varepsilon_n} \leqq 1 \tag{4.2.5}$$

ist (in dieser Fassung erst bei Hausdorff [1]). Dann gelten die drei folgenden Sätze von Pólya:

Satz (4.2.I). *Die Menge der nichtfortsetzbaren Potenzreihen (4.2.1) ist überall dicht.*

Satz (4.2.II). *Die Menge der nichtfortsetzbaren Potenzreihen (4.2.1) hat nur innere Punkte.*

Satz (4.2.III). *Die Menge der fortsetzbaren Potenzreihen (4.2.1) hat keine isolierten Punkte.*

Beweis zu (4.1.I) (PÓLYA [3]). a) Es sei (4.2.4) beliebig vorgegeben. Dann gibt es Potenzreihen (4.2.2) mit $|g_n| \leq \varepsilon_n$, $n = 0, 1, \ldots$, die den $|z| = 1$ zur natürlichen Grenze haben. Man nehme eine Teilfolge

$$\{n_k\} \text{ mit } n_{k+1} > 2\,n_k \,, \quad \varepsilon_n^{\frac{1}{n}} \to 1 \,, \quad n \in \{n_k\} \,.$$

Man setze

$$g_n = \varepsilon_n \text{ für } n \in \{n_k\} \,,$$

$$g_n = 0 \text{ für alle anderen } n \,.$$

Dann ist nach dem HADAMARDschen Lückensatz (1.8.V) der $|z| = 1$ natürliche Grenze für (4.2.2).

b) Ist dann (4.2.1) eine beliebige Potenzreihe und (4.2.2) die unter a) gebildete Reihe, so betrachte man die Menge der Reihen

$$\sum_0^\infty (f_n + \alpha g_n) \, z^n \,, \quad 0 < \alpha \leq 1 \,. \tag{4.2.6}$$

Keine dieser Reihen gehört zur Klasse von (4.2.1). Gäbe es unter den Reihen (4.2.6) keine, die den $|z| = 1$ zur natürlichen Grenze hat, so hätte eine jede derselben einen Regularitätsbogen auf $|z| = 1$. Da aber jede unendliche Menge punktfremder Bögen auf $|z| = 1$ abzählbar ist und da die Menge der Reihen (4.2.6) überabzählbar ist, so gibt es mindestens ein Paar von Zahlen $\alpha = \alpha_1$ und $\alpha = \alpha_2$, $\alpha_1 \neq \alpha_2$ derart, daß die Regularitätsbögen der zugehörigen Reihen auf $|z| = 1$ übereinandergreifen. Dann ist aber

$$(\alpha_1 - \alpha_2) \sum_0^\infty g_n \, z^n$$

über einen Bogen von $|z| = 1$ analytisch fortsetzbar, entgegen der Konstruktion in a).

Beweis zu (4.2.II) (PÓLYA [3]). a) Nimmt man in dem Singularitätskriterium (1.7.2) $\vartheta = \frac{1}{3}$, so kann man ihm mit der Abkürzung

$$\varphi_n(f, z) = \frac{1}{2^n} \sum_{n/3}^{2n/3} \binom{n}{k} f_k \, z^k \tag{4.2.7}$$

folgende Fassung geben: Der Punkt s, $|s| = 1$ ist dann und nur da dann singuläre Stelle für (4.2.1), wenn

$$\overline{\lim} \, |\varphi_n(f, s)|^{\frac{1}{n}} = 1 \tag{4.2.8}$$

ist. Es sei (4.2.1) über den $|z| = 1$ nicht fortsetzbar. Es sei $s_1, s_2, \ldots$ eine auf $|z| = 1$ überall dichte Menge. Man bilde daraus eine unendliche Folge $z_1, z_2, \ldots$, in der jedes s_j unendlich oft vorkommt. Ferner sei

$$\alpha_1 < \alpha_2 < \cdots \to 1 \,,$$

eine unendliche Folge positiver Zahlen. Man wähle die natürlichen Zahlen $\{n_k\}$, $n_{k+1} > 2\,n_k$ so, daß

$$|\varphi_n(f, z_k)|^{\frac{1}{n}} > \alpha_k, \quad n = n_k$$

ist. Man setze

$$\varepsilon_\mu = \frac{\alpha_k^n}{n}, \quad n = n_k \text{ für } n_k/3 \leq \mu \leq 2\,n_k/3 ,$$

$$\varepsilon_\mu = 1 \text{ für alle anderen } \mu.$$

$\left(\text{Man beachte } \dfrac{2\,n_k}{3} < \dfrac{n_{k+1}}{3}\right)$. Dann ist

$$\varepsilon_\mu^{\frac{1}{\mu}} \to 1$$

$$\left(\text{wegen } 1 > \varepsilon_\mu^{\frac{1}{\mu}} = \left(\frac{\alpha_k^n}{n}\right)^{\frac{1}{\mu}} > \left(\frac{\alpha_k}{\sqrt[n]{n}}\right)^3 \to 1 , \quad n = n_k, \quad k \to \infty\right).$$

Dann hat jede Reihe (4.2.2) aus der ε-Umgebung von (4.2.1) den $|z| = 1$ zur natürlichen Grenze. Denn es ist für $n = n_k$

$$|\varphi_n(g, z_k)| = |\varphi_n(f, z_k)| + \frac{1}{2^n} \sum_{n/3}^{2n/3} \binom{n}{\mu} (g_\mu - f_\mu)\, z_k^\mu \geq$$

$$\geq |\varphi_n(f, z_k)| - \frac{1}{2^n} \sum_{n/3}^{2n/3} \binom{n}{\mu} |g_\mu - f_\mu| \geq$$

$$\geq |\varphi_n(f, z_k)| - \frac{1}{2^n} \sum_{n/3}^{2n/3} 2^n\, |g_\mu - f_\mu| \geq$$

$$\geq |\varphi_n(f, z_k)| - \sum_{n/3}^{2n/3} \frac{\alpha_k^n}{n} = |\varphi_n(f, z_k)| - \frac{1}{3}\, \alpha_k^n \geq$$

$$\geq \frac{2}{3}\, \alpha_k^n .$$

Da nun jedes s_r in der Folge $\{z_k\}$ unendlich oft vorkommt, so ergibt sich hieraus

$$\overline{\lim} \, |\varphi_n(g, s_r)|^{\frac{1}{n}} = 1 , \quad r = 1, 2, \ldots .$$

Somit ist jeder Punkt der Folge $s_1, s_2, \ldots$ ein singulärer Punkt für jedes (4.2.2) aus der angegebenen ε-Umgebung des nicht fortsetzbaren (4.2.1).

Beweis zu (4.2.III) (Hausdorff [1]). a) Es sei (4.2.4) vorgegeben. Dann gibt es eine Reihe (4.2.2) mit $|g_n| \leq \varepsilon_n$, $n = 0, 1, 2, \ldots$, die $z = 1$ zur einzigen singulären Stelle auf $|z| = 1$ hat. Es sei nämlich

$$\beta_n = \text{Min} (\varepsilon_0, \varepsilon_1, \ldots, \varepsilon_n) .$$

Dann ist $\beta_n > 0$, $\beta_0 \geq \beta_1 \geq \cdots$. Es sei $\beta = \lim \beta_n \geq 0$ gesetzt. Dann ist $\sqrt[n]{\beta_n} \to 1$. Ist nämlich $\beta > 0$, so ist

$$1 \leftarrow \sqrt[n]{\beta_0} \geq \sqrt[n]{\beta_n} \geq \sqrt[n]{\beta} \to 1 .$$

Ist aber $\beta = 0$, so ist $\beta_n = \varepsilon_\nu$ für passendes $\nu \leq n$ mit $\nu \to \infty$ für $n \to \infty$. Daher ist dann $1 > \sqrt[n]{\beta_n} = \sqrt[n]{\varepsilon_\nu} \geq \sqrt[\nu]{\varepsilon_\nu} \to 1$. Daher hat $\sum\limits_0^\infty \beta_\nu z^\nu$ den Konvergenzradius 1. Nach Satz (1.8.I) ist wegen $\beta_\nu > 0$, $\nu = 0, 1, \ldots$ der Punkt $z = 1$ singulär. Ist dann $\varrho > 0$ beliebig angenommen, so ist

$$B(z) = \frac{1}{1 + \varrho} \sum_0^\infty \beta_n \left(\frac{z + \varrho}{1 + \varrho} \right)^n \text{ in } \left| \frac{z + \varrho}{1 + \varrho} \right| < 1 \qquad (4.2.9)$$

regulär. Der Kreis

$$\left| \frac{z + \varrho}{1 + \varrho} \right| = 1$$

umschließt $|z| = 1$ und berührt ihn in $z = 1$. Wegen des erwähnten Satzes (1.8.I) ist $z = 1$ eine singuläre Stelle von (4.2.9). Daher ist (4.2.9) auf $|z| = 1$ mit einziger Ausnahme von $z = 1$ regulär. Für $|z| < 1$ ist

$$B(z) = \sum_0^\infty b_n z^n, \quad b_n = \sum_\nu \beta_\nu \binom{\nu}{n} \frac{\varrho^{\nu-n}}{(1 + \varrho)^{\nu+1}}, \quad \nu \geq n. \qquad (4.2.10)$$

Daher ist wegen $\beta_m \geq \beta_{m+1} \geq \cdots$

$$b_n \leq \beta_n \cdot \sum_\nu \binom{\nu}{n} \frac{\varrho^{\nu-n}}{(1 + \varrho)^{\nu+1}} = \beta_n.$$

Das heißt es ist $0 < b_n \leq \beta_n \leq \varepsilon_n$. Die Behauptung unter a) ist daher für (4.2.10) richtig. Aus (4.2.10) gewinnt man trivial eine andere Reihe (4.2.2), für die ein beliebiger Punkt auf $|z| = 1$ einzige singuläre Stelle auf $|z| = 1$ ist. b) Ist nun (4.2.1) eine fortsetzbare Reihe, so wähle man (4.2.2) der Konstruktion unter a) entsprechend so, daß ihr einziger singulärer Punkt auf $|z| = 1$ in einen regulären Punkt von (4.2.1) fällt. In ihm ist auch

$$\sum_0^\infty (f_n + g_n) z^n \qquad (4.2.11)$$

singulär. So hat (4.2.11) den Konvergenzradius 1, ist aber über den $|z| = 1$ fortsetzbar und aus der vorgegebenen ε-Umgebung von (4.2.1) entnommen.

HAUSDORFF [1] hat noch folgenden Satz gegeben:

Satz (4.2.IV). *Jedem $n = 0, 1, 2, \ldots$ sei eine Menge F_n komplexer Zahlen zugeordnet. Je zwei Zahlen von F_n mögen eine Differenz von einem absoluten Betrag $\delta_n > 0$ haben und es sei $\sqrt[n]{\delta_n} \to 1$. Dann gibt es höchstens abzählbar viele Potenzreihen (4.2.1) mit $f_n \in F_n$, $n = 0, 1, 2, \ldots$, die in $|z| < 1$ regulär und darüber hinaus fortsetzbar sind.*

Dieser Satz ergibt sich unmittelbar aus dem folgenden

Satz (4.2.V). *Die Voraussetzungen sind die gleichen wie bei Satz (4.2.IV). Die Behauptung aber lautet: Dann gibt es höchstens abzählbar* *viele Potenzreihen* (4.2.1) *mit* $f_n \in F_n$, $n = 0, 1, 2, \ldots$, *die in einem gegebenen, den* $|z| = 1$ *umfassenden, über ihn hinausragenden Gebiet regulär sind.*

Beweis von Satz (4.2.V). Es sei G das über den $|z| < 1$ hinausragende, ihn umfassende, als beschränkt und einfach zusammenhängend angenommene Gebiet. Es sei

$$w = \varphi(z) = \varphi_1 z + \varphi_2 z^2 + \cdots, \quad 0 < \varphi_1 < 1, \quad z = \psi(w) \quad (4.2.12)$$

die schlichte konforme Abbildung von G auf $|w| < 1$. Jeder in G regulären Funktion (4.2.1) entspricht eine in $|w| < 1$ reguläre Funktion

$$g(w) = f(\psi(w)) = g_0 + g_1 w + \cdots \quad (4.2.13)$$

und umgekehrt entspricht jeder in $|w| < 1$ regulären Funktion

$$g(w) = g_0 + g_1 w^2 + \cdots \quad (4.2.14)$$

eine in G reguläre Funktion

$$f(z) = g(\varphi(z)) = f_0 + f_1 z + \cdots. \quad (4.2.15)$$

Wegen (4.2.12) bestehen dabei zwischen den Koeffizienten von (4.2.14) und (4.2.15) Beziehungen der folgenden Art:

$$\begin{aligned}
f_0 &= g_0 \\
f_1 &= g_1 \varphi_1 \\
f_2 &= g_1 \varphi_2 + g_2 \varphi_1^2 \\
f_n &= (g_1, \ldots, g_{n-1}) + g_n \varphi_1^n.
\end{aligned} \quad (4.2.16)$$

$$\cdots \cdots \cdots$$

Hier ist $(g_1, \ldots, g_{n-1})$ eine lineare homogene Funktion von $g_1, \ldots, g_{n-1}$ mit Koeffizienten, die von den φ_j abhängen. Es sei $\mathfrak{F}$ die Menge der in G regulären Funktionen (4.2.15), für deren Koeffizienten $f_n \in F_n$, $n = 0, 1, 2, \ldots$ gilt. Es sei $\mathfrak{G}$ die Menge der entsprechenden, in $|w| < 1$ regulären Funktionen (4.2.14). Es sei η aus $(\varphi_1, 1)$ fest gewählt. Da $\sum g_n \eta^n$ konvergiert, ist $|g_n| \eta^n < \dfrac{1}{2}$ für genügend große n. Es sei $\mathfrak{G}_p$ die Menge der Funktionen $g(w) \in \mathfrak{G}$, die dieser Umgleichung für $n \geq p$ genügen und $\mathfrak{F}_p$ die Menge der zugehörigen $f(z)$. Für genügend große n sagen wir $n \geq \nu$, ist

$$\delta_n^{\frac{1}{n}} \geq \frac{\varphi_1}{\eta}, \quad \delta_n \geq \left(\frac{\varphi_1}{\eta}\right)^n.$$

Es seien $g(w)$ und $g^*(w)$ für $n \geq p \geq \nu$ zwei Funktionen aus $\mathfrak{G}_p$, die in den Anfangskoeffizienten $g_1, \ldots, g_{n-1}$ übereinstimmen. Dann ist nach (4.2.16)

$$f_n^* - f_n = (g_n^* - g_n)\, \varphi_1^n.$$

Nach dem gerade Gesagten ergibt sich aber die Abschätzung

$$|g_n^* - g_n|\, \varphi_1^n < \left(\frac{\varphi_1}{\eta}\right)^n$$

sowie

$$|f_n^* - f_n| \geqq \delta_n \geqq \left(\frac{\varphi_1}{\eta}\right)^n,$$

falls $f_n^* \neq f_n$ ist. Da sich beide widersprechen, folgt $f_n^* = f_n$. Das heißt, wenn zwei Funktionen aus $\mathfrak{G}_p$ bzw. $\mathfrak{F}_p$ übereinstimmen, so stimmen sie auch in allen folgenden Koeffizienten überein. Daher ist jede Funktion aus $\mathfrak{G}_p$ und daher jede Funktion aus $\mathfrak{F}_p$ durch ihre ersten p Koeffizienten bestimmt. Da aber nach den über die F_n gemachten Annahmen jede dieser Mengen abzählbar ist, so ist die Menge $\mathfrak{F}_p$ abzählbar. Das ist zunächst für $p \geqq \nu$ bewiesen, folgt aber für die anderen p aus

$$\mathfrak{F}_0 \subseteqq \mathfrak{F}_1 \subseteqq \cdots \subseteqq \mathfrak{F}_\nu .$$

Da $\mathfrak{F} = \overset{\infty}{\underset{0}{\mathsf{U}}}\, \mathfrak{F}_p$ ist, so ist der Satz (4.2.V) bewiesen. Ich gebe nach Hausdorff noch zwei Folgerungen daraus an:

Satz (4.2.VI). *Es sei A eine Menge komplexer Zahlen, von denen je zwei eine Differenz mit einem absoluten Betrag $\geqq \delta > 0$ haben. Es sei $\{f_n\}$ eine feste Zahlenfolge und es gelte $\sqrt[n]{|f_n|} \to 1$ für die von 0 verschiedenen derselben. Dann gibt es höchstens abzählbar viele Potenzreihen*

$$\sum_0^\infty f_n\, a_n\, z^n, \quad a_n \in A, \quad n = 0, 1, \ldots, \tag{4.2.17}$$

die in $|z| < 1$ regulär und darüber hinaus fortsetzbar sind.

Als Spezialfall ist darin eine Verschärfung eines von P. Fatou [1] vermuteten und von A. Hurwitz und G. Pólya [1] bewiesenen Satzes enthalten:

Satz (4.2.VII). *Es sei $\{f_n\}$ eine gegebene Zahlenfolge und es sei $\sqrt[n]{|f_n|} \to 1$ für die von Null verschiedenen Elemente dieser Folge. Dann gibt es unter den Reihen*

$$\Sigma \pm f_n\, z^n \tag{4.2.18}$$

nur abzählbar viele, die in $|z| < 1$ regulär und darüber hinaus fortsetzbar sind.

Der Satz von Fatou-Hurwitz-Pólya sagt aus:

Satz (4.2.VIII). *Aus jeder Potenzreihe*

$$f(z) = \sum_0^\infty f_n\, z^n, \quad \overline{\lim} |f_n|^{\frac{1}{n}} = 1 \tag{4.2.19}$$

kann man mindestens eine andere von der Form

$$\Sigma \pm f_n\, z^n \tag{4.2.20}$$

herstellen, die über den $|z| = 1$ nichtfortsetzbar ist.

Es darf aber hervorgehoben werden, daß die HAUSDORFFsche Verschärfung (4.2.VII) an die Annahme $\sqrt[n]{|f_n|} \to 1$ gebunden ist, während der HURWITZ-PÓLYAsche Satz nur $\overline{\lim} \sqrt[n]{|f_n|} = 1$ verlangt.

Man fasse z. B. eine Reihe (4.2.19), in der $\sqrt[n]{|f_n|} \to 1$ nicht gelten möge, als Summe zweier anderer Reihen auf, die keine Glieder gleicher Potenz enthalten, deren jede aber unendlich viele Glieder hat und für deren eine der Konvergenzradius größer als 1 ist. Außerdem sei (4.2.19) über den $|z| = 1$ hinaus fortsetzbar. Dann sind offenbar die beiden eben bestimmten Teilreihen über den $|z| = 1$ fortsetzbar. Der Bestandteil, dessen Konvergenzradius größer als 1 ist, behält seinen Konvergenzradius, wenn man seine Koeffizienten in beliebiger Weise mit den Faktoren $+ 1$ oder $- 1$ versieht. Den anderen Bestandteil lasse man unverändert. So erhält man offenbar aus der gegebenen Reihe durch bloßes Anbringen von Faktoren $+ 1$ oder $- 1$ an den Koeffizienten eine Menge von Reihen, die über den $|z| = 1$ hinaus fortsetzbar sind und deren Mächtigkeit überabzählbar ist.

Bei dieser Lage der Dinge ist es nützlich, einen Beweis von Satz (4.2.VIII) anzuführen. Nach HURWITZ in HURWITZ-PÓLYA [1] gelingt er so: Aus der Reihe (4.2.19) greife man eine der HADAMARDschen Lückenbedingung (1.8.6) genügende Teilreihe $h(z)$ heraus. Die bei der Bildung von $h(z)$ nicht benutzten Glieder von (4.2.19) bilden eine Reihe $g(z)$, so daß

$$f(z) = g(z) + h(z)$$

ist. Nun verteile man weiter die Glieder von $h(z)$ auf unendlich viele Reihen

$$h_1(z), \quad h_2(z), \quad \ldots$$

derart, daß jedes Glied von $h(z)$ in genau einer derselben vorkommt, und zwar so, daß jede dieser Reihen unendlich viele Glieder enthält. Und nun bilde man die Menge der Potenzreihen

$$g(z) \pm h_1(z) \pm h_2(z) \pm \cdots$$

mit allen möglichen Verteilungen der Faktoren $+ 1$ und $- 1$. Darunter ist mindestens eine vorhanden, die den $|z| = 1$ zur natürlichen Grenze hat. Denn anderenfalls müßten nach einer vorhin schon einmal benutzten Schlußweise zwei derselben einen gemeinsamen Regularitätsbogen auf dem $|z| = 1$ haben. Dann wäre aber ihre Differenz über den $|z| = 1$ hinaus fortsetzbar. Sie hat die Gestalt

$$\Sigma \delta_j\, h_j(z) \, . \tag{4.2.21}$$

Hier haben die δ_j die Werte $+ 2$, $- 2$ oder 0, sind aber nicht alle 0. Da jedes $h_j(z)$ eine unendliche Reihe ist, hat man in (4.2.21) eine nach Konstruktion der HADAMARDschen Lückenbedingung (1.8.6) genügende Reihe vor sich, die den Einheitskreis zum Konvergenzkreis hat und die

doch über denselben hinaus fortsetzbar wäre. Dieser Widerspruch
beweist den Satz (4.2.VIII). Weitere Beweise desselben gab Pólya
bei Hurwitz-Pólya [1] und in Pólya [22] (s. auch O. Szász [1]).

Satz (4.2.IX) (S. Mandelbrojt [1, 2]). *Es sei eine Folge* $\{n_k\}$
natürlicher Zahlen mit

$$n_n/k \to \infty$$

und eine nichtabzählbare Menge Φ *reeller Zahlen* φ *gegeben. Dann kann
man* $\varphi \in \Phi$ *so wählen, daß*

$$\sum_0^\infty f_n' z^n, \quad f_n' = f_n\, e^{i\,\varphi}, \quad n \in \{n_k\}, \quad f_n' = f_n, \quad n \notin \{n_k\} \qquad (4.2.22)$$

den $|z| = 1$ *zur natürlichen Grenze hat.*

Man bilde (4.2.22) für alle $\varphi \in \Phi$. Hätte keine dieser Reihen den
$|z| = 1$ zur natürlichen Grenze, so gäbe es ein rationales ψ so, daß
mindestens zwei derselben im Punkte $e^{i\,\psi}$ regulär wären (weil die Menge Φ
nicht abzählbar, die Menge der rationalen ψ aber abzählbar ist). Die
Differenz dieser beiden Reihen wäre dann trotz des Fabryschen Lückensatzes (2.2.I) fortsetzbar. Übrigens lehrt diese Schlußweise auch, daß
es höchstens einen reellen Wert von φ geben kann, für den (4.2.22)
nur isolierte singuläre Stellen auf $|z| = 1$ hat.

Satz (4.2.X) (Ostrowski [1]). *Aus jeder Reihe* (4.2.19) *kann man
kontinuierlich viele Reihen* (4.2.20) *herstellen, die keiner algebraischen
Differentialgleichung genügen.*

Der Beweis ist dem für Satz (4.2.VIII) gegebenen analog. Statt
des Hadamardschen Lückensatzes zieht man nur jetzt den Satz (3.1.II)
von H. Grönwall heran.

Bagemihl [1] hat die Bemerkung hinzugefügt, daß man es auf
kontinuierlich viele Weisen so einrichten kann, daß die Reihe (4.2.20)
weder über den $|z| = 1$ fortsetzbar ist, noch einer algebraischen Diffe-
rentialgleichung genügt.

A. Seleznev [1] hat bemerkt:

Satz (4.2.XI). *Aus jeder Potenzreihe* (4.2.19) *kann man eine* (4.2.20)
herstellen, die den Durchschnitt des Hauptsterns von (4.2.19) *mit einer
beliebigen Kreisscheibe* $|z| < R$ *zum Existenzgebiet, den Rand dieses
Gebietes demnach als natürliche Grenze hat.*

Als ein Beispiel dafür, wie sehr die Aussagen über die Häufigkeit
der fortsetzbaren Reihen von dem im Raum der Potenzreihen eingeführten Umgebungsbegriff abhängen, sei eine Arbeit von S. Rios [3]
genannt, die ich allerdings nur aus dem Referat in den Reviews kenne.
Rios wählt den reziproken Konvergenzradius der Differenz zweier
Potenzreihen als deren Abstand und gründet darauf den Umgebungsbegriff. Dann besitzt sowohl die Menge der fortsetzbaren wie die Menge
der nichtfortsetzbaren Potenzreihen nur innere Punkte (außer 0 bei

den fortsetzbaren). Der Raum ist dann weder vollständig, noch kompakt, noch separabel.

Ähnliche Bedenken hat auch bereits M. Fréchet [1] nach Erscheinen von Pólya [3] angemeldet: Man lasse der Menge der nichtfortsetzbaren Potenzreihen die Punkte einer Geraden g entsprechen. Die fortsetzbaren Potenzreihen ordne man den nicht auf g gelegenen Punkten einer durch g gelegten Ebene E zu. Alle Potenzreihen mögen den gleichen Konvergenzradius haben. Dann nenne man Abstand zweier Potenzreihen den euklidischen Abstand der beiden zugeordneten Punkte. Den Grenzbegriff definiere man mit Hilfe dieses Abstandes. Dann erhält man Aussagen, die sich von den Sätzen (4.2.I), (4.2.II), (4.2.III) von Pólya durch Vertauschung der nichtfortsetzbaren Reihen mit den fortsetzbaren ergeben.

4.3. Banach-Räume.

Nach einer Vorstufe bei S. Kierst und E. Szpilrajn [1] zeigen C. Ryll-Nardzewski und H. Steinhaus [1], daß in jedem Banach-Raum, dem die Koeffizienten von $f(z) = \sum\limits_{0}^{\infty} f_n z^n$ entnommen sind, die nichtfortsetzbaren Reihen in der Überzahl sind. Der Satz, in dem das zum Ausdruck kommt, ist der folgende.

Satz (4.3.I). *Es sei X ein* Banach-*Raum (normierter vollständiger Vektorraum). Es sei $f(x, z)$ für $x \in X$ und $|z| < 1$ regulär analytisch in z und ein lineares stetiges Funktional von x. Man kann den Kreis $K : |z| = 1$ in eine offene Menge G und ihr abgeschlossenes Komplement H zerlegen. Man kann X in eine Menge erster Kategorie P* (d. h. Vereinigungsmenge einer abzählbaren Folge nirgends dichter Teilmengen von X) *und deren Komplement Q zerlegen, und zwar so, daß alle Stellen $z \in G$ reguläre Stellen von $f(x, z)$ sind für jedes $x \in X$, und daß alle $z \in H$ singuläre Stellen von $f(x, z)$ sind für jedes $x \in Q$.*

Zum Beweis werden folgende Sprachreglungen eingeführt. Rationaler Bogen B von K heißt ein Bogen, dessen Endpunkte $e^{i\vartheta}$ rationale ϑ aufweisen. Die Menge der rationalen Bögen ist abzählbar. Ein rationaler Bogen B heißt regulär, wenn $f(x, z)$ für *jedes* $x \in X$ und jedes $z \in B$ regulär ist. Die Menge aller regulären rationalen Bögen sei RB. Es sei G die Vereinigungsmenge aller rationalen regulären Bögen. H die Komplementärmenge. B ist im folgenden stets ein rationaler Bogen.
    Es sei

$$G_n(B) : 1 - \frac{1}{n} < |z| < 1 + \frac{1}{n}, \quad \arg z \in B.$$

Hier ist B ein Bogen von K und n natürliche Zahl. Es sei $M_n(B)$ die Menge derjenigen $x \in X$, für die $f(x, z)$ in $G_n(B)$ regulär ist derart, daß

$$|f(x, z)| \leqq n, \quad z \in G_n(B), \quad x \in M_n(B).$$

Dann setze man

$$P = \overset{\infty}{\underset{1}{\bigcup}} \underset{B \notin RB}{\bigcup} M_n(B), \quad X = P \cup Q, \quad P \cap Q = 0 \, .$$

Dann gilt, wie gezeigt werden soll, für die eben definierten Mengen G, H, Q der ausgesprochene Satz (4.3.I).

Der Beweis stützt sich auf drei Hilfssätze:

1. *Dafür, daß $f(x_0, z)$ in z_0, $z_0 \in K$ regulär ist, ist notwendig und hinreichend, daß es einen rationalen Bogen B und eine natürliche Zahl n gibt, so daß $z_0 \in B$ und $x_0 \in M_n(B)$ ist.* Es ist klar, daß die Bedingung hinreichend ist. Daß sie auch notwendig ist, sieht man so: Man nehme einen rationalen Bogen B von K und zwei natürliche Zahlen m und M, so daß $f(x_0, z)$ regulär und $|f(x_0, z)| \leq M$ für $z \in G_m(B)$ ist. Für $n = m + M$ ist erst recht $f(x_0, z)$ regulär und $|f(x_0, z)| \leq n$ für $z \in G_n(B)$. Das heißt es ist $x_0 \in M_n(B)$.

2. *$M_n(B)$ ist abgeschlossen in X für jeden rationalen Bogen $B \in K$ und für jedes natürliche n.* Es sei

$$x_k \in M_n(B), \quad k = 1, 2, \ldots \text{ und } x_0 = \lim_{k \to \infty} x_k \, .$$

Dann ist die Behauptung: $x_0 \in M_n(B)$. Das folgt daraus, daß $\lim_{k \to \infty} f(x_k, z) = f(x_0, z)$, $z \in G_n(B)$ gleichmäßig konvergiert. Das wieder folgt zunächst für $z \in \{(|z| < 1) \cap G_n(B)\}$ daraus, daß nach Voraussetzung $f(x, z)$ in $|z| < 1$, $x \in X$ ein lineares stetiges Funktional ist. Nach dem Vitalischen Satz folgt es dann daraus für alle $z \in G_n(B)$.

3. *$M_n(B)$ ist in X nirgends dicht, wenn $B \notin RB$.* Wäre nämlich x_0 ein innerer Punkt von $M_n(B)$, so wäre, wie gezeigt werden soll, $f(x, z)$ auf B regulär für jedes $x \in X$, d. h. es wäre doch $B \in RB$. Wenn nämlich x_0 ein innerer Punkt von $M_n(B)$ ist, so gibt es zu jedem $x \in X$ ein $r > 0$, so daß $x_0 + r x \in M_n(B)$ ist. Daher ist dann

$$f(x, z) = \frac{1}{r} \left[f(x_0 + r x, z) - f(x_0, z) \right] \, .$$

Da aber die rechte Seite für $z \in B$ regulär ist, so gilt das auch für die linke Seite.

Auf Grund dieser Hilfssätze ergibt sich nun der Beweis des Satzes (4.3.I) so. Die Hilfssätze 2 und 3 besagen, daß P eine Menge erster Kategorie ist. Nehmen wir nun an, es sei gegen die Behauptung des Satzes $z_0 \in H$ regulär für $f(x_0, z)$ und ein $x_0 \in Q$. Dann gibt es nach Hilfssatz 1 einen rationalen Bogen B und ein natürliches n, so daß $x_0 \in M_n(B)$, $z_0 \in B$ ist. Wegen $z_0 \in H$ ist aber $B \notin RB$. Daher ist B unter den Summanden enthalten, die P definieren. Daher ist $x_0 \in P$, obwohl $x_0 \in Q$ und $P \cap Q = 0$ angenommen war. Nach Definition von G ist für jedes $x_0 \in X$ die Funktion $f(x_0, z)$ für jedes $z \in G$ regulär. Auch ist klar, daß G eine offene und daher H eine abgeschlossene Menge ist. Damit ist Satz (4.3.I) bewiesen.

Da X als vollständiger metrischer Raum keine Menge erster Kategorie ist, so ist das Q des Satzes nie leer. Sollte sich $H = K$ für irgendeinen BANACH-Raum X erweisen, so ist dann die analytische Fortsetzung von $f(x, z)$ über K hinaus nur für $x \in P$, d. h. nur für eine Teilmenge erster Kategorie möglich. Diese Eigenschaft besitzt aber der BANACH-Raum X sicher dann, wenn man noch die folgende Zusatzannahme macht: Zu jedem $z_0 \in K$ existiert ein $x_0 \in X$, so daß $f(x_0, z)$ im Punkte z_0 singulär ist. Unter dieser Zusatzannahme ist nämlich die Menge G des Satzes nach ihrer Konstruktion leer, und daher ist $H = K$.

Die Zusatzannahme ist jedenfalls in den folgenden vier Beispielen erfüllt. Es sei

$$f(x, z) = \sum_1^\infty f_n z^n, \quad x = \{f_n\}, \quad n = 1, 2, \ldots .$$

Es mögen die folgenden vier BANACH-Räume durch ihre Norm $||x||$ charakterisiert sein:

$$X_1 : \text{alle } x \text{ mit } \sum_1^\infty |f_n|^p \text{ endlich}, \quad ||x|| = \left(\sum_1^\infty |f_n|^p\right)^{\frac{1}{p}}, \quad p \geq 1 ,$$
$$X_2 : \text{alle } x \text{ mit } \overline{\lim} |f_n| \text{ endlich}, \quad ||x|| = \overline{\lim} |f_n| ,$$
$$X_3 : \text{alle } x \text{ mit } \lim |f_n| \text{ endlich}, \quad ||x|| = \lim |f_n| ,$$
$$X_4 : \text{alle } x \text{ mit } \overline{\lim} |f_n| n^{\log n} \text{ endlich}, \quad ||x|| = \overline{\lim}|f_n| n^{\log n}.$$

Versteht man unter x_0 die Folge $x_0 = \{e^{-i\vartheta}/n^{\log n}\}$, so gilt $x_0 \in X_k$, $k = 1, 2, 3, 4$. Da für $z = e^{i\vartheta}$ alle Glieder von $f(x_0, z)$ positiv werden, ist nach dem Satz (1.8.I) $z = e^{i\vartheta}$ eine singuläre Stelle von $f(x_0, z)$. Im Falle X_4 sind sämtliche $f(x, z)$ auf $|z| = 1$ samt allen Ableitungen stetig, und doch ist nur eine Teilmenge erster Kategorie über den $|z| = 1$ hinaus fortsetzbar.

Im Zusammenhang mit dem eben zuletzt betreffend Stetigkeit auf der Konvergenzgrenze Gesagten ist noch die Bemerkung von MANDEL-BROJT [2] von Interesse, daß man die singulären Stellen auf $|z| = 1$ nach Belieben vorschreiben kann. MANDELBROJT hat nämlich den folgenden Satz bewiesen.

Satz (4.3.II). *Ist irgendeine Potenzreihe (4.2.19) gegeben, so läßt sich eine andere Potenzreihe von der Form*

$$\sum_0^\infty f_n g_n z^n$$

konstruieren, die den gleichen Konvergenzkreis hat und die auf $|z| = 1$ die gleichen singulären Stellen wie (4.2.19) hat und die doch auf $|z| = 1$ samt allen Ableitungen stetig ist.

Ein einfaches Beispiel einer in $|z| = 1$ samt allen Ableitungen stetigen, über den $|z| = 1$ hinaus nicht fortsetzbaren Potenzreihe hat I. FREDHOLM [1] gegeben. Es ist

$$\sum_0^\infty a^n z^{n^2}, \quad 0 < a < 1 .$$

§ 5. Zusätze zum HADAMARDschen Multiplikationssatz.

Es handelt sich im wesentlichen um die Klärung der in 1.4 bereits gestellten, aber noch unbeantworteten Fragen, nämlich inwieweit das Produkt $\alpha\,\beta$ zweier singulärer Stellen von $a(z)$ und $b(z)$ auch eine singuläre Stelle von $h(a, b; z)$ (nicht nur nach Satz (1.4.I) allein sein kann, sondern wirklich eine solche) ist. Die drei eben genannten Funktionen sind wieder durch die Reihen (1.4.1), (1.4.2) und (1.4.3) erklärt. Weiter handelt es sich darum, zu prüfen, inwieweit man aus der Natur der singulären Stellen α und β auf die Natur von $\alpha\,\beta$ schließen kann. Schon in 1.4 wurde festgestellt, daß man ohne spezielle Annahmen über $a(z)$ und $b(z)$ hier zu keinen Aussagen gelangen kann.

5.1. Ältere Untersuchungen.

Satz (5.1.I). *Es mögen* (1.4.1) *und* (1.4.2) *eindeutige Funktionen mit je im Endlichen isolierten singulären Stellen* α_j *bzw.* β_k *sein. Dann ist auch* (1.4.3) *eine eindeutige Funktion. Ihre Singularitäten können nur an Stellen* $\alpha_j\,\beta_k$ *liegen, haben also ebenfalls keinen Häufungspunkt im Endlichen.*

Der Beweis benutzt die distributive Eigenschaft

$$h(a_1 + a_2, b; z) = h(a_1, b; z) + h(a_2, b; z) \tag{5.1.1}$$

des HADAMARDschen Operators, die ebenso wie die kommutative

$$h(a, b; z) = h(b, a; z) \tag{5.1.2}$$

ohne weiteres aus der Definition (1.4.3) des Operators ersichtlich ist.

Es sei eine Zahl $r > 0$ vorgegeben. Es seien $\alpha_1, \ldots, \alpha_n$ die in $|z| \leq r$ gelegenen singulären Stellen von $a(z)$ und $\beta_1, \ldots, \beta_m$ die in $|z| \leq r$ gelegenen singulären Stellen von $b(z)$. Es seien $\mathfrak{a}_j(z)$ und $\mathfrak{b}_k(z)$ die Hauptteile der LAURENT-Entwicklungen von $a(z)$ und $b(z)$ an den mit der gleichen Nummer bezeichneten singulären Stellen. Dann kann man schreiben

$$a(z) = \sum_1^n \mathfrak{a}_j(z) + \mathfrak{a}(z); \quad b(z) = \sum_1^m \mathfrak{b}_k(z) + \mathfrak{b}(z) . \tag{5.1.3}$$

Hier sind $\mathfrak{a}(z)$ und $\mathfrak{b}(z)$ in $|z| \leq r$ holomorph. Dann ist

$$h(a, b; z) = \sum_{j,k} (\mathfrak{a}_j, \mathfrak{b}_k; z) + \sum_j h(\mathfrak{a}_j, \mathfrak{b}; z) + \sum_k h(\mathfrak{a}, \mathfrak{b}_k; z) + h(\mathfrak{a}, \mathfrak{b}; z). \tag{5.1.4}$$

Satz (1.4.II) lehrt, daß die endlichen singulären Stellen am Rand des Hauptsterns von $h(a, b; z)$ die Form $\alpha_j\,\beta_k$ haben. Wäre unter ihnen eine $\alpha\,\beta$, in deren Umgebung $h(a, b; z)$ nicht eindeutig ist — und eine solche müßte es geben, wenn $h(a,b;z)$ keine eindeutige Funktion wäre —, so wähle man r so, daß alle die α_j und β_k, für die $|\alpha_j\,\beta_k| \leq |\alpha\,\beta| + 1$ ausfällt, sich in $|z| \leq r$ befinden. Dann sind in (5.1.4) die drei letzten Posten rechts nach Satz (1.4.I) in $|z| \leq |\alpha\,\beta| + 1$ regulär und eindeutig.

Es bleibt noch zu beweisen, daß auch jedes $h(\mathfrak{a}_j, \mathfrak{b}_k; z)$ eindeutig ist. Nun schreibe man

$$\mathfrak{a}_j(z) = \sum_0^\infty c_\nu\, z^\nu, \quad \mathfrak{b}_k(z) = \sum_0^\infty d_\nu\, z^\nu. \tag{5.1.5}$$

Da beide Funktionen in der RIEMANNschen Ebene nur je eine singuläre Stelle α_j bzw. β_k haben, so gibt es nach dem Satz (1.3.XII) zwei ganze Funktionen $g(z)$ und $h(z)$, die beide höchstens dem Minimaltypus der Ordnung 1 angehören derart, daß

$$c_\nu\, \alpha_j^\nu = g(\nu), \quad d_{\,\nu}\beta_k^\nu = h(\nu), \quad \nu = 1, 2, \ldots \tag{5.1.6}$$

ist. Dann ist

$$c_\nu\, d_\nu(\alpha_j\, \beta_k)^\nu = g(\nu)\, h(\nu), \quad \nu = 1, 2, \ldots \tag{5.1.7}$$

und gehört auch $g(z)\, h(z)$ höchstens dem Minimaltypus der Ordnung 1 an. Daher hat nach dem gleichen Satz auch $h(\mathfrak{a}_j, \mathfrak{b}_k; z)$ nur höchstens die eine singuläre Stelle $\alpha_j\, \beta_k$ in der RIEMANNschen Ebene und ist daher eine eindeutige Funktion.

Es sei noch ausdrücklich hervorgehoben, daß die Behauptung von Satz (5.1.I) betr. die Eindeutigkeit von $h(a, b; z)$ nicht richtig ist, wenn man nur voraussetzen wollte, daß $a(z)$ und $b(z)$ eindeutige Funktionen sind. Das lehrt das Beispiel, das zu (1.4.12) erläutert wurde.

Satz (5.1.II). *(1.4.I) habe bei $z = \alpha$ einen Pol der Ordnung p; (1.4.2) habe bei $z = \beta$ einen Pol der Ordnung q. Beide Funktionen seien im übrigen Teil der RIEMANNschen Ebene holomorph. Dann hat (1.4.3) an der Stelle $\alpha\,\beta$ einen Pol der Ordnung $p + q - 1$ und ist sonst in der ganzen RIEMANNschen Ebene holomorph.*

Diesen von E. BOREL [5] herrührenden Satz beweist man nach BOREL so: Es genügt anzunehmen, daß $\alpha = \beta = 1$ ist. Denn sonst betrachte man statt der Funktionen $a(z)$ und $b(z)$ die Funktionen $a_1(z) = a(\alpha z)$ und $b_1(z) = b(\beta z)$. Dann kann man die Zahlen $c_0, c_1, \ldots, c_{p-1}$ so bestimmen, daß $a(z)$, das ja eine rationale Funktion mit dem einzigen Pol $z = 1$ ist, wie folgt geschrieben werden kann:

$$a(z) = a_0 + \sum_0^{p-1} c_j \left(z\, \frac{d}{dz}\right)^j \left(\frac{1}{1-z} - 1\right), \quad c_{p-1} \neq 0. \tag{5.1.8}$$

Dann ist

$$h(a, b; z) = a_0 b_0 + \sum_0^{p-1} c_j \left(z\, \frac{d}{dz}\right)^j \left(b(z) - b_0\right). \tag{5.1.9}$$

Und darin liegt der Beweis des Satzes.

Beachtet man noch, daß $h(a, b; z)$ ganz rational ist, wenn $a(z)$ und $b(z)$ ganz rational sind — das folgt ja sofort aus der Definition von $h(a, b; z)$ —, und entnimmt man (5.1.9), daß $h(a, b; z)$ auch rational ist, wenn $a(z)$ durch (5.1.8) erklärt ist und $b(z)$ ganz rational ist, so sieht man anhand der Überlegung, die zu Satz (5.1.I) führte, daß

$h(a, b; z)$ rational ist, wenn $a(z)$ und $b(z)$ rational sind. Und allgemeiner folgt aus solchen Erwägungen

Satz (5.1.III). *Wenn $a(z)$ und $b(z)$ am Rande ihrer Hauptsterne A und B nur endlich viele singuläre Stellen α_j, β_k besitzen, deren Produkt den gleichen Wert $\alpha\,\beta$ hat, und wenn die Stelle $\alpha\,\beta$ im Sinne von Satz (1.4.I) zu den Eckpunkten oder den gut erreichbaren Randpunkten des Produktsternes $A \odot B$ gehört, und wenn die Funktionen $a(z)$ und $b(z)$ an allen diesen Stellen am Rande der Hauptsterne nur Pole aufweisen, dann hat auch $h(a, b; z)$ an der Stelle $\alpha\,\beta$ am Rande des Produktsternes $A \odot B$ einen Pol oder ist daselbst regulär. Ist insbesondere $\alpha\,\beta$ nur auf eine Weise als Produkt $\alpha_j\,\beta_k$ darstellbar, so ist $\alpha\,\beta$ ein Pol für $h(a, b; z)$ von der in Satz (5.1.II) angegebenen Ordnung.*

Die Sätze (5.1.II) und (5.1.III) kann man dahin verstehen, daß *in den in Rede stehenden Fällen* die Natur der Singularität an der Stelle $\alpha\,\beta$ allein von der Natur der Singularitäten von $a(z)$ und $b(z)$ an denjenigen Stellen α_j und β_k abhängt, deren Produkt $\alpha\,\beta$ ist, und daß diese Stelle wirklich eine Singularität für $h(a, b; z)$ ist, wenn sich $\alpha\,\beta$ nur auf eine Weise als solches Produkt darstellen läßt. Folgender Satz ist leicht zu beweisen:

Satz (5.1.IV). *Wenn $a(z)$ und $b(z)$ in der ganzen* Riemann*schen Ebene nur an der Stelle $z = 1$ singulär sind, also auch eindeutig und nicht konstant sind, dann ist auch $h(a, b; z)$ an der Stelle $z = 1$ wirklich singulär und ebenfalls in der weiteren* Riemann*schen Ebene holomorph, also auch eindeutig und nicht konstant.*

Es gibt dann nämlich nach Satz (1.3.II) ganze Funktionen $g(z)$ und $h(z)$, die beide höchstens dem Minimaltypus der Ordnung 1 angehören, so daß
$$a_\nu = g(\nu), \quad b_\nu = h(\nu), \quad \nu = 1, 2, \ldots$$
ist. Da dann auch $a_\nu b_\nu = g(\nu) h(\nu)$ ist und auch $g(z) h(z)$ höchstens dem Minimaltypus der Ordnung 1 angehört, so ist, wie schon beim Beweis von Satz (5.1.I) sich zeigte, auch $z = 1$ die einzige mögliche singuläre Stelle von $h(a, b; z)$. $z = 1$ ist aber auch wirklich singulär für diese Funktion. Denn anderenfalls wäre $h(a, b; z)$ konstant und daher $g(\nu) h(\nu) = 0$, $\nu = 1, 2, \ldots$. Eine ganze Funktion indessen, die an allen diesen Stellen verschwindet, kann nicht höchstens dem Minimaltypus der Ordnung 1 angehören, es sei denn, sie ist identisch Null. Das kann man entweder dem Satz (1.3.V) entnehmen oder daraus schließen, daß für die Nullstellen c_n einer ganzen Funktion vom Minimaltypus der Ordnung 1 die Beziehung
$$\lim_{n \to \infty} \frac{n}{|c_n|} = 0$$
besteht*.

* Vgl. z. B. L. Bieberbach [2], S. 249, Formel (23).

Es müßte also $g(z)\,h(z)$ identisch Null sein. Dann ist aber mindestens eine der beiden Funktionen $g(z)$ oder $h(z)$ identisch Null. Dann wäre aber mindestens eine der Funktionen $a(z)$ und $b(z)$ konstant, was der Voraussetzung widerspricht, daß $a(z)$ und $b(z)$ bei $z=1$ wirklich singulär sind.

Zieht man neben dem Satz von WIGERT (1.3.II) noch die Ergänzung durch (1.3.X) heran, so erhält man durch die vorstehenden Überlegungen nicht nur erneut Satz (5.1.II), sondern darüber hinaus noch (BOREL [5])

Satz (5.1.V). *Hat unter Beibehaltung der übrigen Annahmen von Satz* (5.1.IV) *a(z) bei $z=1$ einen Pol und hat b(z) bei $z=1$ eine wesentlich singuläre Stelle, so hat auch h(a, b; z) bei $z=1$ eine wesentlich singuläre Stelle. Haben a(z) und b(z) beide bei $z=1$ wesentlich singuläre Stellen, so auch h(a, b; z).*

Man muß sich vor der Annahme hüten, daß $\alpha\,\beta$ immer dann singulär für $h(a, b; z)$ ist, wenn man $\alpha\,\beta$ nur auf eine Weise als Produkt von singulären Stellen von $a(z)$ und $b(z)$ darstellen kann. In dieser Allgemeinheit ist das nicht richtig. Es müssen Voraussetzungen über die Natur der Singularitäten hinzukommen. Das zeigt ein Beispiel von J. SOULA [1]. Es sei

$$a(z) = \sum_{1}^{\infty} \cos\frac{\pi\,\sqrt{n}}{2}\,z^n, \quad b(z) = \sum_{0}^{\infty} z^{(2n+1)^2}.$$

Dann ist $h(a, b; z) \equiv 0$.

Jede Stelle von $|z| = 1$ kann nur auf eine Weise als Produkt von singulären Stellen von $a(z)$ und $b(z)$ dargestellt werden. $z=1$ ist nämlich nach dem Satz (1.3.II) die einzige singuläre Stelle von $a(z)$ in der RIEMANNschen Ebene. Der $|z| = 1$ ist nach dem HADAMARDschen Lückensatz (1.8.V) natürliche Grenze für $b(z)$. Aber $h(a, b; z)$ hat überhaupt keine singuläre Stelle.

Ein allgemeiner gehaltenes Beispiel für diesen Sachverhalt gibt auch E. BOLLER [1].

Zum Schluß noch ein neuerer, mit den gleichen Mitteln wie die bisherigen zu beweisender Satz von PÓLYA [17].

Satz (5.1.VI). *Wenn a(z) in der ganzen RIEMANNschen Ebene als einzige Singularität einen Pol bei $z=1$ besitzt, dann haben die beiden Funktionen b(z) und h(a, b; z) abgesehen von den Stellen 0 und ∞ die gleichen Singularitäten.*

Das ergibt sich sofort aus den Formeln (5.1.8) und (5.1.9).

5.2. Die neuere Entwicklung.

G. PÓLYA [17] hat in diesem Fragenkreis das erste von HADAMARD [4] mit Freude begrüßte Ergebnis von einiger Allgemeinheit über die bisher geschilderte ältere Entwicklung hinaus gewonnen. PÓLYA hat seine

Ergebnisse später weiter vertieft und seinen Anregungen folgend haben auch Andere Beiträge geliefert. Der heutige Stand soll im folgenden geschildert werden. Zunächst ein von R. JUNGEN [1] gefundener Satz. Es ist

Satz (5.2.I). *α sei der einzige singuläre Punkt auf dem Konvergenzkreis von $a(z)$, das durch (1.4.1) definiert ist. β sei ein singulärer Punkt auf dem Konvergenzkreis von $b(z)$, das durch (1.4.2) definiert ist. α sei algebro-logarithmisch. β sei isoliert auf dem Konvergenzkreis. Dann ist $\alpha\beta$ eine singuläre Stelle auf dem Konvergenzkreis von $h(a, b; z)$, das durch (1.4.3) definiert ist.*

Hier heißt β auf dem Konvergenzkreis isoliert, wenn β innere Stelle eines Peripheriebogens ist, der keine weitere singuläre Stelle trägt.

JUNGENs Beweis beruht auf der in (3.3.33) angegebenen asymptotischen Eigenschaft der Koeffizienten einer Potenzreihe, die auf dem Konvergenzkreis nur eine, und zwar eine algebro-logarithmische Singularität hat. Man kann daraus folgern: Unter der zulässigen Annahme $\alpha = 1$ existiert eine reelle Zahl σ derart *, daß für jedes $\varepsilon > 0$

$$|a_n| \geqq n^{\sigma-\varepsilon}$$

gilt mit Ausnahme einer Menge von n-Werten, die die Dichte 0 hat. Man kann daher bei festem $\varepsilon > 0$ die Folge $\{n\} = \mathfrak{N}$ der natürlichen Zahlen in zwei komplementäre Folgen $\mathfrak{N}'$ und $\mathfrak{N}''$ zerlegen, deren zweite die Dichte 0 hat, so daß

$$|a_n| \geqq n^{\sigma-\varepsilon}, \quad n \in \mathfrak{N}' \text{ und } |a_n| < n^{\sigma-\varepsilon}, \quad n \in \mathfrak{N}'' \tag{5.2.1}$$

gilt. Wir dürfen auch $\beta = 1$ annehmen und setzen im Gegensatz zur Behauptung voraus, daß sich auf $|z| = 1$ keine singuläre Stelle von $h(a, b; z)$ findet. Dann gilt für passendes Θ aus $0 < \Theta < 1$ und genügend große n

$$|a_n b_n| \leqq \Theta^n. \tag{5.2.2}$$

Daher ist für genügend große $n \in \mathfrak{N}'$

$$|b_n| \leqq \Theta^n |a_n|^{-1} \leqq \Theta^n n^{\varepsilon-\sigma}$$

und daher

$$\overline{\lim} |b_n|^{\frac{1}{n}} \leqq \Theta < 1 , \quad n \in \mathfrak{N}'. \tag{5.2.3}$$

Nun ist

$$\sum_{n \in \mathfrak{N}} b_n z^n = \sum_{n \in \mathfrak{N}'} b_n z^n + \sum_{n \in \mathfrak{N}''} b_n z^n .$$

Hier hat nach (5.2.3) $\sum_{n \in \mathfrak{N}'} b_n z^n$ einen Konvergenzradius größer als Eins.

Die zweite Reihe aber hat nach dem FABRYschen Lückensatz (2.2.I)

---

* $[\sigma + 1, k)$ ist das höchste Gewicht, das bei denjenigen Elementen (3.3.32) vorkommt, die bei der singulären Stelle $z = \alpha$ auftreten. Wegen des Beweises für die Behauptung des Textes vgl. man R. JUNGEN [1].

den $|z| = 1$ zur natürlichen Grenze. Daher hat auch $b(z)$ den $|z| = 1$ zur natürlichen Grenze. Das widerspricht aber der Annahme. Damit ist bewiesen, daß auf $|z| = 1$ mindestens eine singuläre Stelle von $h(a, b; z)$ liegt. Es bleibt zu zeigen, daß gerade $z = 1$ eine singuläre Stelle ist. Dazu muß die Voraussetzung herangezogen werden, daß $z = 1$ als singuläre Stelle von $b(z)$ isoliert ist auf dem $|z| = 1$. Man kann unter Verwendung eines aus Abb. 1 ersichtlichen, aus zwei Bogen bestehenden Integrationsweges auf Grund der Cauchyschen Integralformel $b(z)$ in der Form

$$b(z) = b_1(z) + b_2(z)$$

$$b_k(z) = \frac{1}{2\pi i} \int\limits_{C_k} \frac{b(\mathfrak{z})}{\mathfrak{z} - z}\, d\mathfrak{z}, \quad k = 1, 2$$

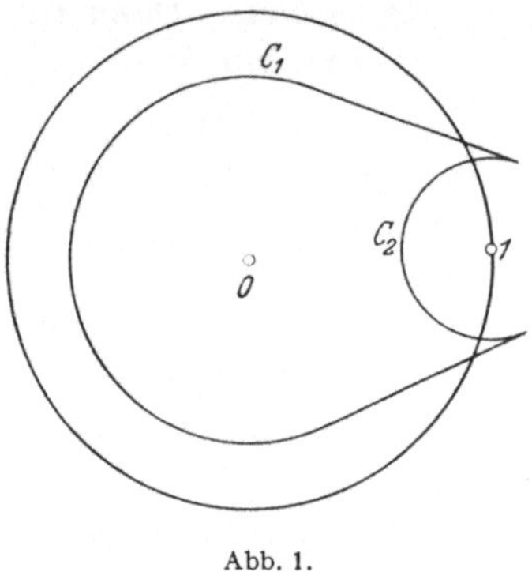

Abb. 1.

schreiben. Man kann z. B. C_2 als einen Kreisbogen mit dem Mittelpunkt $z = 1$ annehmen. Man muß nur Sorge tragen, daß der Integrationsweg im Regularitäts- und Eindeutigkeitsgebiet von $b(z)$ bleibt. Diesem gehören ja zwei Peripheriebogen des Einheitskreises beiderseits von $z = 1$ an. Die Funktion $b_1(z)$ ist dann offenbar in $|z| < 1$ und in $z = 1$ regulär. Man kann ja den Bogen C_1 beliebig nahe an $|z| = 1$ heranlegen. Dann sieht man, daß man $b_1(z)$ radial von $z = 0$ aus in jeden der genannten Punkte analytisch fortsetzen kann, $b_2(z)$ dagegen ist in $|z| \leq 1$ mit Ausnahme des Punktes $z = 1$ bei radialer Fortsetzung von $z = 0$ aus regulär. Nun ist

$$h(a, b; z) = h(a, b_1; z) + h(a, b_2; z) . \tag{5.2.4}$$

Nach dem Satz (1.4.I) ist $h(a, b_1; z)$ in $z = 1$ regulär. $h(a, b_2; z)$ dagegen kann auf $|z| = 1$ nach dem gleichen Satz keine andere Singularität als $z = 1$ haben. Dieser Punkt ist nach dem schon Ausgeführten auch tatsächlich singulär für $h(a, b_2; z)$. Wendet man nämlich die Betrachtung, die lehrte, daß $h(a, b_i z)$ auf $|z| = 1$ mindestens eine singuläre Stelle hat, auf a und b_2 an, so ergibt sich, daß $h(a, b_2; z)$ auf $|z| = 1$ eine Singularität haben muß. Die kann aber nur $z = 1$ sein. Da $z = 1$ also effektiv singulär ist für $h(a, b_2; z)$ und da $h(a, b_1; z)$ in $z = 1$ regulär ist, ist nach (5.2.4) $z = 1$ effektiv singulär für $h(a, b; z)$.

Wenn man Aussagen über die effektive Singularität anderer nicht auf dem Konvergenzkreis gelegener möglicher Singularitäten von $h(a, b; z)$ gewinnen will, so kann man, wie das schon Faber [3] in Angriff genommen hat, auch im Falle mehrdeutiger Singularitäten von einer Zerlegung der Funktionen Gebrauch machen. Hierüber liegen außer Faber [5] Überlegungen von J. Soula [2] vor. Mit besonderem Erfolg wird das Problem der Dissection von A. J. Macintyre and R. Wilson [1] und von R. Wilson [4] behandelt.

Jungen [1] gibt folgende Erweiterung von Satz (5.1.II).

Satz (5.2.II). *Wenn $a(z)$ rational und $b(z)$ algebraisch ist, so ist auch $h(a, b; z)$ algebraisch.*

Das folgt ohne weiteres aus dem Beweisgang zu Satz (5.1.II). Jungen bemerkt zusätzlich, daß $h(a, b; z)$ nicht immer algebraisch ist, wenn a und b algebraisch sind. Sein Beispiel ist

$$h(a, a; z) = \frac{2}{\pi} \int_0^1 \frac{dt}{\sqrt{(1-t^2)(1-zt^2)}}\,, \quad a(z) = \frac{1}{\sqrt{1-z}}\,.$$

Das ist ein Spezialfall des folgenden, bereits von Borel [5] behandelten Beispiels.

$$a(z) = (1-z)^{-\alpha}, \quad b(z) = (1-z)^{-\beta},$$

$$h(a, b; z) = F(\alpha, \beta, 1; z),$$

wobei nicht nur trotz rationalen α und β bei $z = 1$ ein Logarithmus auftreten, sondern auch in anderen Blättern der $z = 0$ singulär sein kann.

R. Wilson [4] beweist nach einer von R. Jungen [1] kritisierten Vorstufe bei T. Shimizu [1]

Satz (5.2.III). *Wenn $a(z)$ und $b(z)$ auf ihren Konvergenzkreisen nur algebro-logarithmische Singularitäten aufweisen, dann trifft das auch für $h(a, b; z)$ zu, wofern der Konvergenzradius von $h(a, b; z)$ gleich dem Produkt der Konvergenzradien von $a(z)$ und $b(z)$ ist.*

Weiter beweist R. Wilson [4] u. a. folgende Verallgemeinerung von Satz (5.1.III).

Satz (5.2.IV). *$a(z)$ und $b(z)$ mögen nur abzählbar viele singuläre Stellen haben. Diese mögen sich alle in den Ecken der Hauptsterne befinden und alle vom algebro-logarithmischen Typus sein und sollen sich im Endlichen nirgends häufen. Wenn die Gewichte an den singulären Stellen α und β bzw. $[\sigma_1, k_1]$ und $[\sigma_2, k_2]$ sind und wenn sich $\alpha \beta$ nur auf eine Weise als solches Produkt schreiben läßt, dann hat $h(a, b; z)$ an der Stelle $\alpha \beta$ eine Singularität, die ebenfalls vom algebro-logarithmischen Typus ist und höchstens das Gewicht $[\sigma_1 + \sigma_2 - 1, k_1 + k_2]$ hat.*

Aus dem Nachlaß von A. Hurwitz teilte R. Jungen [1] den folgenden Satz mit.

Satz (5.2.V). *Wenn $a(z)$ und $b(z)$ Lösungen von linearen homogenen Differentialgleichungen mit rationalen Koeffizienten sind, so trifft das auch für $h(a, b; z)$ zu.*

R. Jungen [1] hat dies ergänzt zu

Satz (5.2.VI). *Wenn $a(z)$ und $b(z)$ Lösungen von linearen Differentialgleichungen der Fuchsschen Klasse sind, so ist das auch für $h(a, b; z)$ der Fall.*

H. F. Bohnenblust [1] beweist

Satz (5.2.VII). *Voraussetzungen:* $a(z)$, $b(z)$, $h(a, b; z)$ *haben den Konvergenzradius* 1. $a(z)$ *ist auf* $|z| = 1$ *nur bei* $z = 1$ *singulär. Es ist* $\Re b_n \geq 0$ *für alle* n. *Behauptung:* $h(a, b; z)$ *ist bei* $z = 1$ *singulär.*

R. Wilson [10] beweist

Satz (5.2.VIII). *Wenn* $a(z)$ *und* $b(z)$ *beide ganze Funktionen von* $1/(1 - z)$ *sind und wenn sie als solche ganze Funktionen die Ordnungen* ϱ_1 *und* ϱ_2 *haben, dann ist auch* $h(a, b; z)$ *eine ganze Funktion von* $1/(1 - z)$ *und ihre Ordnung ist höchstens* $\max (\varrho_1, \varrho_2)$.

Tiefer als die bis jetzt aufgezählten Ergebnisse liegt der folgende Satz von Pólya [25].

Satz (5.2.IX). $a(z)$ *habe auf seinem Konvergenzkreis nur eine singuläre Stelle* α. *Diese sei bei Fortsetzung aus* $|z| < 1$ *gut zugänglich.* $b(z)$ *habe auf seinem Konvergenzkreis nur eine singuläre Stelle* β. *Sie sei isolierbar. Dann ist* $\alpha \beta$ *eine singuläre Stelle für* $h(a, b; z)$.

Der Begriff „gut zugänglich" ist schon bei Satz (1.3.IX) erklärt. Eine singuläre Stelle β auf dem Konvergenzkreis von $b(z)$ heißt *isolierbar*, wenn es in jeder Kreisscheibe um β geschlossene, β umlaufende Kurven gibt, auf denen $b(z)$ — beginnend bei einer Stelle aus $|z| < 1$ — analytisch fortsetzbar ist.

Zum Beweis des Satzes (5.2.IX) unterscheidet man zwei Fälle, je nachdem ob die Stelle $z = \beta$ die einzige singuläre Stelle von $b(z)$ in der Riemannschen Ebene ist oder nicht. Im ersten der beiden Fälle gibt es nach Satz (1.3.II) eine ganze Funktion $A(z)$, die höchstens dem Minimaltypus der Ordnung 1 angehört, so daß

$$b_n = A(n), \quad n = 1, 2, \ldots$$

ist. Dann ist, da man offenbar $b_0 = A(0)$ annehmen darf,

$$h(a, b; z) = \sum_0^\infty a_n A(n) z^n$$

$$h(a, b; e^{-s}) = \sum_0^\infty a_n A(n) e^{-ns}.$$

Aus jedem gut zugänglichen singulären Punkt von $a(z)$ entsteht nach der bei Satz (1.5.VI) gegebenen Definition ein zugänglicher singulärer Punkt von $a(e^{-s})$, der nach diesem Satz in eine singuläre Stelle von $h(a, b; e^{-s})$ übergeht. Damit ist Satz (5.2.IX) im ersten der beiden genannten Fälle bewiesen. Im zweiten Fall ist $b(z)$ mehrdeutig oder es ist doch das Existenzgebiet von $b(z)$ nicht mehr einfach zusammenhängend. Da bereits bekannt ist, daß $h(a, b; z)$ in $|z| < |\alpha \beta|$ konvergiert und auf dem Kreis $|z| = |\alpha \beta|$ keine andere singuläre Stelle dieser Funktion liegen kann außer eventuell $\alpha \beta$, so genügt es, zu beweisen, daß $h(a, b; z)$ für alle $|z| > |\alpha\, \beta|$ divergiert. Es genügt, $\alpha = \beta = 1$ anzunehmen und zu zeigen, daß

$$\sum_0^\infty a_n\, b_n\, \varrho^n \tag{5.2.5}$$

für $\varrho > 1$ divergiert. Setzt man

$$\varrho = \frac{1}{(1-\varepsilon)^2}\,, \tag{5.2.6}$$

so ist

$$\varepsilon = 1 - \frac{1}{\sqrt{\varrho}} > 0 \ \text{für} \ \sqrt{\varrho} > 1\,.$$

Man setze nun

$$a_n^* = \begin{cases} a_n & \text{für } |a_n| \geq (1-\varepsilon)^n \\ 0 & \text{für } |a_n| < (1-\varepsilon)^n\,, \end{cases} \tag{5.2.7}$$

$$b_n^* = \begin{cases} b_n & \text{für } |b_n| \geq (1-\varepsilon)^n \\ 0 & \text{für } |b_n| < (1-\varepsilon)^n\,, \end{cases} \tag{5.2.8}$$

$$a^*(z) = \sum_0^\infty a_n^*\, z^n, \tag{5.2.9}$$

$$b^*(z) = \sum_0^\infty b_n^*\, z^n. \tag{5.2.10}$$

Es bedeute $N_a(r)$ die Anzahl der von 0 verschiedenen unter den ersten $[r] + 1$ Koeffizienten von (5.2.9). $N_b(r)$ habe die entsprechende Bedeutung für (5.2.10), und $N_{ab}(r)$ sei ebenso für $h(a^*, b^*; z)$ erklärt. Der Satz (3.3.IV) lehrt dann, daß

$$\overline{\lim}\, \frac{N_a(r)}{r} = 1 \tag{5.2.11}$$

ist. Denn (5.2.9) hat nach (5.2.7) in $|z| < (1-\varepsilon)^{-1}$ die gleichen Singularitäten wie $a(z)$. Die Funktion (5.2.10) hat nach (5.2.8) in $|z| < (1-\varepsilon)^{-1}$ die gleichen Singularitäten wie $b(z)$. Für sie ist also auch wieder β eine isolierbare singuläre Stelle auf der Peripherie des Konvergenzkreises. Liegt dann wieder der erste der vorhin unterschiedenen Fälle für $b^*(z)$ vor, so ist $\alpha\, \beta$ eine singuläre Stelle für $h(a^*, b^*; z)$. Daher ist $\sum\limits_0^\infty a_n^* b_n^* z^n$ eine unendliche Reihe, und es kommt unendlich oft vor, daß

$$a_n^*\, b_n^* \neq 0 \tag{5.2.12}$$

ist. Liegt aber für $b^*(z)$ der zweite der vorhin unterschiedenen Fälle vor, so gilt nach Satz (3.2.I)

$$\underline{\lim}\, \frac{N_b(r)}{r} > 0\,, \tag{5.2.13}$$

weil doch $b^*(z)$ in diesem Falle mehrdeutig ist oder ein mehrfach zusammenhängendes Existenzgebiet hat. Nun ist offenbar $a_n^*\, b_n^* \neq 0$

nur dann, wenn sowohl $a_n^* \neq 0$ wie $b_n^* \neq 0$ ist. Daher ist

$$N_a(r) + N_b(r) \leq [r] + 1 + N_{ab}(r) \,.$$

Daher ist weiter

$$\overline{\lim} \frac{N_a(r)}{r} + \underline{\lim} \frac{N_b(r)}{r} \leq 1 + \overline{\lim} \frac{N_{ab}(r)}{r} \,. \qquad (5.2.14)$$

Die Zusammenfassung von (5.2.11), (5.2.13) und (5.2.14) ergibt

$$\overline{\lim} \frac{N_{ab}(r)}{r} > 0 \,. \qquad (5.2.15)$$

Es gilt daher auch in diesem Fall unendlich oft (5.2.12). Nach (5.2.7) und (5.2.8) ist daher für diese n

$$|a_n^* b_n^*| = |a_n b_n| \geq (1 - \varepsilon)^n (1 - \varepsilon)^n.$$

Wegen (5.2.6) gibt es daher unendlich viele n, für die

$$|a_n b_n| \varrho^n = |a_n b_n| \frac{1}{(1 - \varepsilon)^{2n}} \geq 1$$

ist. Damit ist die Divergenz der Reihe (5.2.5) bewiesen.

Nach PÓLYA [25] bleibt der Satz (5.2.IX) nicht richtig, wenn nur vorausgesetzt wird, daß die beiden singulären Stellen α und β fast isoliert sind. „Fast isoliert" entsteht aus „gut zugänglich", wenn der „gut zugänglich" definierende Winkelraum die Öffnung 2π hat.

Dies lehrt das Beispiel

$$a(z) = \sum_2^\infty z^n \exp \{n (-1 + \cos \log \log n) \log \log n\}$$

$$b(z) = \sum_2^\infty z^n \exp \{n (-1 + \sin \log \log n) \log \log n\}$$

$$h(a, b; z) = \sum_2^\infty z^n \exp \{n (-2 + \cos \log \log n + \sin \log \log n) \log \log n\} \,.$$

$a(z)$ und $b(z)$ sind in der Komplementärmenge von $(x \geq 1, y = 0; z = x + iy)$ holomorph. $h(a, b; z)$ aber ist eine ganze Funktion. Die Punkte der positiv reellen Achse $z \geq 1$ sind sowohl für $a(z)$ wie für $b(z)$ von beiden Seiten her sämtlich singulär.

§ 6. Arithmetische Eigenschaften der Koeffizienten.

6.1. Potenzreihen mit endlich vielen verschiedenen Koeffizienten.

P. FATOU [2] schnitt die Frage nach den Eigenschaften der durch solche Potenzreihen definierten Funktionen an und bewies, daß die dargestellten Funktionen entweder rational sind oder daß sie auf dem Konvergenzkreis der Potenzreihe Singularitäten besitzen, in deren Umgebung keine Abschätzung von der Form

$$|f(z)| < k/|z - z_0|^\alpha \text{ mit konstanten } k, \alpha$$

besteht. Sein Beweis beruht darauf, daß nach Multiplikation der Potenzreihe mit einem geeigneten Polynom eine Reihe herauskommt, die auch nur endlich viele verschiedene Koeffizienten hat, die aber nun eine im Einheitskreis beschränkte Funktion darstellt. Da dann die Koeffizienten den Grenzwert 0 haben müssen, so müssen sie von einer gewissen Nummer an alle verschwinden. R. Jentzsch [1], F. Carlson [2], G. Pólya [4], J. Soula [4] haben die Voraussetzungen, unter denen auf die Rationalität der dargestellten Funktion geschlossen werden kann, gemildert und abgeändert. G. Szegö [1] hat die Frage durch den Beweis des folgenden Satzes in gewisser Weise zum Abschluß gebracht.

Satz (6.1.I). *Eine Potenzreihe*

$$f(z) = \sum_0^\infty f_n z^n \qquad (6.1.1)$$

mit nur endlich vielen verschiedenen Koeffizienten stellt entweder eine rationale Funktion dar oder sie ist über den Einheitskreis hinaus nicht fortsetzbar. Im Falle der Rationalität sind die Koeffizienten von einer gewissen Nummer an periodisch und es gibt ein Polynom $P(z)$ und eine ganze nicht negative Zahl m, so daß

$$f(z) = P(z)/(1 - z^m) \qquad (6.1.2)$$

ist.

R. Wilson [3] hat den Satz (6.1.I) durch folgenden Zusatz ergänzt.

Satz (6.1.II). *Im Satz (6.1.I) kann auf die Rationalität von $f(z)$ geschlossen werden, wenn die dominanten Singularitäten auf $|z| = 1$ alle von algebro-logarithmischem Typus sind.*

Wegen der hier benutzten Begriffe siehe 3.3.

Szegö [2] hat seinen Satz (6.1.I) verallgemeinert zu

Satz (6.1.III). *Die Koeffizienten von (6.1.1) sollen nur endlich viele Häufungspunkte $d_1, \ldots, d_k$ haben und außerdem beschränkt sein. Dann hat man*

$$f(z) = g(z) + h(z), \quad g(z) = \sum_0^\infty g_n z^n, \quad h(z) = \sum_0^\infty h_n z^n, \qquad (6.1.3)$$

so daß jedes g_n einem der d_j gleich ist und daß die h_n eine Nullfolge bilden. Läßt sich dann $f(z)$ über einen Bogen des $|z| = 1$ hinaus analytisch fortsetzen, so sind die Koeffizienten g_n von einer gewissen Nummer an periodisch verteilt, d. h. es gibt ein Polynom $P(z)$ und eine ganze nichtnegative Zahl m, so daß $g(z)$ die Gestalt (6.1.2) hat.

Der Beweis stützt sich auf einige Hilfssätze, deren Aufzählung die Beschreibung einer dabei dienlichen Kurvenmenge $\Gamma(\delta)$ vorausgeschickt sei. Ein jedes $\Gamma(\delta)$ sei eine Kurve, die aus zwei konzentrischen Kreisbogen

$$|z| = 1 - \delta, \quad 0 < \delta < 1, \quad \psi_1 \leqq \arg z \leqq 2\pi - \psi_2,$$

$$|z| = R > 1, \quad -\psi_2 \leqq \arg z \leqq \psi_1, \quad 0 < \psi_1 < 2\pi, \quad 0 < \psi_2 < 2\pi$$

und zwei ihre Endpunkte verbindenden Strecken

$$1 - \delta \leq |z| \leq R, \quad \arg z = \psi_1$$
$$1 - \delta \leq |z| \leq R, \quad \arg z = - \psi_2$$

besteht. $\Gamma(0)$ ist dann also zusammengesetzt aus einem Bogen des $|z| = 1$, dem genannten Bogen des $|z| = R$ und zwei ihre Endpunkte verbindenden entsprechend verkürzten Strecken.

Hilfssatz 1 (M. RIESZ [1]). *Wenn* (6.1.1) *beschränkte Koeffizienten hat,*

$$|f_n| < F,$$

und auf $\Gamma(\delta)$ regulär ist und

$$f_n(z) = f_0 + f_1 z + \cdots + f_n z^n$$

gesetzt wird, dann gibt es eine von n und z unabhängige, aber von δ abhängige Zahl M, so daß

$$\left| \frac{f(z) - f_{n-1}(z)}{z^n} \right| < M, \quad z \in \Gamma(\delta) .$$

Zum Beweis führe man eine $\Gamma(\delta)$ analoge, $\Gamma(\delta)$ im Innern enthaltende Kurve $\Gamma''(\delta)$ ein, auf der ebenfalls noch $f(z)$ regulär ist. Von den beiden in ihr auftretenden Kreisbogen möge der eine wieder in $|z| < 1$, der andere in $|z| > 1$ verlaufen; z_1 und z_2 seien die beiden Schnittpunkte von $\Gamma''(\delta)$ mit $|z| = 1$. Es genügt, zu zeigen, daß es ein von z und n unabhängiges $M_1 > 0$ gibt, so daß

$$|\Delta_n(z)| = \left| \frac{f(z) - f_{n-1}(z)}{z^n} (z - z_1) (z - z_2) \right| < M_1, \quad z \in \Gamma''(\delta)$$

ist. Daraus folgt die Behauptung von Hilfssatz 1. Der innere Kreisbogen von $\Gamma''(\delta)$ sei $|z| = 1 - \delta'$, $0 < \delta' < 1$. Auf ihm ist

$$|\Delta_n(z)| = |f_n + f_{n+1} z + \cdots| \, |z - z_1| \, |z - z_2| = \frac{F}{1 - |z|} |z - z_1| \, |z - z_2| < \frac{4F}{\delta'} .$$

Auf den geradlinigen Strecken von $\Gamma''(\delta)$ ist in $|z| < 1$

$$|\Delta_n(z)| < \frac{F}{1 - |z|} |z - z_1| \, |z - z_2|$$

$$= \frac{F}{1 - |z|} (1 - |z|) \, |z - z_1| \quad \text{oder gleich} \quad \frac{F}{1 - |z|} (1 - |z|) \, |z - z_2| ,$$

in beiden Fällen also

$$|\Delta_n(z)| < 2F .$$

Auf dem in $|z| \geq 1$ gelegenen Teil von $\Gamma''(\delta)$ gilt

$$|f(z)| < F_1 \text{ mit passendem } F_1 .$$

Daher ist

$$|f(z) - f_{n-1}(z)| < F_1 + \frac{F|z|^n}{|z| - 1} \text{ für } z \in \Gamma''(\delta) \text{ in } |z| > 1 .$$

Auf dem zu $\Gamma''(\delta)$ gehörigen Kreisbogen $|z| = R_1 > 1$ ist daher

$$|\Delta_n(z)| < \left(F_1 + \frac{F}{R_1 - 1}\right) 4\, R_1^2\,.$$

Endlich ist auf den zu $\Gamma''(\delta)$ gehörigen geradlinigen Stücken in $|z| > 1$

$$|\Delta_n(z)| < \left(F_1 + \frac{F}{|z| - 1}\right)(|z| - 1)\, 2\, R_1$$

$$< \{F_1(R_1 - 1) + F\}\, 2\, R_1\,.$$

Die größte der gefundenen Schranken ist M_1.

Hilfssatz 2. *Es gibt ein $\eta > 0$ und eine natürliche Zahl $q = q(\eta, \varepsilon)$ und ein Polynom*

$$Q\left(\frac{1}{z}\right) = \gamma_0 + \frac{\gamma_1}{z} + \cdots + \frac{\gamma_{q-1}}{z^{q-1}} + \frac{1}{z^q}\,,$$

so daß

$$\left|Q\left(\frac{1}{z}\right)\right| < \varepsilon$$

für jedes gegebene $\varepsilon > 0$ und für alle $z \in \Gamma(\delta)$ und alle $0 < \delta < \eta$.

Es genügt, den Beweis für $\varepsilon = \dfrac{1}{2}$ zu führen, weil dann eine geeignete Potenz des hierfür gefundenen $Q\left(\dfrac{1}{z}\right)$ das Verlangte für jedes kleinere ε leistet. Es genügt weiter, den Beweis für $\Gamma(0)$ zu erbringen, weil das hierfür gefundene $Q\left(\dfrac{1}{z}\right)$ für genügend kleine δ auch für $\Gamma(\delta)$ die gewünschte Eigenschaft hat. Zum Beweis bettet man den auf $|z| = 1$ gelegenen Bogen von $\Gamma(0)$ in einen Kreisringsektor ein und wählt ein Polynom

$$a_0 z^p + \cdots + a_{p-1} z + a_p\,,$$

so daß in dem Kreisringsektor gleichmäßig

$$\left|a_0 z^p + \cdots + a_p + \frac{1}{z}\right| < \frac{1}{2}$$

ist. Daraus folgt in dem Kreisringsektor

$$\left|a_0 + \frac{a_1}{z} + \cdots + \frac{1}{z^{p+1}}\right| < \frac{1}{2}\left(\frac{1}{|z|}\right)^p\,.$$

Auf dem im Kreisringsektor gelegenen Bogen von $\Gamma(0)$ auf $|z| = 1$ ist daher

$$\left|a_0 + \frac{a_1}{z} + \cdots + \frac{1}{z^{p+1}}\right| < \frac{1}{2}\,,$$

und diese Abschätzung gilt auch noch in zwei Umgebungen der beiden Endpunkte dieses Bogens. Auf dem nicht auf $|z| = 1$ oder in diesen Umgebungen gelegenen Teil von $\Gamma(0)$ gilt

$$\left|a_0 + \frac{a_1}{z} + \cdots + \frac{1}{z^{p+1}}\right| < N$$

für ein passendes N. Man bestimme die natürliche Zahl p_1 so, daß auf diesem Reststück von $\Gamma(0)$

$$\frac{N}{|z|^{p_1}} < \frac{1}{2} \, .$$

Dann ist

$$Q\left(\frac{1}{z}\right) = \frac{a_0}{z^{p_1}} + \cdots + \frac{1}{z^{p+p_1+1}}$$

das gesuchte Polynom.

Hilfssatz 3. *Hat die Potenzreihe* (6.1.1) *mit beschränkten Koeffizienten auf* $|z| = 1$ *eine reguläre Stelle, so haben ihre Koeffizienten* f_n *die folgende Eigenschaft: Zu jedem* $\varepsilon > 0$ *gehören ein ganzes* q *und Konstanten* $\gamma_0, \ldots, \gamma_{q-1}$, *so daß die Koeffizienten der Entwicklung von*

$$(1 + \gamma_{q-1} z + \cdots + \gamma_0 z^q) \, f(z)$$

nach Potenzen von z *dem absoluten Betrag nach von dem* q-*ten ab kleiner als* ε *sind, d. h. daß*

$$|\gamma_0 f_n + \gamma_1 f_{n+1} + \cdots + \gamma_{q-1} f_{n+q-1} + f_{n+q}| < \delta, \quad n = 0, 1, \ldots \quad (6.1.4)$$

ist.

Es sei nach Hilfssatz 1

$$\left| \frac{f(z) - f_{n-1}(z)}{z^{n+1}} \right| < M \, .$$

Dann wähle man $Q\left(\dfrac{1}{z}\right)$ nach Hilfssatz 2 so, daß

$$\frac{1}{2\pi} \int\limits_{\Gamma(\delta)} \left| Q\left(\frac{1}{z}\right) dz \right| < \frac{\varepsilon}{M}$$

ist. Dann wird

$$|\gamma_0 f_n + \gamma_1 f_{n+1} + \cdots + f_{n+q}|$$

$$= \frac{1}{2\pi} \left| \int\limits_{\Gamma(\delta)} \frac{f(z)}{z^{n+1}} \left(\gamma_0 + \cdots + \frac{1}{z^q} \right) dz \right|$$

$$= \frac{1}{2\pi} \left| \int\limits_{\Gamma(\delta)} \frac{f(z) \, Q\left(\frac{1}{z}\right)}{z^{n+1}} \, dz \right| = \frac{1}{2\pi} \left| \int\limits_{\Gamma(\delta)} \frac{f(z) - f_{n-1}(z)}{z^{n+1}} \, Q\left(\frac{1}{z}\right) dz \right|$$

$$< M \, \frac{1}{2\pi} \int\limits_{\Gamma(\delta)} \left| Q\left(\frac{1}{z}\right) dz \right| < \varepsilon \, .$$

Nun zum Beweis von Satz (6.1.III). Wendet man die eben gefundene Abschätzung auf die in Satz (6.1.III) genannte Funktion $f(z)$ an, so findet man für genügend große n

$$|\gamma_0 g_n + \gamma_1 g_{n+1} + \cdots + g_{n+q}| < \varepsilon + |\gamma_0| \, |h_n| + \cdots + |h_{n+q}| < 2\varepsilon. \quad (6.1.5)$$

Die letzte Abschätzung beruht darauf, daß die h_n nach Voraussetzung von Satz (6.1.III) eine Nullfolge bilden.

Um den Beweis von Satz (6.1.III) zu Ende zu führen, betrachte man alle Koeffizientenfolgen

$$g_n, \; g_{n+1}, \ldots, g_{n+q-1}, \quad n = 0, 1, 2, \ldots \qquad (6.1.6)$$

Die g_λ sind nach Voraussetzung sämtlich einem der d_j gleich. Man kann aus diesen k Zahlen d_j nur k^q Koeffizientenfolgen (6.1.6) bilden. Daher muß es vorkommen, daß zwei zu verschiedenen n gehörige Folgen (6.1.6) einander gleich sind. Es sei z. B.

$$(g_\mu, \; g_{\mu+1}, \ldots, g_{\mu+q-1}) = (g_\nu, \; g_{\nu+1}, \ldots, g_{\nu+q-1}), \quad \mu < \nu.$$

Dann wird

$$|g_{\mu+q} - g_{\nu+q}| = \left| g_{\mu+q} + \sum_0^{q-1} \gamma_j\, g_{\mu+j} - g_{\nu+q} - \sum_0^{q-1} \gamma_j\, g_{\nu+j} \right| < 4\,\varepsilon$$

nach (6.1.5) für genügend große μ und ν. Nun wähle man

$$4\,\varepsilon < \operatorname{Max} |d_j - d_i|, \quad j, i = 1, 2, \ldots, k.$$

Dann folgt $g_{\mu+q} = g_{\nu+q}$. Ebenso erschließt man

$$g_{\mu+q+p} = g_{\nu+q+p}, \quad p > 0.$$

Daher sind die g_n von einer gewissen Nummer an periodisch verteilt, und Satz (6.1.III) ist bewiesen.

Durch verwandte Überlegungen hat Szegö [2] noch die folgenden beiden Sätze bewiesen.

Satz (6.1.IV). *Die Koeffizienten von (6.1.1) mögen nur endlich viele verschiedene Werte $d_1, \ldots, d_k$ annehmen, mit Ausnahme einer Folge $\{f_n\}, n \in \{n_k\}$ von Koeffizienten, die beschränkt sind, für die $\overline{\lim} \, (n_{k+1} - n_k) = \infty$ ist und die von den Zahlen d_j eine von Null verschiedene untere Entfernung haben. Dann ist die durch (6.1.1) definierte Funktion nicht über den $|z| = 1$ fortsetzbar.*

Satz (6.1.V). *Die Koeffizienten von (6.1.1) mögen der Bedingung $f_n = o(n)$ genügen, mit Ausnahme einer Folge von Koeffizienten $f_n, n \in \{n_k\}$, für die $\overline{\lim} \, (n_{k+1} - n_k) = \infty$ ist und für die $|f_n|/n, n \in \{n_k\}$ eine von Null verschiedene untere und eine endliche obere Schranke besitzen. Dann ist die durch (6.1.1) definierte Funktion nicht über den $|z| = 1$ analytisch fortsetzbar.*

R. Wilson [2] fügt hinzu

Satz (6.1.VI). *Wenn für (6.1.1) die dominanten Singularitäten auf $|z| = 1$ vom algebro-logarithmischen Typus sind, und wenn die Koeffizienten f_n nur endlich viele Häufungspunkte haben, die alle endlich sind und von denen wenigstens einer $\neq 0$ ist, dann hat jede dominante Singularität ein dominantes Element, das ein einfacher Pol ist, und diese liegen bei Stellen $\exp(2\,\pi i l/m)$. Hier sind l, m positiv ganz und ist m fest.*

L. Ilieff [1] bemerkt

Satz (6.1.VII). *(6.1.1) habe den Einheitskreis als Konvergenzkreis. Die $|f_n|$ seien beschränkt und es habe die Folge $\{f_n\}$ nur endlich viele Häufungspunkte. Teilt man $\{f_n\}$ in Teilfolgen mit je einem Häufungspunkt auf, so sind diese Teilfolgen entweder von einer gewissen Nummer an periodisch verteilt oder $f(z)$ ist nicht über den $|z| = 1$ fortsetzbar.*

(Welch letzteres auch eintreten kann, wenn alle jene Teilfolgen rein oder unrein periodisch sind.)

Verallgemeinerungen bei R. P. Boas [2].

Von S. Agmon [4, 6] rührt der folgende Satz her:

Satz (6.1.VIII).

$$f(z) = \sum_0^\infty a_n b_n c_n z^n \tag{6.1.7}$$

habe folgende Eigenschaften: In der Folge $\{a_n\}$ nehmen die a_n nur endlich viele verschiedene Werte an. Es sei

$$b_n > 0, \quad \frac{b_n}{b_{n+1}} \to 1$$

und es existiere eine Konstante B, so daß

$$\log \frac{b_{n+1} b_{n-1}}{b_n^2} \leqq \frac{B}{n}$$

ist. Es mögen Zahlen C_1 und C_2 existieren, so daß

$$0 < C_1 \leqq |c_n| \leqq C_2$$

ist, und es sei

$$\frac{c_n}{c_{n+1}} \to 1 \, .$$

Dann kann (6.1.7) nur dann über den $|z| = 1$ fortsetzbar sein, wenn die Folge $\{a_n\}$ von einem gewissen n an periodisch ist.

Den Spezialfall $b_n = n^\alpha$ dieses Satzes hat schon L. Ilieff [2].

R. J. Duffin and A. C. Schaeffer [1] geben den folgenden

Satz (6.1.IX). *In (6.1.1) sollen die f_n nur endlich viele verschiedene Werte annehmen. Außerdem sei $f(z)$ in einem Sektor des $|z| < 1$ beschränkt. Dann ist $f(z)$ rational.*

Ch. Pisot [6] gibt mit knapper Beweisskizze den tiefliegenden

Satz (6.1.X). *Wenn (6.1.1) eine in $|z| \leqq 1$ meromorphe Funktion definiert und wenn die Koeffizienten f_n nur einer endlichen Anzahl mod 1 verschiedener Werte fähig sind, so ist $f(z)$ rational.*

6.2. Potenzreihen mit ganzen rationalen Koeffizienten.

Die Entwicklung knüpft an den berühmten Satz von Eisenstein (1852) an, wonach eine Potenzreihe (6.1.1), welche eine algebraische Funktion definiert und welche rationale Koeffizienten hat, durch Multiplikation der Veränderlichen z mit einer passenden ganzen ratio-

nalen Zahl in eine Potenzreihe mit ganzen rationalen Koeffizienten
übergeht. BOREL [1] zeigte 1894, an HADAMARD [1] anknüpfend, daß
eine Potenzreihe (6.1.1) mit ganzen rationalen Koeffizienten nur dann
eine in $|z| \leq 1$ meromorphe Funktion darstellen kann, wenn diese
Funktion rational ist. Es ist wesentlich, daß auch auf der Peripherie
$|z| = 1$ nur Pole liegen sollen. P. FATOU [1, 2] verallgemeinert 1904
sowohl EISENSTEIN wie BOREL, indem er zeigt, daß eine Potenzreihe
(6.1.1) mit ganzen rationalen Koeffizienten nur dann eine nicht rationale
algebraische Funktion darstellen kann, wenn ihr Konvergenzradius
kleiner als 1 ist. Ist der Konvergenzradius 1, so ist die durch (6.1.1)
dargestellte Funktion rational. In diesem Falle liegen ihre Pole bei
Einheitswurzeln. Dieser Satz wurde der Ausgangspunkt tiefgreifender
weiterer Untersuchungen. Nach verschiedenen Zwischenstufen bei
PÓLYA [2] bewies dann F. CARLSON [3] eine dem Satz (6.2.I) nahe-
kommende Vermutung von PÓLYA [2], bis dann endlich PÓLYA [6]
zu dem folgenden Satz gelangte. Ein Beweis auch bei M. A. EVGAROF [1].

Satz (6.2.I). *Eine Potenzreihe (6.1.1) mit ganzen rationalen Koeffi-
zienten definiere eine Funktion $f(z)$, die bis auf endlich viele isolierte
singuläre Stellen in einem Gebiet G regulär und eindeutig ist, dessen
Abbildungsradius größer als 1 ist. Dann ist $f(z)$ rational. Ist in diesem
Fall der Konvergenzradius größer als 1, so ist $f(z)$ ein Polynom. Ist der
Konvergenzradius 1, dann liegen die Pole von $f(z)$ bei Einheitswurzeln.*

Unter Abbildungsradius eines $z = 0$ enthaltenden einfach zusammenhängenden Gebietes wird hier wie üblich der Radius desjenigen Kreises
verstanden, auf den das Gebiet nach dem RIEMANNschen Abbildungssatz durch eine analytische Funktion schlicht abgebildet werden kann,
welche bei $z = 0$ verschwindet und deren Ableitung dort 1 ist.

Ich beweise erst, daß $f(z)$ unter den im Satz (6.1.I) genannten
Voraussetzungen rational ist und zeige dann, daß diese rationale
Funktion die im Satz genannte Form haben muß.

PÓLYAs Beweis für den ersten Teil knüpft an ein KRONECKERsches
Kriterium an. Es besagt, daß $f(z)$ dann und nur dann rational ist,
wenn für seine Entwicklung (6.1.1) unter den Determinanten

$$F_0^{(n+1)} = \begin{vmatrix} f_0 & f_1 & \cdots & f_n \\ \cdot & & & \cdot \\ \cdot & & & \cdot \\ \cdot & & & \cdot \\ \cdot & & & \cdot \\ f_n & f_{n+1} & \cdots & f_{2n} \end{vmatrix}$$

nur endlich viele einen von Null verschiedenen Wert haben. Vgl. z. B.
die Darstellung bei BIEBERBACH [2], S. 321.

Für irgendeine Zahlenfolge

$$\{c_m\}, \quad m = 0, \pm 1, \pm 2, \ldots, \quad c_m = 0 \text{ für } m < 0$$

und für irgendwelche Zahlen

$$t_\lambda^{(\mu)}, \ \lambda, \mu = 0, 1, \ldots \ \text{mit} \ t_0^{(\mu)} = 1, \quad t_\lambda^{(\mu)} = 0 \ \text{für} \ \lambda > \mu$$

definiere man

$$L_k \, c_m = \sum_0^k t_\lambda^{(k)} \, c_{m-\lambda}, \quad k = 0, 1, \ldots .$$

Dann wird

$$F_0^{(n+1)} = \begin{vmatrix} L_0 L_0 f_0 & L_0 L_1 f_1 & \cdots L_0 L_n f_n \\ L_1 L_0 f_1 & L_1 L_1 f_2 & \cdots L_1 L_n f_{n+1} \\ \cdot & & \cdot \\ \cdot & & \cdot \\ \cdot & & \cdot \\ L_n L_0 f_n & L_n L_1 f_{n+1} & \cdots L_n L_n f_{2n} \end{vmatrix} .$$

Nun setze man

$$Q_k^*(z) = \sum_0^\infty t_\lambda^{(k)} z^\lambda, \quad Q_k\left(\frac{1}{z}\right) = Q_k^*(z)/z^k , \quad k = 0, 1, \ldots .$$

Dann ist

$$Q_j^*(z) \, Q_k^*(z) f(z) = \sum_0^\infty L_j \, L_k f_n z^n , \quad j, k = 0, 1, \ldots .$$

Daher wird

$$L_j L_k f_{j+k} = \frac{1}{2\pi i} \int f(z) \, Q_j\left(\frac{1}{z}\right) Q_k\left(\frac{1}{z}\right) \frac{dz}{z} .$$

Der Integrationsweg setzt sich dabei aus einer Kurve Γ in dem im Satz (6.2.I) genannten Gebiet G und aus s weiteren Kurven zusammen. Γ, über das noch verfügt werden wird, soll jedenfalls um $z = 0$ und um jede der im Satz genannten singulären Stellen $z_1, z_2, \ldots, z_s$ die Umlaufszahl $+1$ haben. Die weiteren Bestandteile des Integrationsweges sollen mit $\Gamma^{(\sigma)}$ bezeichnet werden und je die Gleichung

$$|z^{-1} - z_\sigma^{-1}| = \varepsilon$$

haben. Dabei soll ε so klein gewählt werden, daß sämtliche Kurven Γ, Γ_σ paarweise punktfremd sind und daß sie von $z = 0$ um mehr als ein passendes $r > 0$ entfernt sind, so daß also $|z| > r$ auf allen Kurven Γ, $\Gamma^{(\sigma)}$ gilt. Γ soll sämtliche $\Gamma^{(\sigma)}$ umschließen.

Nun sei

$$w = \varphi(z), \quad \varphi(0) = 0, \quad \varphi'(0) = 1$$

die RIEMANNsche Abbildungsfunktion, die G auf einen Kreis $|w| = \varrho > 1$ schlicht abbildet. Es sei

$$\left(\frac{1}{\varphi(z)}\right)^m = \frac{1}{z^m} + \cdots + \varphi_m^{(m)} + \varphi_m^{(m+1)} z + \cdots$$

$$= P_m\left(\frac{1}{z}\right) + P_m^*(z) , \quad P_m^*(0) = 0, \ P_m \ \text{Polynom} .$$

Als Kurve Γ wähle man das durch $w = \varphi(z)$ erhaltene Bild von $|w| = R$ mit $1 < R < \varrho$. Ich behaupte, daß auf Γ und in dem von Γ umschlossenen

Bereich B gleichmäßig

$$\lim_{m \to \infty} \{\varphi(z)\}^m \, P_m\left(\frac{1}{z}\right) = 1 \tag{6.2.1}$$

gilt. Nach dem Residuensatz ist nämlich

$$P_m\left(\frac{1}{z}\right) = \frac{1}{2\pi i} \int \left\{\frac{1}{\varphi(u)}\right\}^m \sum_0^m \left(\frac{u}{z}\right)^k \frac{du}{u} \, .$$

Hier werde über das durch $w = \varphi(z)$ erhaltene Bild Γ_1 eines noch etwas größeren Kreises $|w| = R_1$, $R < R_1 < \varrho$ integriert. Man kann schreiben

$$P_m\left(\frac{1}{z}\right) = \frac{1}{2\pi i} \int_{\Gamma_1} \frac{1}{z^m} \left(\frac{u}{\varphi(u)}\right)^m \frac{du}{u-z} - \frac{1}{2\pi i} \int_{\Gamma_1} \frac{z}{u-z} \left(\frac{1}{\varphi(u)}\right)^m \frac{du}{u} \, .$$

Da $u/\varphi(u)$ in G regulär ist, so folgt durch Berechnung des Residuums bei $u = z$

$$P_m\left(\frac{1}{z}\right) - \left(\frac{1}{\varphi(z)}\right)^m = -\frac{1}{2\pi i} \int_{\Gamma_1} \frac{z}{u-z} \left(\frac{1}{\varphi(u)}\right)^m \frac{du}{u} \, .$$

Also kommt für $z \in B$

$$\left|\{\varphi(z)\}^m \, P_m\left(\frac{1}{z}\right) - 1\right| < \frac{|\varphi(z)|^m}{R_1^m} \frac{1}{2\pi} \int_{\Gamma_1} \left|\frac{z}{u-z} \frac{du}{u}\right| \leqq \left(\frac{R}{R_1}\right)^m \frac{1}{2\pi} \int_{\Gamma_1} \left|\frac{z}{u-z} \frac{du}{u}\right| \, .$$

Wegen $R/R_1 < 1$ hat hier die rechte Seite für $m \to \infty$ den Grenzwert 0. Damit ist (6.2.1) bewiesen.

Daher gibt es ein von m unabhängiges $M > 0$, so daß auf Γ und in dem von Γ umschlossenen Bereich B

$$\left|P_m\left(\frac{1}{z}\right)\right| < \frac{M}{|\varphi(z)|^m} \, , \quad M \text{ von } m \text{ unabhängig}$$

ist. Für $|z| \geqq r$ sei

$$|\varphi(z)| \geqq \omega \, .$$

r war vorhin erklärt. Ich setze

$$S\left(\frac{1}{z}\right) = \prod_1^s \left(z^{-1} - z_\sigma^{-1}\right) \, .$$

Es sei N so gewählt, daß

$$\left|S\left(\frac{1}{z}\right)\right| < N \, , \left|S\left(\frac{1}{z}\right)\right| < |z^{-1} - z_\sigma^{-1}| \, N \, , \quad \sigma = 1, \dots, s, \quad z \in G \, .$$

Nun definiere ich die

$$Q_m\left(\frac{1}{z}\right) = P_{m-s[\alpha m]}\left(\frac{1}{z}\right) \left\{S\left(\frac{1}{z}\right)\right\}^{[\alpha m]} \, .$$

Dabei sei α eine Zahl aus $\left(0, \frac{1}{s}\right)$, über die noch passend verfügt werden soll. Endlich sei

$$|f(z)| < K(\varepsilon) \, , \quad z \in \{\Gamma \cup \Gamma^{(1)} \cup \dots \cup \Gamma^{(s)}\} \, .$$

Nun kann man abschätzen

$$\left| \int_\Gamma f(z)\, Q_j\!\left(\frac{1}{z}\right) Q_k\!\left(\frac{1}{z}\right) \frac{dz}{z} \right|$$

$$< K(\varepsilon)\, M^2\, R^{-j-k+s[\alpha j]+s[\alpha k]}\, N^{[\alpha j]+[\alpha k]} \int_\Gamma \left| \frac{dz}{z} \right|$$

$$< K_1\, K(\varepsilon)\, M^2\, (N^\alpha\, R^{-1+s\alpha})^{j+k}, \quad K_1 \text{ von } j, k, \varepsilon \text{ unabhängig.}$$

Weiter wird

$$\left| \int_{\Gamma^{(\sigma)}} f(z)\, Q_j\!\left(\frac{1}{z}\right) Q_k\!\left(\frac{1}{z}\right) \frac{dz}{z} \right|$$

$$< K(\varepsilon)\, M^2\, \omega^{-j-k+s[\alpha j]+s[\alpha k]}\, (\varepsilon N)^{[\alpha j]+[\alpha k]} \int_{\Gamma^{(\sigma)}} \left| \frac{dz}{z} \right|$$

$$< K_1\, K(\varepsilon)\, M^2\, (\omega^{-1+s\alpha}\, \varepsilon^\alpha\, N^\alpha)^{j+k}, \quad K_1 \quad \text{von } j, k, \varepsilon \text{ unabhängig.}$$

Es sei h aus $\left(\dfrac{1}{R},\, 1\right)$ gewählt. Man nehme α so klein, daß

$$R^{-1+s\alpha}\, N^\alpha < h$$

ist. Das geht, weil die linke Seite für $\alpha \to 0$ in $1/R$ übergeht. Ist α bestimmt, so wähle man ε so klein, daß

$$\omega^{-1+s\alpha}\, \varepsilon^\alpha\, N^\alpha < h$$

ist. Daher gibt es ein $L > 0$ so, daß

$$|L_j\, L_k\, f_{j+k}| < L h^{j+k}, \quad j, k = 0, 1, \ldots$$

ist und daß dabei L von j und k unabhängig ist. Daher ist

$$|F_0^{(n+1)}| < (n+1)!\, L^{n+1}\, h^{2(1+2+\cdots+n)}$$

$$< (nLh^n)^{n+1} \to 0 \quad \text{für } n \to \infty\,.$$

Daher sind die Determinanten, die ja ganzzahlige Werte haben, für genügend große n alle 0.

Für den Spezialfall des Satzes (6.2.I), daß die Singularitäten von $f(z)$ im Gebiet G fehlen, gab auch SZEGÖ [2] einen Beweis.

Für den von CARLSON [3] u. a. erledigten Spezialfall, daß (6.1.1) in $|z| \leqq 1$ meromorph ist, ist der Satz (6.2.I) in Satz (6.1.X) enthalten.

Der erste Teil von Satz (6.2.I) ist damit bewiesen. Es bleibt noch die Behauptung über die besondere Gestalt der rationalen Funktion zu begründen. Dies läßt sich nach FATOU [1, 2] wie folgt ausführen.

Ich frage zunächst nach denjenigen rationalen Funktionen, welche bei $z = 0$ eine Potenzreihenentwicklung (6.1.1) mit ganzen rationalen Koeffizienten f_k besitzen. Man darf sie jedenfalls in der Form

$$\frac{P(z)}{Q(z)} = \frac{p_0 + p_1 z + \cdots + p_m z^m}{q_0 + q_1 z + \cdots + q_n z^n}, \quad q_0 > 0, \quad q_n \neq 0 \qquad (6.2.2)$$

annehmen, wobei die Koeffizienten in Zähler und Nenner ganze rationale Zahlen sind. Denn die Bestimmung der p_μ und q_ν aus der Bedingung

$$(f_0 + f_1 z + \cdots)(q_0 + q_1 z + \cdots + q_n z^n) = p_0 + p_1 z + \cdots + p_m z^m$$

läuft auf die Aufstellung von unendlich vielen linearen Gleichungen für die p_μ und q_ν mit ganzen rationalen Koeffizienten f_j heraus. Ein solches Gleichungssystem hat aber, wenn es überhaupt Lösungen hat, auch ganze rationale Zahlen als Lösungen. Man darf $(q_0, q_1, \ldots, q_n) = 1$ annehmen. Denn nach der vorigen Gleichung ist jeder gemeinsame Teiler der q auch Teiler aller p. Ich zeige dann weiter nach Fatou, daß der Nenner in der Form

$$1 + q_1 z + \cdots + q_n z^n$$

angenommen werden darf. Zunächst ist zu bemerken, daß man jedenfalls Zähler und Nenner von (6.2.2) als teilerfremde Polynome annehmen kann. Alsdann bestimme man zwei weitere Polynome $P_1(z)$ und $Q_1(z)$ mit ganzen rationalen Koeffizienten so, daß

$$P P_1 + Q Q_1 = N$$

eine von Null verschiedene ganze Zahl ist. Dann hat auch die Entwicklung nach Potenzen von z von

$$(P P_1 + Q Q_1)/Q = N/Q = a_0 + a_1 z + \cdots \tag{6.2.3}$$

ganze rationale Koeffizienten. Hier ist

$$(N, q_0, q_1, \ldots, q_n) = 1, \quad \text{und darf man} \quad q_0 > 0$$

annehmen. Es ist $N = q_0 a_0$. Es sei p ein Primteiler von q_0. Man darf annehmen, daß die $a_0, a_1, \ldots$ nicht alle durch p teilbar sind. Sonst würde man in (6.2.3) rechts und links den Faktor p beseitigen und mit einem dann verbleibenden Primfaktor weiterschließen. Es sei a_k der Koeffizient kleinster Nummer, der nicht durch p teilbar ist. Dann ist für $k > 0$

$$N = (q_0 + \cdots + q_n z^n)(a_0 + \cdots + a_{k-1} z^{k-1})$$
$$+ (q_0 + \cdots + q_n z^n)(a_k z^k + \cdots)$$

und es folgt, daß die Reihe, die man erhält, wenn man

$$(q_0 + \cdots + q_n z^n)(a_k z^k + \cdots)$$

nach Potenzen von z entwickelt, lauter durch p teilbare Koeffizienten haben muß, was auch für $k = 0$ zutrifft:

$$q_0 a_k \equiv 0, \quad q_0 a_{k+1} + q_1 a_k \equiv 0, \ldots \bmod p.$$

Nach Voraussetzung ist

$$q_0 \equiv 0 \bmod p, \quad a_k \not\equiv 0 \bmod p.$$

Daher wäre nicht $(N, q_0, \ldots, q_n) = 1$. Es ist daher kein von 1 verschiedener Primfaktor von q_0 vorhanden. Es ist daher $q_0 = 1$, und das war die Behauptung. Es ergibt sich also, daß jede rationale Funktion, deren Entwicklung (6.1.1) nach Potenzen von z ganze rationale Koeffizienten f_n hat, in der Form

$$f(z) = \frac{p_0 + p_1 z + \cdots + p_m z^m}{1 + q_1 z + \cdots + q_n z^n} = \sum_0^\infty f_j z^j \tag{6.2.4}$$

mit ganzen rationalen p_μ und q_ν angenommen werden darf. Umgekehrt hat auch jede rationale Funktion (6.2.4) mit ganzen rationalen Koeffizienten p_μ und q_ν eine Potenzreihenentwicklung mit ganzen rationalen Koeffizienten f_j.

Wenn der Konvergenzradius von (6.2.4) größer oder gleich 1 ist, dann ist der Nenner entweder identisch 1 oder er hat lauter Nullstellen mit einem absoluten Betrag größer oder gleich 1. Da aber das Produkt dieser Nullstellen $1/q_n$ ist, so ist es nur möglich, daß alle diese Nullstellen einen Betrag gleich 1 haben. Dann ist $q_n = \pm 1$. Nach einem Satz von KRONECKER sind aber algebraische Zahlen, die samt allen konjugierten den absoluten Betrag 1 haben, notwendig Einheitswurzeln*.

Damit ist Satz (6.2.I) bewiesen. Die Alternative dieses Satzes entfällt, wie PÓLYA an Beispielen gezeigt hat, wenn der Abbildungsradius gleich oder kleiner als 1 ist.

Es bleibt noch ein Wort über den Fall zu sagen, daß der Konvergenzradius von (6.2.4) kleiner als 1 ist. Es sind dann alle die Konvergenzradien kleiner als 1 möglich, die als absoluter Betrag der absolut kleinsten Nullstelle eines Polynoms

$$1 + q_1 z + \cdots + q_n z^n$$

mit ganzen rationalen Koeffizienten auftreten können.

Im Falle, daß (6.2.4) in $|z| < 1$ nur einen einzigen und dazu einfachen Pol besitzt, ist darüber Näheres bekannt. Es werde jetzt hervorgehoben, daß der Pol dann bei $1/\Theta$ liegt und daß dabei Θ eine ganze algebraische Zahl ist, deren Konjugierte sämtlich einen absoluten Betrag kleiner als 1 haben. R. SALEM [1, 2] nennt solche Zahlen PV-Zahlen, da sich zuerst CH. PISOT [1] und T. VIJAYARAGHAVAN [1] damit befaßt haben. Diese Zahlen bilden eine abgeschlossene, nirgends dichte, nicht in sich dichte, reduzible Menge (d. h. sämtliche Ableitungen einer genügend hohen endlichen oder transfiniten Ordnung sind leer). Nach C. L. SIEGEL [1] gilt für alle PV-Zahlen $\Theta^2 > 2$, mit Ausnahme von $\Theta = 0, 1, \Theta_1, \Theta_2$. Hier ist $\Theta_1 = 1{,}324\ldots$ die positive Wurzel von $x^3 - x - 1 = 0$ und $\Theta_2 = 1{,}380\ldots$ die positive Wurzel von $x^4 - x^3 - 1 = 0$ Nach CH. PISOT [2] gibt es PV-Zahlen in jedem reellen algebraischen Zahlkörper. Die PV-Zahlen sind dadurch charakterisiert, daß es eine Zahl $\lambda > 0$ gibt, für die $\sum_0^\infty \sin^2 (\pi \lambda \Theta^n)$ konvergiert. λ ist dabei eine

---

* Ein Beweis auch bei L. BIEBERBACH [4].

Zahl aus dem Körper $K(\Theta)$, der durch Adjunktion von Θ zum Körper der rationalen Zahlen entsteht. Demnach können PV-Zahlen auch dadurch gekennzeichnet werden, daß für eine passende Zahl λ die Funktion

$$g(z) = \sum_0^\infty \{\lambda\,\Theta^n\}\, z^n$$

zur Klasse H^2 gehört. Hier bedeutet $\{x\} = x - [x]$ und gehört $g(z)$ zur Klasse H^2, wenn

$$\frac{1}{2\pi} \int_0^{2\pi} |g(r\,e^{i\vartheta})|^2 d\vartheta \text{ für } r \uparrow 1 \text{ beschränkt bleibt.}$$

Im Verlauf dieser Untersuchungen haben sich auch weitere Kriterien dafür ergeben, daß (6.1.1) mit ganzen rationalen Koeffizienten eine rationale Funktion darstellt. Dies ist nach PISOT [1] z. B. dann der Fall, wenn (6.1.1) in $|z| < 1$ bis auf einen einfachen Pol regulär ist und wenn $f(z)$ der Klasse H^2 angehört.

R. SALEM [2] beweist:

$$f(z) = \sum_{-k}^\infty f_n\, z^n, \quad k \geqq 0$$

sei in $|z| < 1$ meromorph, so daß die Pole sich nur gegen $|z| = 1$ häufen können. Es gebe ein p so, daß die Koeffizienten f_n für $n \geqq p$ sämtlich ganz rational sind oder ganze Zahlen eines imaginär-quadratischen Zahlkörpers sind. Es gebe ferner ein α und Zahlen $\delta > 0$, $\eta < 1$, so daß

$$|f(z) - \alpha| > \delta \text{ in } 1 - \eta < |z| < 1$$

gilt, dann ist $f(z)$ rational.

Ein Spezialfall ist der, daß $f(z)$ in $|z| < 1$ nicht jedem Wert beliebig nahekommt.

Weiter (R. SALEM [2]):

$$f(z) = \sum_{-1}^\infty f_n z^n$$

sei analytisch und schlicht in $|z| < 1$. Es gebe ein p, so daß für $n \geqq p$ alle Koeffizienten ganz rational sind oder als ganze Zahlen einem imaginärquadratischen Zahlkörper angehören. Dann ist $f(z)$ rational.

T-Zahlen nennt R. SALEM [2] solche ganze algebraische Zahlen Θ, die selbst einen Betrag größer als 1 haben, deren Konjugierte aber sämtlich einen Betrag $\leqq 1$ besitzen.

T-Zahlen Θ sind dadurch charakterisiert, daß es eine reelle Zahl $\lambda \neq 0$ gibt, so daß $\sum_0^\infty \{\lambda\,\Theta^n\}\, z^n$ einen nach oben beschränkten Realteil in $|z| < 1$ hat (ohne selbst zur Klasse H^2 zu gehören). λ ist algebraisch und gehört zum Körper $K(\Theta)$.

Jede PV-Zahl, die natürlich wie jede T-Zahl reell ist, ist beiderseitiger Häufungspunkt von T-Zahlen.

R. SALEM [2] beweist: *$\Phi(n)$ sei eine positive Funktion von n, die mit n über alle Grenzen wächst, so daß*

$$f(z) = \sum_0^\infty \Phi(n)\, z^n$$

eine rationale Funktion ist. r, $0 < r < 1$ sei der Konvergenzradius von $f(z)$. $z = r$ sei ein Pol k-ter Ordnung für $f(z)$ und es sei

$$g(z) = f(z)\,(z - r)^k.$$

$1/r$ sei eine ganze algebraische Zahl. Es gebe eine reelle Zahl ξ so, daß $\xi g(r)$ eine algebraische Zahl aus dem Körper $K(r)$ ist. Dann haben die beiden Reihen

$$\sum_0^\infty [\xi \Phi(n)]\, z^n \quad und \quad \sum_0^\infty \{\xi \Phi(n)\}\, z^n$$

den $|z| = 1$ zur natürlichen Grenze.

Den Spezialfall $\Phi(n) = n$ findet man schon bei E. HECKE [1] für irrationales ξ.

Für den Fall, daß der Nenner von (6.2.4) mehrere Nullstellen in $|z| < 1$ hat, findet sich einiges über die dann auftretenden ganzen algebraischen Zahlen bei CH. PISOT [1] und P. A. SAMET [1, 2].

PÓLYA [21] hat seinen Satz (6.2.I) noch weiter vertieft. Zunächst kann man ihn durch Stürzung auf Funktionen

$$f(z) = \sum_0^\infty f_n/z^{n+1} \tag{6.2.5}$$

übertragen. Die gleich noch darzulegende Beziehung des Abbildungsradius zum transfiniten Durchmesser legt eine Verallgemeinerung nahe. So gelangt PÓLYA zu dem

Satz (6.2.II). *Die Reihe (6.2.5) möge ganze rationale Koeffizienten haben. Wenn die durch (6.2.5) definierte Funktion $f(z)$ in dem $z = \infty$ enthaltenden Teilgebiet der Komplementärmenge einer abgeschlossenen Menge $\mathfrak{A}$ mit einem transfiniten Durchmesser $\tau < 1$ holomorph und eindeutig ist, so ist $f(z)$ rational.*

Den Begriff „*transfiniter Durchmesser*,, einer abgeschlossenen Punktmenge $\mathfrak{A}$ hat M. FEKETE [1] eingeführt. Es sei

$$T_n(z) = z^n + t_1^{(n)}\, z^{n-1} + \cdots + t_n^{(n)} \tag{6.2.6}$$

das zu $\mathfrak{A}$ gehörige TSCHEBYSCHEFsche Polynom n-ten Grades, d. h. dasjenige unter den Polynomen n-ten Grades mit höchstem Koeffizienten 1, dessen absolutes Maximum in $\mathfrak{A}$ möglichst klein ist. Dieses Minimum des Maximums sei τ_n. Dann existiert nach FEKETE [1] der Grenzwert

$$\lim \sqrt[n]{\tau_n} = \tau.$$

τ heißt der transfinite Durchmesser von $\mathfrak{A}$. Ist die Komplementärmenge $\mathfrak{A}'$ von $\mathfrak{A}$ einfach zusammenhängend, so ist τ dem Abbildungsradius von $\mathfrak{A}'$ gleich. Abbildungsradius heißt jetzt der Radius derjenigen Kreisscheibe, auf deren Äußeres $\mathfrak{A}'$ nach dem RIEMANNschen Abbildungssatz schlicht abgebildet werden durch eine Funktion, deren Entwicklung bei $z = \infty$ so beginnt:

$$z + \frac{\alpha_1}{z} + \cdots.$$

Unter Zusatzvoraussetzungen über den Rand bewies dies schon G. FABER [9], der die Beziehung der TSCHEBYSCHEFschen Polynome zur konformen Abbildung entdeckt hat. M. FEKETE [1] bewies das allgemein. Es genügt, den Satz (6.2.II) für den Fall einzusehen, daß $\mathfrak{A}$ aus endlich vielen von Polygonen begrenzten Bereichen und aus endlich vielen isolierten Punkten besteht. Ich will mich hier darauf beschränken, den Beweis unter dieser Annahme zu führen. Die etwas komplizierte Konstruktion, durch die der allgemeine Fall auf diesen spezielleren zurückgeführt wird, findet sich bei PÓLYA [21]. Ich schicke einige Hilfsbetrachtungen voraus:

Hilfssatz 1. *Es sei* (6.2.6) *das n-te* TSCHEBYSCHEFsche *Polynom von $\mathfrak{A}$ und τ_n das Maximum von $|T_n(z)|$ für $z \in \mathfrak{A}$. Zu jedem $\delta > 0$ gehört ein $\varepsilon = o\,(1)$, so daß*

$$|T_n(z)| < \left(\tau_n^{\frac{1}{n}} + \frac{\varepsilon}{2}\right)^n < (\tau + \varepsilon)^n, \quad z \in \mathfrak{A} + \delta\mathfrak{E}$$

ist.

$\mathfrak{A} + \delta\mathfrak{E}$ ist die Vereinigungsmenge der Kreisscheiben vom Radius δ um sämtliche Punkte von $\mathfrak{A}$.

Dieser Hilfssatz besagt im wesentlichen, daß bei Vergrößerung der Menge $\mathfrak{A}$ um die $\delta\mathfrak{E}$ der transfinite Durchmesser nur um ein $o(1)$ wächst. Beweis entnehme man aus FEKETE [1] und PÓLYA [21].

Hilfsbetrachtung 2. Der Beweis von Satz (6.2.II) stützt sich wie bei Satz (6.2.I) auf das KRONECKERsche Kriterium. Man formt die dort definierten Determinanten ähnlich wie beim Beweis von Satz (6.2.I) um. Unter Verwendung der TSCHEBYSCHEFschen Polynome (6.2.6) setzte man

$$L_k c_m = c_m + t_1^{(k)} c_{m-1} + \cdots + t_k^{(k)} c_{m-k}\,.$$

Dann wird

$$F_0^{(n+1)} = \begin{vmatrix} L_0 L_0 f_0 \ldots L_0 L_n f_n \\ L_1 L_0 f_1 \ldots L_1 L_n f_{n+1} \\ \cdot \\ \cdot \\ \cdot \\ L_n L_0 f_n \ldots L_n L_n f_{2n} \end{vmatrix}$$

mit der Integraldarstellung

$$L_j L_k f_{j+k} = \frac{1}{2\pi i} \int f(z)\, T_j(z)\, T_k(z)\, \frac{dz}{z}\,. \tag{6.2.7}$$

Hier ist über einen genügend großen Kreis im positiven Sinn zu integrieren. Statt dessen kann man nach dem CAUCHYschen Integralsatz über endlich viele Kurven im positiven Sinn integrieren, die in $\mathfrak{A} + \delta\mathfrak{C}$ gelegen sind und deren jede je einen der Bereiche oder isolierten Punkte, aus denen $\mathfrak{A}$ besteht, umschließt und für ihn die Umlaufszahl $+1$ hat.

Es sei $|f(z)| < M$ auf dem Integrationsweg, und es sei L seine Länge. Dann ist nach Hilfssatz 1 wegen (6.2.7)

$$|L_j\, L_k\, f_{j+k}| < \frac{MLC}{2\pi}\,(\tau + \varepsilon)^{j+k}.$$

Daher wird

$$|F_0^{(n+1)}| < \left(\frac{MLC}{2\pi}\right)^{n+1} (\tau + \varepsilon)^{n(n+1)}\,(n+1)!\,.$$

Unter Benutzung der STIRLINGschen Formel ergibt sich so

$$|F_0^{(n+1)}|^{\frac{1}{n(n+1)}} < \left(\frac{MLC}{2\pi}\right)^{\frac{1}{n}} (\tau + \varepsilon)\,[(n+1)!]^{\frac{1}{n(n+1)}}$$

$$\to (\tau + \varepsilon)\ \text{für}\ n \to \infty\,.$$

Wählt man von vornherein $\varepsilon > 0$ so klein, daß $\tau + \varepsilon < 1$ ist, so sind für genügend große n die $F_0^{(n+1)} = 0$, weil sie doch ganzen Zahlen gleich sind, deren Betrag kleiner als 1 ist.

Die beim Beweis der Sätze (6.2.I) und (6.2.II) benutzten Überlegungen bleiben richtig auch in dem Fall, daß die Koeffizienten der Potenzreihen (6.2.1) bzw. (6.2.5) ganze Zahlen aus einem imaginären quadratischen Zahlkörper sind. Eine nähere Charakterisierung der jetzt auftretenden rationalen Funktionen ist nicht bekannt.

Man kann Satz (6.2.I) aus Satz (6.2.II) folgern, wenn man das oben schon über die Beziehung zwischen Abbildungsradius und transfinitem Durchmesser Gesagte berücksichtigt und noch bedenkt, daß nach PÓLYA der transfinite Durchmesser einer abgeschlossenen beschränkten Menge sich nicht ändert, wenn man ihr endlich viele isolierte Punkte zufügt oder ihr angehörige isolierte Punkte beseitigt. Nach PÓLYA [21] haben nämlich eine beschränkte abgeschlossene Punktmenge und ihr perfekter Kern den gleichen transfiniten Durchmesser.

PÓLYA [24] hat durch eine Verfeinerung der Abschätzungen noch folgenden Satz bewiesen.

Satz (6.2.III). *Die Potenzreihe (6.2.5) habe irgendwelche Koeffizienten und einen Konvergenzradius $\varrho < \infty$. Notwendig für die Fortsetzbarkeit der durch sie in $|z| > \varrho$ definierten analytischen Funktion in $|z| < \varrho$ hinein ist*

$$\varlimsup |F_k^{(n+1)}|^{\frac{1}{(k+n)(n+1)}} < \varrho\,,$$

wenn n mit k so verbunden ist, daß k/n beschränkt ist. Hier ist

$$F_k^{(n+1)} = \begin{vmatrix} f_k & f_{k+1} & \cdots f_{k+n} \\ \cdot & & \\ \cdot & & \\ \cdot & & \\ f_{k+n} & f_{k+n+1} & \cdots f_{k+2n} \end{vmatrix} .$$

Dies hängt wieder mit einem allgemeineren Satz zusammen, von dem ein Sonderfall hervorgehoben sei:

Satz (6.2.IV). *Es sei $\mathfrak{A}$ eine abgeschlossene beschränkte Punktmenge mit dem transfiniten Durchmesser τ, deren Komplementärmenge $\mathfrak{A}'$ zusammenhängend sei. (6.2.5) sei in $\mathfrak{A}'$ regulär und eindeutig. Dann ist notwendig*

$$\varlimsup |F_0^{(n)}|^{1/n^2} \leqq \tau . \tag{6.2.8}$$

So PÓLYA [21]. R. WILSON [2] hat hinzugefügt

$$\varlimsup |F_0^{(n)}|^{1/n^2 \log n} \leqq e^{-1/\varrho}, \tag{6.2.9}$$

wenn $f(z)$ außer Polen in der RIEMANNschen Ebene nur eine wesentlich singuläre Stelle mit der exponentiellen Ordnung ϱ hat.

EDREI [3] hat hinzugefügt

$$\varlimsup |F_0^{(n)}|^{1/n^2 \log n} \leqq e^{-1/(\varrho_1 + \cdots + \varrho_s)}, \tag{6.2.10}$$

wenn $f(z)$ außer Polen in der RIEMANNschen Ebene noch s wesentlich singuläre Stellen mit den exponentiellen Wachstumsordnungen ϱ_j hat.

EDREI [3] hat weiter gefunden, daß *bei gegebenem $\mathfrak{A}$ Funktionen (6.2.5) existieren, die in $\mathfrak{A}'$ regulär und eindeutig sind und für die bei gegebenem ϑ aus $(0, 1)$ (6.2.8) durch*

$$\varlimsup |F_0^{(n)}|^{1/n^2} = \vartheta \tau \tag{6.2.11}$$

ersetzt werden kann.

H. PETERSSON [1] hat den Satz (6.2.I) oder besser eine ältere Form dieses Satzes auf beliebige algebraische Zahlkörper übertragen. Er fand

Satz (6.2.V). *Es seien die N analytischen Funktionen $f_i(z)$, $i = 1, 2, \ldots, N$ von folgender Beschaffenheit: Jedes $f_i(z)$ ist in einem Kreis $|z| < R_i$ eindeutig, bis auf endlich viele darin gelegene Singularitäten regulär und in der Umgebung des Punktes $z = 0$ in eine Potenzreihe*

$$f_i(z) = \sum_0^\infty f_n^{(i)} z^n, \quad i = 1, 2, \ldots, N \tag{6.2.12}$$

entwickelbar. Diese Reihen mögen ein System konjugierter Potenzreihen mit ganzen Koeffizienten in einem algebraischen Zahlkörper k bilden. Ferner sei

$$\prod_1^N R_i = 1 .$$

Dann ist entweder keine Funktion $f_i(z)$ über ihren Kreis $|z| = R_i$ analytisch fortsetzbar oder alle $f_i(z)$ sind rationale Funktionen von z.

Pólya [23] hat anschließend die folgende Verallgemeinerung von Satz (6.2.II) gegeben.

Satz (6.2.VI). *Die N Reihen*

$$F_i(z) = \sum_0^\infty F_n^{(i)}/z^n \tag{6.2.13}$$

mögen ganze Koeffizienten aus einem algebraischen Zahlkörper K vom Grad N haben und seien konjugiert zueinander in bezug auf diesen Körper. Keine von ihnen sei stets divergent. Die analytische Fortsetzung von $F_i(z)$, $i = 1, \ldots, N$ sei holomorph und eindeutig außerhalb einer abgeschlossenen Punktmenge $\mathfrak{A}_i$ mit dem transfiniten Durchmesser τ_i. Ist

$$\prod_1^N \tau_i < 1 \, ,$$

so sind die Funktionen $F_i(z)$, $i = 1, \ldots, N$ sämtlich rational.

Beachtet man mit Pólya [21], daß der transfinite Durchmesser einer abzählbaren abgeschlossenen Menge 0 ist, so erhält man noch das

Korollar zu Satz (6.2.VI). *Jede der Reihen* (6.2.13) *ist entweder Element einer mehrdeutigen Funktion oder einer eindeutigen Funktion, die mehr als abzählbar viele singuläre Stellen hat.*

Eine nähere Charakterisierung der in diesen Sätzen (6.2.V) und (6.2.VI) auftretenden rationalen Funktionen ist nicht bekannt.

R. Wilson [3] hat einen Spezialfall des Satzes (6.2.I) mit anderen Methoden bewiesen. Es ist der, daß (6.2.1) ganze rationale Koeffizienten besitzt, in $|z| < 1$ konvergiert und auf $|z| = 1$ nur Singularitäten vom algebro-logarithmischen Typus hat. Dann zeigt Wilsons Methode, daß $f(z)$ rational ist.

Im Zusammenhang mit dem Fatouschen Satz über rationale Funktionen, die durch Potenzreihen (6.2.1) mit ganzen rationalen Zahlenkoeffizienten dargestellt sind (Satz (6.2.I)), verdient ein Satz von H. D. Kloosterman [1] Erwähnung.

Satz (6.2.VII). *Die Potenzreihe* (6.1.1) *habe den Konvergenzradius* 1 *und sei auf seiner Peripherie bis auf endlich viele einfache Pole holomorph. Die Folge $\{f_n\}$ sei nirgends dicht. Dann liegen die auf $|z| = 1$ befindlichen Pole bei Einheitswurzeln.*

Der oben erwähnte Satz von Kronecker steckt darin als Spezialfall. Das sieht man, wenn man Kloostermans Satz auf

$$f(z) = 1/\prod (z - \alpha_j)$$

anwendet.

In bewußter, aber nicht voll erreichter Analogie zu dem Satz (6.1.IV) von Szegö hat M. Fekete [2] den folgenden Satz bewiesen.

Satz (6.2.VIII). *In* (6.1.1) *sei der Konvergenzradius Eins und die Koeffizienten ganz rational mit Ausnahme einer unendlichen Teilfolge*

$$f_n, \; n \in \{n_k\} \; mit \; \varliminf \frac{n_k}{n_{k-1}} > 1 \, .$$

Dann ist der Existenzbereich von $f(z)$ von einem Kreis $|z| = r \geqq 1$ begrenzt. In ihm ist $f(z)$ eindeutig und eventuelle in dieser Kreisscheibe befindliche Singularitäten von $f(z)$ sind Pole, die bei Einheitswurzeln liegen. Es kann auch $r = \infty$ sein.

CHR. LECH [1] gibt folgenden

Satz (6.2.IX). *Die Potenzreihe* (6.1.1) *möge einen von Null verschiedenen Konvergenzradius und rationale Koeffizienten haben. Es sei $f_n = p_n/q_n$. Die p_n und $q_n > 0$ mit $(p_n, q_n) = 1$ sind ganze rationale Zahlen; $q_n = 1$, wenn $f_n = 0$. 1. Falls die durch* (6.1.1) *definierte Funktion $f(z)$ rational ist, so ist entweder $\varlimsup q_n < \infty$ oder $\varlimsup q_n^{\frac{1}{n}} > 1$. 2. Falls $f(z)$ in $|z| < 1$ eindeutig und bis auf endlich viele singuläre Stellen regulär ist, und wenn $\varlimsup q_n = \infty$ und $q_n = o(n)$ ist, dann ist $f(z)$ über den $|z| = 1$ nicht fortsetzbar.*

Verschiedentlich ist die Frage nach den möglichen *Nullstellen* von Funktionen behandelt worden, die durch Potenzreihen (6.1.1) mit ganzen rationalen Koeffizienten definiert werden. H. GRAETZER [1], C. G. LEKKERKERKER [1, 2], J. LEHNER [1]. Dabei hat sich u. a. gezeigt, daß in $|z| = 1$ eine Nullstelle beliebig vorgeschrieben werden kann, daß aber niemals eine transzendente Zahl mit einem absoluten Betrag größer als 1 Nullstelle einer solchen Funktion sein kann.

6.3. Ganze ganzwertige Funktionen.

Das Problem der ganzen ganzwertigen Funktionen, d. h. der ganzen Funktionen, die an ganzen rationalen Stellen ganze rationale Zahlenwerte annehmen, gehört an sich nicht in einen Bericht über analytische Fortsetzung. Es hat sich aber gezeigt, daß seine Lösung eng mit dem Problem der Potenzreihen mit ganzen rationalen Koeffizienten zusammenhängt. Daher soll dieser Zusammenhang aufgedeckt und sollen die Hauptergebnisse der Theorie kurz dargestellt werden. PÓLYA [1] machte 1915 die aufsehenerregende Entdeckung, daß die ganzen Funktionen $A(z)$, die der Bedingung

$$A(n) = \text{ganze rationale Zahl für } n = 0, 1, 2, \ldots \tag{6.3.1}$$

genügen — kurz ganzwertige Funktionen genannt — und für die

$$\lim_{r \to \infty} \sqrt{r}\, M(r)/2^r = 0, \quad M(r) = \underset{|z| = r}{\text{Max}} |A(z)|$$

ist, Polynome sein müssen. Das bedeutet, daß ganzwertige ganze Funktionen nur dann transzendent sein können, wenn sie rasch genug wachsen. Dieser schöne Satz wurde durch F. CARLSON [4], G. HARDY [1], E. LANDAU [1], G. PÓLYA [5], S. FUKASAWA [1, 2], S. IZUMI [1], A. SELBERG [1] verschärft. So fand PÓLYA [5], daß die ganzwertige Funktion schon dann ein Polynom sein muß, wenn

$$\overline{\lim}\, M(r)/2^r < 1$$

ist. Wenn es ein $k > 0$ gibt, so daß

$$M(r)/2^r\, r^k$$

beschränkt bleibt, so muß

$$f(z) = P_1(z) + 2^z\, P_2(z)$$

mit Polynomen $P_1(z)$ und $P_2(z)$ sein. A. SELBERG [1] verschärfte diese letzte Bedingung zu

$$\overline{\lim}\, \frac{\log M(r)}{r} \leqq \log 2 + \frac{1}{1500}$$

und entdeckte so eine weitere Wachstumslücke. Ihre Länge hat CH. PISOT [3, 4] genau bestimmt. Er bewies nämlich

Satz (6.3.I). *Jede ganze Funktion $A(z)$, die der Ungleichung*

$$\overline{\lim}\, \frac{\log M(r)}{r} \leqq \alpha < \pi \tag{6.3.2}$$

genügt und die ganzwertig ist, d. h. für die (6.3.1) gilt, ist für

$$\alpha \leqq 0{,}843 \ldots \tag{6.3.3}$$

von der Form

$$A(z) = \sum_1^s \beta_j^z\, P_j(z)\,. \tag{6.3.4}$$

Hier sind die $P_j(z)$ Polynome mit algebraischen Koeffizienten. Die β_j sind ganze algebraische Zahlen, und zwar ist

$$\beta_1 = 1, \quad \beta_2 = 2, \quad \beta_3 = \frac{3 + i\sqrt{3}}{2}, \quad \beta_4 = \frac{3 - i\sqrt{3}}{2}\,.$$

Dies ist PISOTs Beweis: Man betrachte die Funktion*

$$f(z) = \sum_0^\infty f_n\, z^n, \quad f_n = A(n)\,. \tag{6.3.5}$$

Sie hat ganze rationale Koeffizienten. Nach dem bei Satz (1.3.I) besonders hervorgehobenen Fall, daß die dort mit K bezeichnete Menge ein Kreis, und zwar hier vom Radius α ist, ist die Funktion (6.3.5) für

$$|\log z| > \alpha, \quad \alpha < \pi \tag{6.3.6}$$

holomorph, falls $A(z)$ höchstens dem Typus $\alpha < \pi$ der Ordnung 1 angehört. Man kann nach PISOT vorrechnen, daß für kleine α der Abbildungsradius des Gebietes (6.3.6) größer als 1 ist, daß der Abbildungs-

---

* Den Gedanken, diese Funktion heranzuziehen, hat wohl zuerst G. PÓLYA [2] geäußert. Vgl. auch R. SALEM [3] und A. PFLUGER [2].

radius abnimmt, wenn α wächst, und daß er für einen gewissen Wert von $\alpha = 0{,}843\ldots$ den Wert 1 bekommt. Solange der Abbildungsradius größer als 1 ist, ist daher die Funktion (6.3.5) nach dem Satz (6.2.I) von FATOU-PÓLYA rational und ist sie nach FATOU von der Form

$$f(z) = \frac{p_0 + p_1 z + \cdots + p_r z^r}{1 + q_1 z + \cdots + q_s z^s} = \sum_0^\infty f_n z^n \qquad (6.3.7)$$

mit ganzen rationalen Koeffizienten p_μ und q_ν. Die Nullstellen des Nenners, d. h. die Pole von $f(z)$ liegen daher bei Reziproken ganzer algebraischer Zahlen β_j. Daher lehrt Partialbruchzerlegung von $f(z)$, daß die Koeffizienten

$$f_n = \sum_1^s \beta_j^n \, P_j(n)$$

sind. Hier sind die $P_j(z)$ Polynome mit algebraischen Koeffizienten. Daraus kann geschlossen werden, daß

$$A(z) = \sum_1^s \beta_j^z \, P_j(z) \qquad (6.3.8)$$

ist. Denn es gibt eine ganze Funktion (6.3.8) mit $A(n) = f_n$. Diese gehört höchstens dem Typus $\alpha = 0{,}843\ldots$ der Ordnung 1 an. Nach dem Satz (1.3.V) kann es aber nicht mehr als eine ganze Funktion geben, die höchstens dem Typus $\alpha = 0{,}843\ldots < \pi$ der Ordnung 1 angehört und die an den Stellen $0, 1, 2, \ldots$ gegebene Werte annimmt.

Da (6.3.5) in (6.3.6) regulär ist, müssen die $1/\beta_j$ samt allen ihren Konjugierten dem Bereich $|\log z| \leq \alpha$ angehören. Durch zahlengeometrische Überlegungen zeigt PISOT, daß diese Eigenschaft für $\alpha < \log 2 = 0{,}6931\ldots$ nur $\beta_1 = 1$ besitzt. Für

$$\alpha < \left| \log \frac{3 + i \sqrt{3}}{2} \right| = 0{,}7588\ldots$$

kommen nur $\beta_1 = 1$, $\beta_2 = 2$ in Frage. Für $\alpha < 0{,}8$ sind nur $\beta_1 = 1$, $\beta_2 = 2$, $\beta_3 = \dfrac{3 + i \sqrt{3}}{2}$, $\beta_4 = \dfrac{3 - i \sqrt{3}}{2}$ möglich. In diesem Fall ist also $s = 4$. Die Werte der weiteren β_j sind noch nicht berechnet.

A. O. GELFOND [4] betrachtet Funktionen, die nur an einer Auswahl ganzzahliger Stellen, z. B. $z = g^n$, $n = 0, 1, 2, \ldots$, g ganz rational, ganze rationale Zahlenwerte annehmen und findet da analoge Wachstumsaussagen.

Auch für ganze Funktionen $A(z)$, die in einem weiteren Sinn ganzwertig sind, indem sie nämlich für alle — auch die negativen — ganzen rationalen Werte von z ganze rationale Funktionswerte haben, gelangt CH. PISOT [5] zu entsprechend abschließenden Ergebnissen, nachdem PÓLYA [1, 5], F. CARLSON [4] und A. SELBERG [2] Teilergebnisse vorweggenommen hatten. PISOT beweist

Satz (6.3.II). *Es möge die ganze Funktion $A(z)$ für alle ganzen rationalen Werte von z ganze rationale Funktionswerte haben. Ist dann*

$$\overline{\lim} \frac{\log M(r)}{r} < \alpha = 0{,}9934 \ldots ,$$

so ist $A(z)$ von der Form

$$A(z) = \sum_1^s \beta_j^z \, P_j(z)$$

mit ganzen algebraischen β_j und Polynomen $P_j(z)$ mit algebraischen Koeffizienten. Insbesondere ist

$$\beta_1 = 1, \quad \beta_2 = \frac{3 + \sqrt{5}}{2}, \quad \beta_3 = \frac{3 - \sqrt{5}}{2}$$

und sind β_4, β_5, β_6, β_7 die Wurzeln von

$$x^4 - 5x^3 + 9x^2 - 5x + 1 = 0 .$$

Der Wert $\alpha = 0{,}9934 \ldots$ ist als der Wert von α definiert, für den das Gebiet

$$\left| \log \left(z + \sqrt{z^2 - 4} \right) \right| > \alpha$$

den Abbildungsradius 1 hat.

F. CARLSON [4] hat noch eine weitere Klasse im weiteren Sinne ganzwertiger ganzer Funktionen hervorgehoben. Es sind diejenigen ganzen Funktionen, für die

$$h(\varphi) < \frac{\pi}{3} \, |\sin \varphi|$$

ist. Sie sind von der Form

$$P_1(z) + P_2(z) \frac{2}{\sqrt{3}} \sin \frac{\pi z}{3} + P_3(z) \cos \frac{\pi z}{3} .$$

Die $P_j(z)$ sind Polynome mit ganzen rationalen Koeffizienten.

In einer gründlichen Arbeit hat R. C. BUCK [5] weitere Klassen ganzwertiger Funktionen durch Eigenschaften ihres Indikatordiagramms charakterisiert. Dahin gehören z. B. die Funktionen

$$A(z) = P_0(z) + P_1(z) 2^z + P_2(z) 3^z + \cdots .$$

Hier sind die $P_j(z)$ Polynome mit ganzen rationalen Koeffizienten. Sie sind ganzwertig im engeren Sinn. Sie sind durch folgende Eigenschaften ihres Indikators $h(\varphi)$ (vgl. 1.1) gekennzeichnet:

$$h\left(\pm \frac{\pi}{2} \right) = 0, \quad h(0) = a, \quad h(\pi) = b \ \text{mit} \ e^a - e^{-b} < \sqrt{5} .$$

S. FUKASAWA [1] und in vertiefter Form A. GELFOND [2] haben entsprechende Fragen für ganze Funktionen behandelt, die an allen ganzen Stellen eines imaginärquadratischen Zahlkörpers ganze Werte aus dem gleichen Körper annehmen. Sie sind Polynome, falls sie nicht höchstens einem gewissen Mitteltypus der Ordnung 2 angehören. Insbesondere fand GELFOND im Falle des GAUSSschen Zahlkörpers, daß die genannten Funktionen Polynome sind, falls

$$M(r) < \exp(\alpha r^2), \quad \alpha < \pi/2 \left(1 + \exp\frac{164}{\pi}\right)^2$$

ist.

Weiter behandelt A. O. GELFOND [3] diejenigen ganzen Funktionen, die an den Stellen $0, 1, 2, \ldots$ samt den Ableitungen der ersten $p-1$ Ordnungen ganze rationale Zahlenwerte annehmen. Solche Funktionen sind Polynome, falls

$$M(r) < \exp(\alpha r), \quad \alpha < p \log\left(1 + \exp\frac{1-p}{p}\right)$$

ist. A. SELBERG [3] verbesserte diese Schranke.

Endlich sind ganze Funktionen betrachtet worden, die an den Stellen $0, 1, \ldots, m-1$ samt allen ihren Ableitungen ganze rationale Funktionswerte annehmen. Zuerst behandelte G. PÓLYA [8] 1921 im Anschluß an eine Arbeit von S. KAKEYA [1] aus 1916 den Fall $m=1$. Er gab eine Schranke an, die er irrtümlich für genau hielt. Die wahre Schranke gab E. G. STRAUS [1] an. Unabhängig davon L. BIEBER-BACH [3, 4]. Den Fall $m > 1$ behandelte erstmals E. G. STRAUS [1], allerdings mit unscharfen Schranken für Typus und Ordnung. Das genaue Resultat ist dieses (L. BIEBERBACH [3, 4]:

Satz (6.3.III). *Falls eine ganze Funktion der Ordnung ϱ und des Typus σ dieser Ordnung an den Stellen $0, 1, \ldots, m-1$ samt allen ihren Ableitungen ganze rationale Zahlenwerte annimmt, so ist $\varrho > m$ oder $\varrho = m$ und $\sigma \geq 1$. Diese Schranken können nicht verbessert werden, da z. B.*

$$f(z) = \exp\{z(z-1)\ldots(z-m+1)\}$$

die angegebene Eigenschaft hat.

Auch das von PÓLYA [8] angegebene Beispiel ($m=1$)

$$A(z) = \sum_1^\infty z^{2^n}/(2^n)!$$

fällt unter den Typus 1 der Ordnung 1, wie bekannte Formeln aus der Theorie der ganzen Funktionen lehren. Zum Unterschied von dem vorhin gegebenen Beispiel $\exp(z)$ ist hier die assoziierte LAPLACEsche Unterfunktion über den Einheitskreis nicht fortsetzbar.

Die Arbeit E. G. STRAUS [1] bietet noch eine Anzahl analoger Sätze. Der allgemeinste bezieht sich auf ganze Funktionen $A(z)$ und einen algebraischen Zahlkörper K. $A(z)$ und seine sämtlichen Ableitungen nehmen an k ganzen Stellen dieses Körpers Werte an, die ebenfalls diesem Körper angehören. Diese Funktionswerte brauchen nicht notwendig als ganze Zahlen angenommen zu werden. Es werden aber gewisse Voraussetzungen über ihr Wachstum und das Wachstum ihrer ganzen rationalen Nenner gemacht. Alle solchen Sätze über die

Einschränkungen im Wachstum derartiger ganzer transzendenter Funktionen gipfeln in der Anwendung auf Transzendenzbeweise, z. B. betreffs π und e^a für algebraische $a \neq 0$. Vgl. TH. SCHNEIDER [1].

§ 7. Die Koeffizienten als Funktionen der Nummer.

7.1. HADAMARD.

1892 bemerkte HADAMARD [1], daß die Funktion

$$a(z) = \int_0^1 \frac{V(t)}{1 - t z} \, dt \tag{7.1.1}$$

in dem Schlitzgebiet S, d. i. in der Komplementärmenge von $(x \geq 1, \; y = 0)$, $z = x + iy$ holomorph ist, wenn nur vorausgesetzt wird, daß

$$\int_0^1 |V(t)| \, dt \tag{7.1.2}$$

existiert. $V(t)$ ist eine sonst beliebig gegebene komplexwertige Funktion der reellen Veränderlichen t. Der Beweis ist unmittelbar klar. In $|z| < 1$ gilt, wie ebenfalls einleuchtet,

$$a(z) = \sum_0^\infty a_n z^n, \tag{7.1.3}$$

$$a_n = \int_0^1 V(t) t^n \, dt . \tag{7.1.4}$$

Welche in S holomorphe Funktionen eine Darstellung (7.1.1) gestatten, ist unbekannt. Ebenso ist unbekannt, wie viele verschiedene Darstellungen (7.1.1) ein und dieselbe in S holomorphe Funktion hat.

Anwendung des HADAMARDschen Multiplikationssatzes (1.4.I) lehrt, daß unter den gleichen Annahmen über $V(t)$

$$h(a, b; z) = \int_0^1 V(t) b(tz) \, dt = \sum_0^\infty a_n b_n z^n \tag{7.1.5}$$

im Hauptstern von

$$b(z) = \sum_0^\infty b_n z^n \tag{7.1.6}$$

holomorph ist.

Zu weitergehenden Aussagen gelangt man, wenn man annimmt, daß $V(t)$ an einer Stelle t_0 aus $0 \leq t < 1$ regulär ist. Dann kann man den Integrationsweg $0 \leq t \leq 1$ durch eine andere 0 mit 1 verbindende Kurve ersetzen und schließen, daß (7.1.1) in der Komplementärmenge der zum Integrationsweg stürzbildlichen Kurve holomorph ist. Wenn insbesondere $V(t)$ in $0 < |t| < 1$ regulär ist, dann kann man feststellen, daß (7.1.1) in der Komplementärmenge einer jeden 1 mit ∞ verbindenden logarithmischen Spirale holomorph ist, daß also mit anderen Worten am Rande von S außer 1 und ∞ keine singulären Stellen von (7.1.1) liegen.

Le Roy hat in einigen Comptes rendu-Noten, die in einer 1900 erschienenen Arbeit zusammengefaßt sind (Le Roy [1]), u. a. Beispiele zu dem Hadamardschen Ansatz gegeben. Bemerkt man insbesondere, daß

$$\frac{1}{n^p} = \frac{1}{\Gamma(p)} \int_0^1 \left(\log \frac{1}{t}\right)^{p-1} t^n \, dt, \quad \Re p > 0 \tag{7.1.7}$$

ist, dann kann man auch Koeffizienten

$$a_n = \sum_0^\infty \frac{\alpha_p}{n^p} \tag{7.1.8}$$

in der Form

$$a_n = \int_0^1 V(t) t^n \, dt + \alpha_0, \quad V(t) = \sum_1^\infty \alpha_p \frac{\left(\log \dfrac{1}{t}\right)^{p-1}}{\Gamma(p)} \tag{7.1.9}$$

darstellen. Man bekommt so obige Aussagen über Potenzreihen (7.1.3), zu denen eine in der Umgebung von $z = 0$ holomorphe Funktion

$$\varphi(z) \tag{7.1.10}$$

gehört, derart, daß

$$a_n = \varphi\left(\frac{1}{n}\right) \tag{7.1.11}$$

ist. Dieser Ansatz wurde nun der Ausgangspunkt einer umfangreichen Literatur, während der allgemeine Hadamardsche Ansatz nicht weiter verfolgt wurde. Es ist nämlich von dem eben Bemerkten nur noch ein Schritt zu der Annahme einer Darstellung der Koeffizienten von (7.1.3) mit Hilfe einer analytischen Funktion (7.1.10) mit vorgegebenem, nicht immer regulärem Verhalten bei ∞, für die

$$a_n = \varphi(n) \tag{7.1.12}$$

gilt. Man zieht dann aus dem Verhalten von (7.1.10) im Unendlichen Schlüsse auf die analytische Fortsetzung von (7.1.3). Beiträge zu dieser Fragestellung wurden schon in 1.3 und 1.5 beigebracht.

7.2. Ein allgemeiner Satz von Leau.

Ist

$$\varphi(z) = \sum_0^\infty \varphi_n z^n \tag{7.2.1}$$

ein Polynom, so lehrt der Hadamardsche Multiplikationssatz (1.4.I) eine Abschätzung des Hauptsterns von

$$\varphi a(z) = \sum_0^\infty \varphi(a_n) z^n \tag{7.2.2}$$

durch den Hauptstern von (7.1.3). LEAU [1] ist durch einen Grenzübergang bei gewissen zusätzlichen Annahmen über (7.1.3) zu einer Aussage über (7.2.2) gekommen auch für den Fall, daß (7.2.1) eine ganze transzendente Funktion ist. Sein Satz lautet:

Satz (7.2.I). *Es sei $z = 1$ die einzige im Endlichen gelegene singuläre Stelle am Rande des Hauptsterns von (7.1.3). Es gebe eine reelle Zahl m derart, daß*

$$|(z-1)^m\, a(z)| \tag{7.2.3}$$

im Durchschnitt des Hauptsterns von (7.1.3) mit einer Kreisscheibe um $z = 1$ beschränkt ist. Dann hat (7.2.2) am Rande seines Hauptsterns im Endlichen keine anderen Singularitäten als $z = 1$, falls (7.2.1) eine ganze Funktion ist, die eine der drei folgenden Eigenschaften besitzt: a) $\varphi(\tau)$ ist im Falle $m > 1$ eine ganze Funktion einer Ordnung $< 1/(m-1)$. b) Es ist $|\varphi_n|^{\frac{1}{n}} \log n \to 0$ für $n \to \infty$ im Falle $m = 1$. c) Es ist $\varphi(\tau)$ beliebig im Falle $m < 1$.

Der Beweis beruht auf einer Abschätzung der Funktionen

$$a_k(z) = \sum_0^\infty a_n^k\, z^n, \quad k = 1, 2, \ldots, a_1(z) = a(z) \tag{7.2.4}$$

im Hauptstern von $a(z)$. Diese Abschätzung stützt sich auf die rekurrente Integraldarstellung

$$a_k(z) = \frac{1}{2\pi i} \int_C a_{k-1}(t)\, a\left(\frac{z}{t}\right) \frac{dt}{t}. \tag{7.2.5}$$

Dabei ist nach 1.4 der Integrationsweg C eine geschlossene Kurve, welche die Menge $\bigcup_{z \in \mathfrak{B}} B'(z)$ der t-Ebene von der Menge A' trennt, um die erstere die Umlaufszahl $+1$ und um die letztere die Umlaufszahl 0 hat. Diese aus 1.4 herangezogenen Bezeichnungen sind hier aus der folgenden Beschreibung zu erklären. A ist der Hauptstern von $a(z)$, A' seine Komplementärmenge, also hier die Achse der positiv reellen $t \geqq 1$. B fällt hier mit A zusammen und B' mit A'. $\mathfrak{B}$ ist ein abgeschlossener Teilbereich von $A \odot B = A$. Man nimmt ihn am besten wie in beistehender Abb. 2 an. $B'(z)$ der t-Ebene geht aus $B' = A'$

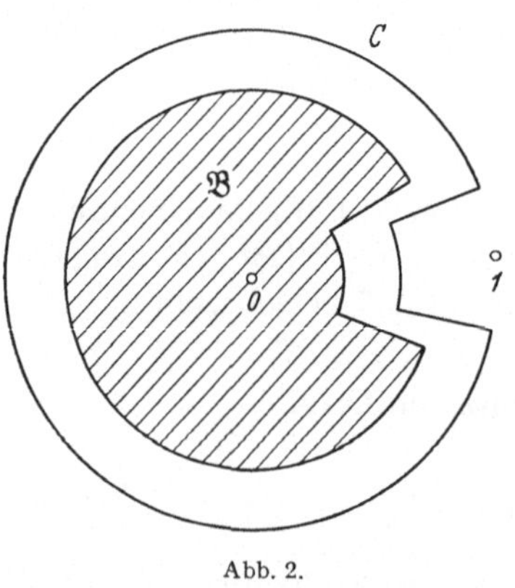

Abb. 2.

der τ-Ebene durch die Abbildung $t = \frac{z}{\tau}$ hervor. $\bigcup_{z \in \mathfrak{B}} B'(z)$ fällt also hier mit $\mathfrak{B}$ zusammen. Der Integrationsweg C sei wie in der Abb. 2 angenommen. Es sei d der Abstand von $\mathfrak{B}$ und C. Es sei

$$\left| a\left(\frac{z}{t}\right) \right| < \frac{\alpha}{\left|\dfrac{z}{t}-1\right|^{m}}, \quad z \in \mathfrak{B},\ t \in C,\ \left|\frac{z}{t}-1\right| \le \delta$$

und

$$\left| a\left(\frac{z}{t}\right) \right| < M, \quad z \in \mathfrak{B},\ t \in C,\ \left|\frac{z}{t}-1\right| \ge \delta .$$

Über δ wird noch verfügt werden. Bei Verkleinerung von δ bleibt nach Voraussetzung α fest. Es sei $\mu \le |t| \le M$ für $t \in C$. Dann ist

$$\left|\frac{z}{t}-1\right| \ge \delta$$

erfüllt für $|z-t| \ge \delta M = r$. Man führe nun die weitere Abschätzung bei festem z, jedoch so, daß sie für jedes $z \in \mathfrak{B}$ gilt. Man lege um z einen Kreis vom Radius r. Man wähle δ so klein, daß C die Kreisscheibe $|t-1| \le \delta$ nicht trifft. Es sei

$$|a_{k-1}(t)| < M_{k-1}, \quad t \in C .$$

In denjenigen Punkten des Integrationsweges C, die $|t-z| \le r$ nicht treffen, gilt

$$\left| a\left(\frac{z}{t}\right) \right| < M .$$

Der Bogen des Integrationsweges C, der $|t-z| \le r$ angehört, sei γ. Auf γ ist

$$\left|\frac{z}{t}-1\right| = \frac{|z-t|}{|t|} \ge \frac{|z-t|}{M} .$$

Daher ist für jedes $z \in \mathfrak{B}$

$$|a_k(z)| \le M_{k-1}\, M\, \frac{L}{\mu} + \frac{M_{k-1}\, \alpha}{2\pi\mu}\, M^m \int_{\gamma} \frac{|dt|}{|z-t|^m} . \tag{7.2.6}$$

Hier ist $2\pi L$ die Länge des Integrationsweges. Ich schätze

$$J = \int_{\gamma} \frac{|dt|}{|z-t|^m} \tag{7.2.7}$$

ab. Es sei $\sigma(y)$ die Länge desjenigen Bogens von γ, für den $|z-t| \le y$ gilt. Es gibt bei unserer Wahl des Integrationsweges ein von y unabhängiges K, so daß

$$\frac{\sigma(y)}{y} \le K$$

ist. Dann ist

$$J = \int_{\gamma} \frac{d\,\sigma(y)}{y^m}$$

und man findet durch partielle Integration

$$J < \begin{cases} K\,\dfrac{2m-1}{(m-1)\,d^{m-1}} & \text{für } m > 1 \\[2ex] K\,(1-\log d) & \text{für } m = 1 \\[2ex] < \dfrac{K}{1-m} & \text{für } m < 1,\ \text{wobei } r < 1 \text{ angenommen ist.} \end{cases} \tag{7.2.8}$$

Setzt man wieder

$$M_k = \operatorname*{Max}_{z \in \mathfrak{B}} |a_k(z)| \,,$$

so wird nach (7.2.6), (7.2.7)

$$M_k \leqq M_{k-1}\left(\frac{M}{\mu} L + \frac{\alpha \, \mathsf{M}^m}{2\mu\pi} J\right).$$

Daher gibt es nach (7.2.8) eine von k, z unabhängige Zahl P so, daß

$$M_k \leqq \begin{cases} \dfrac{M_{k-1}\,P}{d^{m-1}(m-1)} & \text{für } m > 1 \\[2ex] M_{k-1}\,P\,|\log d| & \text{für } m = 1 \\[2ex] \dfrac{M_{k-1}\,P}{1-m} & \text{für } m < 1\,. \end{cases} \tag{7.2.9}$$

Man wird das anwenden, um zunächst M_2 zu bestimmen. Den Bereich $\mathfrak{B}$, auf den sich diese Abschätzung von $|a_2(z)|$ bezieht, bezeichne ich mit $\mathfrak{B}_2$ und den benutzten Integrationsweg mit C_2. Den Abstand von $\mathfrak{B}_2$ und C_2 bezeichne ich jetzt mit d_2. Um von da zu einer Abschätzung M_3 von $|a_3(z)|$ zu gelangen, muß man als Integrationsweg C_3 eine $\mathfrak{B}_2$ angehörige Kurve verwenden, um die für $|a_2(t)|$ gefundene Abschätzung auf C_3 benutzen zu können. Man erhält dann eine Abschätzung M_3 für $|a_3(z)|$, die in einem entsprechend kleineren Bereich $\mathfrak{B}_3$ gilt, dessen Abstand von C_3 mit d_3 bezeichnet sein soll usw. Um aber schließlich einen Bereich $\mathfrak{B}$ übrig zu behalten, in dem die gefundenen Abschätzungen M_k für $|a_k(z)|$ alle zugleich gelten, muß man nun Sorge tragen, daß die d_k und ihre Summe hinreichend klein sind. Das erreicht man, wenn man z. B.

$$d_k = \frac{h}{k\,(\log k)^\lambda}\,\lambda, \quad \lambda > 1, \quad k = 2, 3, \ldots$$

annimmt. Dabei ist $\lambda > 1$ von k unabhängig und bedeutet h eine hinreichend kleine, von k unabhängige positive Zahl. Da nämlich $\sum\limits_{z}^{\infty} d_k$ konvergiert, kann man für $\mathfrak{B}$ einen beliebigen Bereich von der in Abb. 2 vorgestellten Art nehmen und für die $\mathfrak{B}_k$ entsprechend größere Bereiche heranziehen. Als Kurve C_k kann man stets den Rand von $\mathfrak{B}_{k-1}$ nehmen und die Abstände nach den vorgegebenen d_k regeln. Dann werden schließlich $\mathfrak{B}_2$ und C_2 wie alle anderen $\mathfrak{B}_k$ und C_k wie in Abb. 2 dem Hauptstern A angehören. Man findet so die folgenden Werte für die

$$M_k \leqq \begin{cases} \dfrac{M_1\,P^{k-1}\,(k!)^{m-1}\,(\log 2 \ldots \log k)^{\lambda(m-1)}}{(m-1)^{k-1}\,h^{k-1}}, & m > 1 \\[2ex] M_1\,Q^{k-1}\log 2 \ldots \log k, & m = 1 \\[2ex] M_1\,\dfrac{P^{k-1}}{(1-m)^{k-1}}, & m < 1\,. \end{cases} \tag{7.2.10}$$

Q ist hier eine weitere, von z und k unabhängige Zahl.

Um nun den Beweis von Satz (7.2.I) zu Ende zu führen, muß man nur (7.2.1) so wählen, daß

$$\sum_{2}^{\infty} \varphi_k \, a_k(z) \tag{7.2.11}$$

in jedem $\mathfrak{B}$ gleichmäßig konvergiert. Denn in $|z| < 1$ ist dann nach dem WEIERSTRASSschen Reihensatz

$$\sum_{0}^{\infty} \varphi_k \, a_k(z) = \sum_{0}^{\infty} \varphi(a_n)\, z^n = \varphi\, a(z) \, .$$

Zur gleichmäßigen absoluten Konvergenz von (7.2.11) reicht aber die Konvergenz von

$$\sum_{2}^{\infty} |\varphi_k|\, M_k' \tag{7.2.12}$$

hin. Hier ist mit M_k' der Kürze halber die rechte Seite der Abschätzung (7.2.10) bezeichnet. Im Falle $m > 1$, den ich zuerst zu Ende führen will, ist die Konvergenz von (7.2.12) gewährleistet, wenn

$$\sum_{2}^{\infty} |\varphi_k|\, (k!)^{m-1}\, (\log 2 \ldots \log k)^{\lambda(m-1)}\, x^k$$

für alle x konvergiert, d. h. wenn

$$\lim_{k \to \infty} \sqrt[k]{|\varphi_k|\, (k!)^{m-1}\, (\log 2 \ldots \log k)^{\lambda(m-1)}} = 0$$

ist. Das ist der Fall, wenn

$$\frac{1}{k} \log \frac{1}{|\varphi_k|} - \frac{1}{k}\{(m-1)\log(k!) - \lambda(m-1)\log(\log 2 \ldots \log k)] \to +\infty \tag{7.2.13}$$

gilt. Wegen der Formel

$$\varrho = \overline{\lim} \, \frac{k \log k}{\log \dfrac{1}{|\varphi_k|}}$$

für die Ordnung ϱ von (7.2.1) ist das aber erfüllt, wenn $\varrho < \dfrac{1}{m-1}$ ist. Ist nämlich

$$\varrho < \frac{1}{m-1+p}\, , \quad p > 0 \, ,$$

so ist für große k

$$\log \frac{1}{|\varphi_k|} > (m-1+p)\, k \log k \, .$$

Dann wird aber die linke Seite von (7.2.13) nach der STIRLINGschen Formel

$$> \frac{1}{k}\left\{(m-1+p)\, k\log k - (m-1)\left(k+\frac{1}{2}\right)\log k - \lambda(m-1)\log[\log 2 \ldots \log k]\right\}$$

$$> \left(p - \frac{m-1}{2k}\right)\log k - \frac{\lambda(m-1)}{k}\log(k \log k) \, ,$$

und das geht offenbar für $k \to \infty$ gegen $+\infty$.

Im Falle $m = 1$ handelt es sich analog darum, daß

$$\sum_2^\infty |\varphi_k| (\log 2 \ldots \log k) x^k$$

für alle x konvergiert. Dazu genügt es, daß

$$\lim \sqrt[k]{|\varphi_k| \log 2 \ldots \log k} = 0$$

ist, und dazu reicht es hin, daß

$$|\varphi_k|^{\frac{1}{k}} \log k \to 0$$

gilt.

Für $m < 1$ genügt es offenbar, daß (7.2.1) irgendeine ganze Funktion ist.

Der Satz (7.2.I) behauptet nicht nur die Holomorphie im Hauptstern A, sondern er besagt auch, daß am Rande desselben keine anderen singulären Stellen als 1 und ∞ anzutreffen sind. Diese Behauptung erweist sich ohne weiteres als richtig, wenn man beachtet, daß der vorstehende Beweis bestehen bleibt, wenn man statt des Hauptsterns A einen logarithmischen Stern nimmt. Das ist die Komplementärmenge eines 1 mit ∞ verbindenden Bogens irgendeiner logarithmischen Spirale. Im Beweis hat man dann die Bereiche $\mathfrak{B}_k$ und die Integrationswege C_k durch entsprechende von logarithmischen Spiralen und Kreisen bestimmte Gebilde zu ersetzen.

J. Soula [1] hat den Satz (7.2.I) wie folgt erweitert.

Satz (7.2.II). *Wenn* (7.1.3) *wieder am Rande seines Hauptsterns nur die singulären Stellen 1 und ∞ hat, wenn zu der Annahme* (7.2.3) *noch die hinzutritt, daß die Folge der Koeffizienten a_n von* (7.1.3) *eine Nullfolge ist und wenn endlich* (7.2.1) *in der Umgebung von $z = 0$ holomorph ist, dann hat auch* (7.2.2) *am Rande seines Hauptsterns keine anderen Singularitäten als 1 und ∞.*

Für den Spezialfall $a_n = \dfrac{1}{n}$ findet sich diese Aussage schon bei L. Leau [1]. Hiervon wird in 7.3 noch die Rede sein. L. Leau [1] hat noch vermutet, daß $\sum \varphi(a_n) z^n$ eindeutig ist, wenn $\sum a_n z^n$ eindeutig ist und hat die Bemerkung hinzugefügt, daß andernfalls $z = 0$ in einem anderen Blatt singulär sein könne.

Hierher gehört auch

Satz (7.2.III). (2.2.1) *definiere eine eindeutige Funktion, deren einzige singuläre Stellen bei Einheitswurzeln und bei $z = \infty$ liegen. Bei den Einheitswurzeln habe sie eine exponentielle Ordnung $\leqq q$. Es sei*

$$g(z) = \sum_0^\infty g_n z^n, \quad |g_n|^{\frac{1}{n}} = o \left(\exp \left[-2^{(q+1)m} \right] \right.$$

eine ganze Funktion höchstens nullter Ordnung. Dann ist

$$G(z) = \sum_0^\infty g(f_n) z^n$$

ebenfalls eine eindeutige Funktion, deren einzige Singularitäten bei den gleichen Einheitswurzeln und bei $z = \infty$ liegen. Ist (2.2.1) bei $z = \infty$ regulär, so auch $G(z)$. J. J. GERGEN [1, 2].

Man darf vielleicht noch hervorheben, daß in dem letzten (grammatischen) Satz von Satz (7.2.III) eine Aussage der interpolatorischen Funktionentheorie steckt. Wenn nämlich $G(z)$ nur bei $z = 1$ singulär ist, so gibt es nach dem Satz von WIGERT eine ganze Funktion $A(z)$, die höchstens dem Minimaltypus der Ordnung 1 angehört, für die $A(n) = g(f_n)$ ist. Man kann demnach unter gewissen, in Satz (7.2.III) angegebenen Bedingungen die Werte von $A(z)$ an den Stellen 0, 1, 2, ... vorschreiben und ist der Existenz genau einer ganzen Funktion höchstens vom Typus $< \pi$ der Ordnung 1 sicher, die diese Werte annimmt. Für $f_n = n$ ist natürlich $A(z) \equiv g(z)$, und die interpolatorische Aussage wird leer. Die Existenz von $A(z)$ steht aber auch fest, wenn die Zahlen f_n die Koeffizienten irgendeiner nur bei $z = 1$ singulären Funktion (2.2.1) sind und wenn die gegebenen Werte $A(n)$ gleich den Werten $g(f_n)$ einer ganzen Funktion der Ordnung 0 von der in Satz (7.2.III) beschriebenen Art sind. Man darf fragen, ob die interpolatorische Aussage richtig bleibt, wenn $g(z)$ eine beliebige ganze Funktion der Ordnung 0 ist.

Eine nicht ganze Funktion (7.2.1) ziehen die folgenden beiden Sätze von J. SOULA [3, 5] und S. AGMON [7] in Betracht.

Satz (7.2.IV). *Man betrachte neben (2.2.1) noch*

$$f_1(z) = \sum_0^\infty \frac{1}{f_n} z^n . \tag{7.2.14}$$

Man setze $f_n \neq 0$ voraus für alle n und außerdem

$$\lim |f_n|^{\frac{1}{n}} = 1 . \tag{7.2.15}$$

Wenn $z = 1$ die einzige Singularität von (2.2.1) auf $|z| = 1$ ist, dann ist entweder der $|z| = 1$ natürliche Grenze für (7.2.14) oder auch die durch diese Reihe (7.2.14) definierte Funktion hat $z = 1$ als ihre einzige singuläre Stelle auf $|z| = 1$. In diesem letzteren Fall ist

$$\lim (f_n/f_{n+1}) = 1$$

und ist $z = 1$ ein gut zugänglicher singulärer Punkt sowohl für (2.2.1) wie für (7.2.14).

J. SOULA [3, 5] bedurfte noch der Zusatzvoraussetzung, f_n reell, für alle n zum Beweis dieses Satzes. Von dieser Annahme hat erst S. AGMON [7] den Beweis entlastet.

S. AGMON [7] bewies weiter

Satz (7.2.V). *(7.1.3) sei in der Komplementärmenge von $\{x \geq 1, y = 0\}$, $z = x + iy$ holomorph. Es sei wieder $f_n \neq 0$ für alle n und (7.2.15) vorausgesetzt. Man betrachte wieder (7.2.14). Man betrachte den in 1.4 erklärten Hauptstern von (7.2.14). Es sei $\varrho_1(\vartheta) e^{i\vartheta}$ die Ecke* *desselben, deren Argument ϑ ist. Dann existieren zwei Zahlen α, β aus $\left\langle 0, \dfrac{\pi}{2} \right\rangle$ so, daß*

$$\varrho(0) = 1, \ \varrho_1(\vartheta) = \min \{\exp(\vartheta \operatorname{tg} \alpha), \exp\{2\pi - \vartheta\} \operatorname{tg} \beta\}, \ 0 < \vartheta < 2\pi$$

ist.

Einen ähnlichen Satz beweist S. AGMON [7] auch für den Fall, daß (7.1.3) in dem von 1 bis ϱ längs der positiven reellen Achse aufgeschlitzten Kreis $|z| < \varrho$, $\varrho > 1$ holomorph ist.

J. GERGEN [1] hat aus Satz (7.2.III) eine Folgerung gezogen, die gewisse arithmetische Eigenschaften der Koeffizienten von (2.2.1) voraussetzt. Es ist

Satz (7.2.VI). *Die Koeffizienten von (2.2.1) sollen ganze Zahlen aus dem GAUSSschen Zahlkörper sein. Die Folge $\{f_n\}$ sei in zwei komplementäre Teilfolgen mit den Nummernfolgen $\{n_k'\}$ und $\{n_k''\}$ aufgeteilt. Es möge eine ganze Funktion $g(z)$ von der in Satz (7.2.III) angegebenen Beschaffenheit geben, für die $g(f_n) = 0$, $n \in \{n_k'\}$ gilt. Außerdem sei*

$$\overline{\lim} \, |g(f_n)|^{\frac{1}{n}} = 1, \quad n \in \{n_k''\} \ und \ \lim \frac{k}{n_k''} = 0 \, .$$

Dann ist der $|z| = 1$ natürliche Grenze für (2.2.1).

Man ziehe den Satz (6.2.I) heran und wende ihn auf die mit den Realteilen der f_n und ebenso auf die mit den Imaginärteilen der f_n als Koeffizienten gebildeten Reihen an. Dann erkennt man, daß $f(z)$ entweder rational oder über den $|z| = 1$ nicht fortsetzbar ist. Man bedenke auch Satz (1.8.III). Nach dem Satz (6.2.I) ist dann die Funktion (2.2.1) entweder über den $|z| = 1$ nicht fortsetzbar oder sie ist eine rationale Funktion von der Form

$$f(z) = \frac{P(z)}{(1 - z^p)^q}, \quad P(z) \text{ Polynom.}$$

Hier sind p und q ganze nichtnegative Zahlen. Nach Satz (7.2.III) hat dann die dort genannte Funktion $G(z)$ nur die im Nenner von $f(z)$ vorkommenden Einheitswurzeln und $z = \infty$ als Singularitäten. Nach den Annahmen von Satz (7.2.VI) hat zudem $G(z)$ auf $|z| = 1$ mindestens eine singuläre Stelle. Nach dem FABRYschen Lückensatz (2.2.I) hat aber wieder wegen der Annahmen von Satz (7.2.VI) $G(z)$ den $|z| = 1$ als natürliche Grenze. Dieser Widerspruch lehrt, daß $f(z)$ nicht rational sein kann.

7.3. Der spezielle Satz von LEAU.

Aus 7.1 kann man entnehmen, daß die Funktion

$$\varphi_1(z) = \sum_{k}^{\infty} \varphi(n)\, z^n, \tag{7.3.1}$$

deren Koeffizienten mit einer für $|z| \geq k$ holomorphen Funktion $\varphi(z)$ gebildet sind, am Rande ihres Hauptsterns im Endlichen keine anderen Singularitäten hat als an der Stelle 1. L. LEAU [1] hat dafür schon vor LE ROY [1] einen anderen Beweis gegeben, der auch für logarithmische Sterne gilt, d. h. der die Fortsetzbarkeit in jedem Teil der RIEMANNschen Fläche von $\log (1 - z)$ erkennen läßt, der den $|z| < 1$ nur einfach bedeckt. G. FABER [2] hat bei Darbietung eines weiteren vereinfachten Beweises der Vermutung Ausdruck gegeben, daß der folgende Satz richtig sein möge.

Satz (7.3.I). *Wenn $\varphi(z)$ in der Umgebung von ∞ holomorph ist, dann kann (7.3.1) auf jedem der RIEMANNschen Fläche von $\log (1 - z)$ angehörigen Weg analytisch fortgesetzt werden, der von $z = 0$ ausgeht, aber $z = 0$ nicht zum zweiten Male trifft.*

Einen Beweis dieses Satzes hat OSTROWSKI [12] gefunden. Bevor ich ihn darstelle, gebe ich erst noch eine von OSTROWSKI herrührende Verallgemeinerung an, die auf eine Vermutung von FABER [2] zurückgeht und die sich, soweit sie eine Aussage über Sterne enthält, aus der Verbindung von Satz (7.3.I) mit dem HADAMARDschen Multiplikationssatz (1.4.I) ergibt. Es ist

Satz (7.3.II). *Es sei*

$$f(z) = \sum_{1}^{\infty} f_n \, z^n \tag{7.3.2}$$

in $|z| < 1$ holomorph. Es sei

$$\varphi(z) = \sum_{0}^{\infty} \varphi_\lambda \frac{1}{z^{\lambda + 1}} \, , \quad \overline{\lim} \, |\varphi_\lambda|^{\frac{1}{\lambda}} = H \tag{7.3.3}$$

in der Umgebung von $z = \infty$ holomorph. Dann ist

$$h(f, \varphi_1; z) = \sum_{k}^{\infty} f_n \, \varphi(n) z^n, \quad k = [H] + 1 \tag{7.3.4}$$

auf jedem von $z = 0$ ausgehenden und $z = 0$ nicht ein zweites Mal treffenden Weg analytisch fortsetzbar, auf dem sich (7.3.2) analytisch fortsetzen läßt.

Für

$$f(z) = \sum_{1}^{\infty} z^n = \frac{1}{1 - z}$$

ist dies wieder Satz (7.3.I).

Es mag noch auffallen, daß hier nur Funktionen (7.3.3) mit $\varphi(\infty) = 0$ zugelassen zu sein scheinen. Der Satz gilt aber auch für beliebige, bei ∞ holomorphe Funktionen $\varphi(z)$, weil doch offenbar

$$\varphi(\infty) f(z) = \sum_{k}^{\infty} f_n \, \varphi(\infty) z^n, \quad k = [H] + 1$$

auf jedem Wege fortsetzbar ist, auf dem (7.3.2) fortsetzbar ist.

Ich beweise Satz (7.3.II) nach der Methode von OSTROWSKI. Sie beruht auf der Integraldarstellung

$$h(f, \varphi_1; z) = \int_{s}^{\infty} \Phi(u - s) f(e^{-u}) \, du \, . \tag{7.3.5}$$

Dabei ist

$$\Phi(z) = \sum_0^\infty \frac{\varphi_\lambda}{\lambda!} z^\lambda \tag{7.3.6}$$

die aus 1.1 bekannte LAPLACEsche Oberfunktion von (7.3.3), also eine ganze Funktion, die dem Mitteltypus H der Ordnung 1 (oder für $H = 0$ höchstens dem Minimaltypus der Ordnung 1) angehört, wenn H der Konvergenzradius von (7.3.3) ist. In dem in (7.3.5) vorkommenden Integral läuft der Integrationsweg von $u = s$ aus, zunächst nach $u = 1$ und folgt dann der positiven reellen Achse ins Unendliche. Ich beweise zunächst für $\Re s > 0$ die Integraldarstellung (7.3.5). Ich will dabei die zusätzliche Voraussetzung machen, daß $H < 1$ ist. (Ich werde hernach sagen, wie für $H \geq 1$ zu verfahren ist.) Dann ist nämlich $\Phi(z)$ höchstens von der Ordnung 1 und einem Typus < 1. Dann gilt nach 1.1 für alle $n \geq 1$ die Integraldarstellung

$$\varphi(n) = \int_0^\infty \Phi(t)\, e^{-nt}\, dt\,. \tag{7.3.7}$$

Da nun $\Phi(u - s)$ dem Typus $H < 1$ der Ordnung 1 angehört und da

$$f(e^{-u}) = \sum_1^\infty f_n\, e^{-nu}$$

wie e^{-u} nach 0 geht für $u \to \infty$, so konvergiert das in (7.3.5) stehende Integral gleichmäßig. Man kann in

$$\int_s^\infty \Phi(u - s) f(e^{-u})\, du = \int_0^\infty \Phi(t) f(e^{-t-s})\, dt$$

$$= \int_0^\infty \Phi(t) \sum_1^\infty f_n\, e^{-nt}\, e^{-ns}\, dt$$

Integration und Summation vertauschen und erhält so

$$\sum_1^\infty f_n\, e^{-ns} \int_0^\infty \Phi(t)\, e^{-nt}\, dt = \sum_1^\infty f_n\, \varphi(n)\, e^{-ns}$$

nach (7.3.7).

Hätte man $H \geq 1$ angenommen, so würde (7.3.7) erst für $n > H$ gelten. Man kann sich dann aber für den weiteren Beweis dadurch helfen, daß man genügend viele Anfangsglieder von (7.3.2) wegläßt. Für den so verbleibenden Reihenrest kann man den im Text folgenden Beweis glatt durchführen, da dann auch $f(e^{-u})$ wie eine genügend hohe Potenz von e^{-u} nach 0 geht, um die Konvergenz des Integrals in (7.3.5) zu sichern. Da die weggelassenen Glieder eine ganze rationale Funktion ausmachen, stört das die Geltung von Satz (7.3.II) nicht.

Die damit für $\Re s > 0$ bewiesene Integraldarstellung gilt nun aber nicht allein in dieser aus dem Einheitskreis der z-Ebene durch die benutzte Substitution $z = e^{-s}$ sich ergebenden Halbebene $\Re s > 0$, sondern sie ermöglicht auch die analytische Fortsetzung von $h(f, \varphi_1; e^{-s})$ auf jedem Weg der s-Ebene, auf dem sich $f(e^{-s})$ fortsetzen läßt. Die im Satz (7.3.II) stehende Voraussetzung, daß der Fortsetzungsweg $z = 0$ nicht ein zweites Mal passieren soll, entfällt ja in der s-Ebene, da ja $z = 0$ in $s = +\infty$ übergeht und wir nur Wege betrachten, die wie im Integral (7.3.5) aus $+\infty$ kommend in der Gaussschen Ebene weiter verlaufen.

Ich nehme nun einen beliebigen rektifizierbaren Weg, längs dem sich $f(e^{-s})$ fortsetzen läßt. Er möge von $+\infty$ bis 1 der positiven reellen Achse folgen und anschließend beliebig weiter verlaufen. Der von 1 an benutzte Weg sei Γ. Ich beschränke mich wieder auf $H < 1$. Da $\Phi(u - s)$ eine ganze Funktion höchstens vom Typus $H < 1$ der Ordnung 1 ist und da $f(e^{-u})$ in $\Re u > 0$ regulär ist und für $u \to \infty$ wie e^{-u} nach 0 geht, stellt

$$\int\limits_{1}^{\infty} \Phi(u - s) f(e^{-u})\, du$$

eine ganze Funktion von s dar. Man sieht das nach Ostrowski [13] z. B. mit Hilfe des Satzes von Morera ein. Es kommt also weiter auf die Untersuchung von

$$\int\limits_{s}^{1} \Phi(u - s) f(e^{-u})\, du, \quad \text{integriert längs } \Gamma \qquad (7.3.8)$$

an. Es soll gezeigt werden, daß diese Integralfunktion längs Γ fortsetzbar ist. Jedenfalls hat das Integral für jeden solchen Integrationsweg Γ einen Sinn. Es existiert nun eine nur von Γ abhängige Zahl $r > 0$ derart, daß $f(e^{-u})$ in einer Kreisscheibe vom Radius r um einen jeden Punkt von Γ als Mittelpunkt holomorph ist. Wäre (7.3.8) nicht längs Γ bis s fortsetzbar, so sei s_1 ein zwischen s und 1 auf Γ gelegener Punkt derart, daß sich (7.3.8) bis zu jedem vor s_1 auf Γ von 1 aus angetroffenen Punkt fortsetzen läßt, während die Fortsetzung über s_1 hinaus längs Γ nicht möglich ist. Dann wähle man s_0 auf dem s_1 mit 1 verbindenden Bogen von Γ so, daß der Bogen $(s_0 s_1)$ von Γ kürzer als $r/4$ ist. Dann schreibe man

$$\int\limits_{s}^{1} \Phi(u - s) f(e^{-u})\, du = \int\limits_{s_0}^{1} \Phi(u - s) f(e^{-u})\, du + \int\limits_{s}^{s_0} \Phi(u - s) f(e^{-u})\, du\,.$$

Da wieder

$$\int\limits_{s_0}^{1} \Phi(u - s) f(e^{-u})\, du$$

eine ganze Funktion von s ist, bleibt die Fortsetzbarkeit von

$$\psi(s) = \int\limits_{s}^{s_0} \Phi(u - s) f(e^{-u})\, du \qquad (7.3.9)$$

zu untersuchen. Man substituiere in (7.3.9)

$$u - s + s_0 = v\,.$$

Dann wird

$$\psi(s) = \int_{s_0}^{2s_0-s} \Phi(v - s_0)\, f(e^{-v-s+s_0})\, dv\, . \tag{7.3.10}$$

Hier ist $f(e^{-v-s+s_0})$ in einer Kreisscheibe vom Radius $3r/4$ um jeden Punkt des neuen verschobenen Integrationswegs holomorph. Daher gehört zu jedem δ aus $\left(0, \dfrac{3}{4}\right)$ ein nur von Γ abhängiges (von k, v, s unabhängiges) $c(\delta)$ so, daß

$$\left| \frac{f^{(k)}(e^{-v})}{k!} \right| < \frac{c(\delta)}{\left(\dfrac{3}{4}\, r - \delta\right)^k}$$

ist. Daher ist

$$f(e^{-v-s+s_0}) = \sum_0^\infty (s - s_0)^k\, \frac{f^{(k)}(e^{-v})}{k!} \tag{7.3.11}$$

in $|s - s_0| \leqq \dfrac{3}{4}\, r - 2\delta$ gleichmäßig konvergent. Daher ergibt sich durch Einsetzen in (7.3.10)

$$\psi(s) = \sum_0^\infty \frac{(s - s_0)^k}{k!} \int_{s_0}^{2s_0-s} \Phi(v - s_0)\, f^{(k)}(e^{-v}) \tag{7.3.12}$$

als in $|s - s_0| \leqq \dfrac{3}{4}\, r - 2\delta$ gleichmäßig konvergent. Nun ist

$$|2s_0 - s - s_0| = |s_0 - s| \leqq \frac{3}{4}\, r - 2\delta\, .$$

Somit ist

$$\int_{s_0}^{2s_0-s} \Phi(v - s_0)\, f^{(k)}(e^{-v})\, dv$$

in $|s - s_0| < \dfrac{3}{4}\, r - 2\delta$ holomorph. Nach (7.3.12) ist daher (7.3.8) in einer Kreisscheibe vom Radius $\dfrac{3}{4}\, r - 2\delta$ um s_0 holomorph. Wählt man $\delta = \dfrac{r}{8}$, so zeigt sich, daß s_1 in dieser Kreisscheibe liegt, weil der Bogen (s_0, s_1) kürzer als $r/4$ sein sollte. Daher ist die Fortsetzung von (7.3.8) über s_1 hinaus längs Γ geleistet entgegen der Bestimmung von s_1. Durch diesen Widerspruch ist Satz (7.3.II) bewiesen.

Für den Spezialfall $f_n = 1$ hat LINDELÖF [4] einen Sonderfall erledigt, der sich aus Satz (7.3.II) zusammen mit dem Satz von WIGERT (1.3.II) ergibt. Sein Satz lautet: Es sei $\varphi(z)$ eindeutig und besitze nur endlich viele Singularitäten. Es gehöre $\varphi(z)$ für die Umgebung von ∞ seinem Wachstum nach höchstens dem Minimaltypus der Ordnung 1 an, d. h. sei in dieser Umgebung als Summe einer ganzen Funktion von diesem Typus und einer in dieser Umgebung holomorphen Funktion darstellbar. Dann hat

$$\sum_1^\infty \varphi(n)\, z^n$$

bei analytischer Fortsetzung keine anderen Singularitäten als 0, 1, ∞.

Ostrowski hat in der Arbeit [12], auf der die vorstehende Darstellung beruht, einen wesentlich allgemeineren Satz bewiesen. Es ist

Satz (7.3.III). *Es seien $A(t)$, $B(t)$ auf jedem endlichen Teilintervall von $\langle a, \infty \rangle$ bzw. $\langle b, \infty \rangle$ von beschränkter Variation.*

$$f(e^{-s}) = \int\limits_{a}^{\infty} e^{-\lambda s}\, d\,A(\lambda), \quad a > 0$$

sei konvergent für $\Re s > \alpha$, $\alpha > -\infty$. Es sei ferner $\varphi(z)$ für $0 < z \leqq \dfrac{1}{a}$ stetig und

$$\varphi(z) = \int\limits_{b}^{\infty} z^t\, dB(t), \quad b > 0$$

für $|z| < \beta$, $\beta > 0$, wo das Integral für $|z| < \beta$ konvergent ist. Dann ist das Integral

$$h(s) = \int\limits_{a}^{\infty} \varphi\left(\frac{1}{\lambda}\right) e^{-\lambda s}\, dA(\lambda)$$

konvergent für $\Re s > \alpha$ und ist aus dieser Konvergenzhalbebene auf jedem ganz im Endlichen verlaufenden Weg ohne Selbstüberschneidung fortsetzbar, auf dem $f(e^{-s})$ fortsetzbar ist.

Ist aber $\varphi(z)$ in einer Umgebung des Nullpunktes eindeutig, so sind auch alle ganz im Endlichen gelegenen Wege mit Selbstüberschneidung zugelassen, auf denen $f(e^{-s})$ fortsetzbar ist.

Der Beweis dieses Satzes bietet erhebliche Komplikationen. Sie liegen darin begründet, daß jetzt die im Text vorkommende Funktion $\Phi(z)$ bzw. ihr Analogon nicht mehr bei $z = 0$ holomorph ist, daß dies vielmehr nur auf der Riemannschen Fläche von $\log z$ zutrifft. Die Annahme, daß nur Fortsetzungswege ohne Selbstüberschneidungen zugelassen werden, kann durch die ersetzt werden, daß $f(e^{-s})$ auch auf all den Wegen fortsetzbar ist, die sich aus dem Weg, der etwa als Polygonzug mit Selbstüberkreuzungen angenommen sei, durch Weglassen beliebig vieler seiner Schleifen ergeben (sog. Spurwege).

Im Falle des speziellen Satzes (7.3.I) hat S. Wigert [3] eine auf der Euler-Maclaurinschen Summenformel beruhende Darstellungsweise gegeben, die die Natur der Singularität bei $z = 1$ erkennen läßt.

Im Falle des Satzes (7.3.III) gibt A. J. Macintyre [2] eine Vereinfachung der Beweisführung an einer Stelle an.

In einer anschließenden Arbeit verallgemeinert Ostrowski [13] den Satz (1.5.IV) von Cramér zu folgenden beiden Sätzen:

Satz (7.3.IV). *Es sei*

$$f(e^{-s}) = \int\limits_{a}^{\infty} e^{-\lambda s}\, d\,\Phi(\lambda) \tag{7.3.13}$$

und dabei $\Phi(\lambda)$ auf jeder endlichen Teilstrecke von $\langle a, \infty \rangle$ von beschränkter Schwankung. Das Integral sei in $\Re s > \sigma^*$, σ^* endlich, konvergent.

Es sei

$$\alpha_1 < 0 < \alpha_2, \quad \alpha_2 - \alpha_1 \leqq \pi . \tag{7.3.14}$$

Es sei

$$A(t) \text{ regulär in } |t| \geqq R, \ \alpha_1 < \arg t < \alpha_2 \tag{7.3.15}$$

und genüge für jedes α_1', α_2' *aus* $\alpha_1 < \alpha_1' < \alpha_2' < \alpha_2$ *einer Relation*

$$|A(t)| \leqq C(\varepsilon, \alpha_1', \alpha_2') e^{(H+\varepsilon)|t|}, \ |t| \geqq R, \ \alpha_1' \leqq \arg t \leqq \alpha_2' . \tag{7.3.16}$$

Man bilde

$$F(e^{-s}) = \int\limits_a^\infty e^{-\lambda s} A(\lambda) \, d\, \Phi(\lambda) . \tag{7.3.17}$$

Dann ist $F(e^{-s})$ *für* $\Re s > \sigma^* + H$ *regulär.* $F(e^{-s})$ *ist aus dieser Halbebene heraus nach einem Punkt* s_0 *längs der Richtungen des Richtungsbüschels*

$$\left\langle \frac{\pi}{2} - \alpha_1, \ \frac{3\pi}{2} - \alpha_2 \right\rangle \tag{7.3.18}$$

geradlinig fortsetzbar, falls $f(e^{-s})$ *aus* $\Re s > \sigma^* + H$ *nach* s_0 *ebenfalls längs der Geraden dieses Büschels* (7.3.18) *analytisch fortsetzbar ist, und zwar so, daß dabei der Regularitätsradius von* $f(e^{-s})$ *stets größer als* H *bleibt.*

Satz (7.3.V). *Er bezieht sich wieder auf* (7.3.13) *mit der gleichen Voraussetzung über* $\Phi(\lambda)$ *und mit der gleichen Konvergenzabszisse* σ^* *wie in Satz* (7.3.IV). *Jetzt sei aber*

$$\alpha_1 < 0 < \alpha_2, \quad \alpha_2 - \alpha_1 > \pi \tag{7.3.19}$$

angenommen und wieder

$$A(t) \text{ regulär in } |t| \geqq R, \ \ \alpha_1 < \arg t < \alpha_2 \tag{7.3.20}$$

und erfülle für jedes Paar α_1', α_2' *mit* $\alpha_1 < \alpha_1' < \alpha_2' < \alpha_2$ *eine Relation* (7.3.16). *Man bilde wieder* (7.3.17). *Dann ist* $F(e^{-s})$ *wieder für* $\Re s > \sigma^* + H$ *regulär. Ist weiter* $f(e^{-s})$ *aus dieser Halbebene zu einem Punkt* s_0 *längs eines Weges* $L(s_0)$ *analytisch fortsetzbar derart, daß dabei der Konvergenzradius stets* $> H$ *bleibt, so ist auch* $F(e^{-s})$ *längs* $L(s_0)$ *nach* s_0 *analytisch fortsetzbar, sofern der Weg* $L(s_0)$ *der W-Bedingung und der H-Bedingung genügt.*

$L(s_0)$ kommt aus dem Unendlichen und mündet in s_0. $L(s_0)$ besteht aus endlich vielen geradlinigen Strecken und ist frei von Selbstüberschneidungen. Es erfüllt die W-Bedingung: Die an ∞ angrenzende Teilstrecke von $L(s_0)$ möge die analytische Richtung β haben (d. h. der Winkel ist nicht mod 2π zu nehmen). Alle aus dieser Richtung nach einem bestimmten — hier nicht zu beschreibenden — Prozeß längs $L(s_0)$ stetig hervorgehenden analytischen Richtungen sollen dem Büschel W_0 angehören:

$$W_0 : \left\langle -\alpha_2 + \frac{\pi}{2}, \ -\alpha_1 - \frac{\pi}{2} \right\rangle . \tag{7.3.21}$$

Außerdem hat $L(s_0)$ die H-Eigenschaft: Betrachtet man zwei Strecken von $L(s_0)$, die nicht aneinandergrenzen, so soll der Abstand eines jeden Punktes der einen Strecke von jedem Punkt der anderen Strecke $> 2H$ sein.

In (7.3.13) sind als Sonderfall die DIRICHLETschen Reihen

$$f(e^{-s}) = \sum_1^\infty f_n\, e^{-\lambda_n s},\ F(e^{-s}) = \sum_1^\infty f_n\, A(\lambda_n)\, e^{-\lambda_n s}$$

und für $\lambda_n = n$ die Potenzreihen enthalten. Der dann gegenüber Satz (7.3.II) erzielte Fortschritt besteht darin, daß $A(t)$ nur noch in einem ein- oder mehrblättrigen, an ∞ anstoßenden Winkelraum erklärt und in seinem Wachstum beschränkt zu sein braucht. In diese Richtung zielende Ergebnisse finden sich, was Satz (7.3.IV) angeht, schon bei LINDELÖF [4], S. 109 und S. 129ff. unter Beschränkung auf Potenzreihen und auf $H < \pi$, $\alpha_1 = \dfrac{\pi}{2}$, $\alpha_2 = \dfrac{\pi}{2}$. LINDELÖF beruft sich selbst auf Vorarbeiten bei LE ROY und bei MELLIN. Etwas allgemeinere Fälle von Satz (7.3.IV) finden sich schon bei J. SOULA [3] und bei V. BERNSTEIN [2]. Dazu auch V. F. COWLING [1]. Ich zitiere das Hauptergebnis in der Fassung, die ihm S. AGMON [7] gegeben hat.

Satz (7.3.VI). *$A(z)$ möge in dem Sektor*

$$|z| \geq R,\ -\beta \leq \arg z \leq \alpha,\ 0 < \alpha,\ \beta < \frac{\pi}{2} \qquad (7.3.22)$$

holomorph und vom Exponentialtypus sein, und es möge für den in diesem Winkelraum durch (1.1.4) definierten Strahltypus

$$h(\vartheta) \leq 0 \qquad (7.3.23)$$

gelten. Dann ist*

$$f(z) = \sum_{n > R} A(n)\, z^n \qquad (7.3.24)$$

in dem Gebiet $G(\alpha, \beta)$ holomorph, das von den folgenden beiden Spiralen begrenzt ist:

$$\varrho = \exp(\vartheta\, \mathrm{tg}\, \alpha),\quad 0 \leq \vartheta \leq \vartheta_0$$

und

$$\varrho = \exp((2\pi - \vartheta)\, \mathrm{tg}\, \beta),\quad \vartheta_0 \leq \vartheta \leq 2\pi.$$

Hier ist $z = \varrho \exp(i\vartheta)$ und $\vartheta_0 = 2\pi\, \mathrm{tg}\, \beta/(\mathrm{tg}\, \alpha + \mathrm{tg}\, \beta)$, $0 < \alpha,\ \beta < \dfrac{\pi}{2}$.

Dieser Satz besitzt eine Umkehrung, die ich gleichfalls nach S. AGMONs Arbeit [7] formuliere.

Satz (7.3.VII). *Es möge*

$$f(z) = \sum_0^\infty f_n\, z^n \qquad (7.3.25)$$

eine analytische Fortsetzung in das in Satz (7.3.VI) angegebene Gebiet $G(\alpha, \beta)$ gestatten. Dann gehört zu gegebenen α' aus $(0, \alpha)$ und β' aus

---

* (7.3.23) bedeutet: $A(z)$ gehört in (7.3.22) höchstens dem Minimaltypus der Ordnung 1 an.

(0, β) *eine Funktion $A(z)$, die in $-\beta' \leq \arg z \leq \alpha'$ holomorph und vom Exponentialtypus ist, für die in diesem Winkelraum gleichmäßig (7.3.23) gilt und für die*

$$A(n) = f_n, \quad n = 0, 1, \ldots \tag{7.3.26}$$

gilt.

Diese Umkehrung ist nicht von den Sätzen Ostrowskis erfaßt. Man kann sich fragen, ob man nicht die beiden letzten Sätze sowie manches verwandte Ergebnis aus E. Lindelöf [2] nicht analog wie in 1.3 an Hand der von G. Doetsch [1] und von J. Macintyre [1] gegebenen Verallgemeinerung der Laplace-Borelschen Transformation des 1.1 auf Funktionen $A(z)$, die in Winkelräumen dem Exponentialtypus angehören, erfassen kann, um sie einer ähnlichen Abrundung wie für ganze $A(z)$ zuzuführen. In dem Fall, daß der Winkelraum eine Halbebene ist, tritt die Beziehung des Regularitätsgebietes von (7.3.24) zum Strahltypus von $A(z)$ in der Halbebene bei der Darstellung von F. Carlson [1] schon deutlich hervor. Carlson bedient sich freilich nicht der Laplaceschen Transformation, sondern einer der Lindelöfschen Methoden und bringt den Schluß in diesem Fall auch nur von $A(z)$ zu $f(z)$ vor. Den umgekehrten Schluß von $f(z)$ zu $A(z)$ faßt Carlson als Aufgabe der Interpolation, die er nur im Falle ganzer $A(z)$ behandelt.

Ich nenne noch einige von den Sätzen von Lindelöf [2].

Satz (7.3.VIII). (7.3.25) *definiert eine in der Komplementärmenge von $\{x \geq 1, \ y = 0\}$, $z = x + iy$ holomorphe Funktion, falls es eine in $\Re z \geq -\frac{1}{2}$ holomorphe Funktion $A(z)$ gibt, die in dieser Halbebene höchstens dem Minimaltypus der Ordnung 1 gleichmäßig angehört und für die (7.3.26) gilt.*

Ich skizziere kurz Lindelöfs Beweis. Residuenrechnung führt zu der Integraldarstellung

$$\sum_0^\infty A(n) z^n = - \int\limits_{-\frac{1}{2} - i\infty}^{-\frac{1}{2} + i\infty} \Phi(z, \tau) \, d\tau, \quad \Phi(z, \tau) = \frac{A(\tau) z^\tau}{\exp(2\pi i \tau) - 1}.$$

Setzt man

$$\tau = -\frac{1}{2} + it, \quad z = r \exp(i[\pi + \Theta]), \quad |\Theta| < \pi, \quad z^\tau = \exp\{\tau \log z\},$$

so hat man

$$|\Phi(z, \tau)| = \frac{\left|A\left(-\frac{1}{2} + it\right)\right| \exp\left\{\pi t - \frac{1}{2}\log r - t(\pi + \Theta)\right\}}{\exp(\pi t) - \exp(-\pi t)}$$

und daraus für gegebenes $\varepsilon > 0$ und große $|t|$ die Abschätzung

$$|\Phi(z, \tau)| < \exp\left\{\varepsilon\left(\frac{1}{2} + |t|\right) - \frac{1}{2}\log r + |t|\,|\Theta| - \pi\,|t|\right\}.$$

Wegen $|\Theta| < \pi$ gibt es daher ein $\eta > 0$, so daß für gegebenes Θ_1 und große $|t|$

$$|\Phi(z,\tau)| < \exp(-\eta\,|t|), \quad r > 1, \quad |\Theta| \leqq \Theta_1 < \pi\,.$$

Aus dieser Abschätzung folgt leicht die Behauptung des Satzes (7.3.VIII).

Die gleiche Methode führt zu folgendem allgemeineren

Satz (7.3.IX). (7.3.25) *ist in dem Winkelraum*

$$\delta < \vartheta < 2\,\pi - \delta, \quad \delta \geqq 0, \quad z = r\exp(i\vartheta)$$

holomorph, falls eine Funktion $A(z)$ existiert, die in der Halbebene $\Re z \geqq -\dfrac{1}{2}$ holomorph ist, in ihr höchstens dem Typus δ der Ordnung 1 gleichmäßig angehört und für die (7.3.26) gilt.

Satz (7.3.X). *Nimmt man zu den Voraussetzungen von Satz (7.7.VIII) noch die hinzu, daß zu jedem $\psi > 0$ ein $R > 0$ gehört, so daß $A(z)$ in $|\arg z| \leqq \psi$, $|z| > R$ höchstens dem Minimaltypus der Ordnung 1 gleichmäßig angehört, so ist (7.3.25) mit (7.3.26) auf der* RIEMANN*schen Fläche von* $\log(1 - z)$ *regulär.*

Der Beweis von E. LINDELÖF [2] benutzt die EULERsche Summenformel und damit den Vergleich mit dem Integral

$$\int\limits_0^\infty A(\tau)\,z^\tau\,d\tau\,.$$

Auch für den Fall, daß $A(z)$ nicht in einer Halbebene, sondern einem kleineren Winkelraum Wachstumsbeschränkungen unterworfen ist, hat E. LINDELÖF [2] Abschätzungen des Regularitätsgebietes von (7.3.25) mit (7.3.26) gegeben (vgl. Satz (7.3.VI)). Die weitergehende Vermutung von LE ROY [1], die ich auch in meinem Encyklopädieartikel [1] erwähnt habe, daß auch dann noch $f(z)$ in $\{x \geqq 1,\ y = 0\}'$, $z = x + i\,y$ holomorph ist, hat gelegentlich G. PÓLYA durch ein Beispiel widerlegt (mündliche Mitteilung).

$$A(z) = 1 + \exp(cz) + \exp(\bar{c}z)\,, \quad c = -\alpha + i\,\beta, \quad \alpha > 0$$

hat die Eigenschaft $A(z) \to 1$, $z \to \infty$ gleichmäßig in jedem Winkelraum $|\arg z| \leqq \Theta < \dfrac{\pi}{2}$. Aber es ist

$$\sum\limits_0^\infty A(n)\,z^n = 1/(1 - z) + 1/(1 - e^c z) + 1/(1 - e^{\bar{c}} z)$$

mit Polen bei $z = 1$, e^{-c}, $e^{-\bar{c}}$ versehen.

Literaturverzeichnis.

AGMON, S.: [1] Fonctions analytiques dans un angle et propriétés des séries de TAYLOR. C. r. Acad. Sci. (Paris) **226**, 1497—1499 (1948). [2] Sur deux théorèmes de FABRY. C. r. Acad. Sci. (Paris) **226**, 1673—1674 (1948). [3] Sur un théorème de M. MANDELBROJT. C. r. Acad. Sci. (Paris) **226**, 1786—1787 (1948). [4] Sur le comportement d'une série de TAYLOR sur le cercle de convergence. C. r. Acad. Sci. (Paris) **226**, 1875—1876 (1948). [5] Sur les séries de DIRICHLET. Ann. éc. norm. sup. Paris (3) **66**, 263—310 (1949). [6] Functions of exponential type in an angle and singularities of TAYLOR series. Trans. Amer. Math. Soc. **70**, 492—508 (1951). [7] On the singularities of TAYLOR series with reciprocal coefficients. Pac. J. Math. **2**, 431—453 (1952).

AGNEW, R. P.: [1] On sequences with vanishing even or odd differences. Amer. J. Math. **66**, 339—340 (1944).

BAGEMIHL, F.: [1] Concerning non-continuable, transcendentally transcendental power series. Proc. Amer. Math. Soc. **37**, 211—213 (1951).

BEKE, E.: [1] Viszgálatokaz analytikai függvények elmélete köréböl. Math. és Természettud Ertesitö. **34**, 1—61 (1916).

BERNSTEIN, V.: [1] Généralisation et conséquences d'un théorème de LE ROY-LINDELÖF. Bull. Sci. math. **52**, 420—436 (1928). [2] Leçons sur les progrès récents de la théorie des séries de DIRICHLET. Paris 1933. [3] Alcune osservazioni sopra un teorema di FABRY. Rend. Acc. Linc. (6) **21**, 780—785 (1934).

BIEBERBACH, L.: [1] Neuere Untersuchungen über Funktionen von komplexen Variablen. Encykl. d. math. Wiss. II, **3**, 379—532 (1921). [2] Lehrbuch der Funktionentheorie Bd. II. Zweite Aufl. Leipzig 1931. [3] Theorie der geometrischen Konstruktionen. Basel 1952. [4] Über einen Satz PÓLYAscher Art. Arch. f. Math. **4**, 23—28 (1953).

BOAS, R. P.: [1] Density theorems for power series and complete sets. Trans. Amer. Math. Soc. **61**, 54—68 (1947). [2] A class of gap theorems. Duke Math. J. **15**, 725—728 (1948).

— and H. POLLARD: [1] Properties equivalent to the completeness of $\{e^{-it^\lambda n}\}$. Bull. Amer. Math. Soc. **52**, 348—351 (1946).

BOHNENBLUST, H. F.: [1] Note on singularities of power series. Proc. US Acad. Sci. **16**, 752—754 (1930).

BOHR, H.: [1] Om den HADAMARDske "Hulsaetning". Mat. Tidsskr. B **1919**, 15—21. [2] Om Potensraekker med Huller. En pseudo-kontinuitetsegenskab. Mat. Tidsskr. B **1942**, 1—11.

BOLLER, E.: [1] Über ganze Funktionen vom Exponentialtypus und ihre Indikatordiagramme. Diss. Zürich. Eidgen. Pol. 1932.

BOREL, E.: [1] Sur une application d'un théorème de M. HADAMARD. Bull. Sci. math. (2) **18**, 22—25 (1894). [2] Sur les séries de TAYLOR qui admettent leur cercle de convergence comme coupure. J. de Math. pures et appl. (5), **2**, 441—451 (1896). [3] Sur les séries de TAYLOR. C. r. Acad. Sci. (Paris) **123**, 1051—1052 (1896). [4] Sur les séries de TAYLOR. Acta math. **21**, 243—248 (1897). [5] Sur les singularités des séries de TAYLOR. Bull. Soc. math. Fr. **26**, 238—248 (1898). [6] Sur la détermination de classes singulières de séries de TAYLOR. C. r. Acad. Sci. (Paris) **137**, 695—697 (1903).

BOERNER, H.: [1] Über die Häufigkeit der nicht analytisch fortsetzbaren Potenzreihen. Sitzgsber. bayr. Akad. Wiss., Math.-nat. Abt. **1938**, 165—174.

BOURION, G.: [1] L'ultraconvergence dans les séries de TAYLOR. Actual. sci. et ind. **472** (1937). [2] Sur le prolongement analytiques des séries lacunaires. J. de Math. pures et appl. (9) **31**, 127—140 (1952).

BROGGI, U.: [1] Un teorema sulle serie di potenze che rappresentano funzioni razionali. Rend. Ist. Lomb. di Sci. e let. **64**, 8, 328—243 (1931).

BUCK, R. C.: [1] Extension of CARLSONs theorem. Duke Math. J. **13**, 345—349 (1946). [2] A class of entire functions. Duke Math. J. **13**, 541—559 (1946). [3] Interpolation and uniqueness of entire functions. Proc. Nat. Acad. Sci. **33**, 288—292 (1947). [4] Interpolation series. Trans. Amer. Math. Soc. **64**, 283—298 (1948). [5] Integral valued entire functions. Duke Math. J. **15**, 880—891

(1948). [6] On admissibility of sequences and a theorem of Pólya. Comm. math. Helvet. **27**, 75—80 (1953).

CARLSON, F.: [1] Sur une classe de séries de Taylor. Diss. Uppsala 1914. [2] Über Potenzreihen mit endlich vielen verschiedenen Koeffizienten. Math. Ann. **79**, 237—245 (1919). [3] Über Potenzreihen mit ganzzahligen Koeffizienten. Math. Z. **9**, 1—13 (1921). [4] Über ganzwertige ganze Funktionen. Math. Z. **11**, 1—23 (1921). [5] Sur quelques suites de polynomes. C. r. Acad. Sci. (Paris) **178**, 1677—1680 (1924).

— u. E. LANDAU: [1] Neuer Beweis und Verallgemeinerung des FABRYschen Lückensatzes. Nachr. Ges. Wiss. Göttingen, Math.-nat. Kl. **1921**, 184—188.

CARTWRIGHT, M. L.: [1] On the directions of Borel of functions which are regular and of finite order in an angle. Proc. Lond. Math. Soc. (2) **38**, 503—541 (1934).

CLAUS, H.: [1] Neue Bedingungen für die Nichtfortsetzbarkeit von Potenzreihen. Math. Z. **49**, 161—191 (1943).

COOKE, R. H.: [1] On Taylor series for which $\lim a_{n+1}/a_n = 1$. Tôh. Math. J. **46**, 319—327 (1940).

CRAMÉR, H.: [1] Un théorème sur les séries de Dirichlet et son application. Ark. mat., astr. och fys. **13**, Nr. 22 (1919).

COWLING, V. F.: [1] A generalization of a theorem of Le Roy and Lindelöf. Bull. Amer. Math. Soc. **52**, 1065—1082 (1946).

DARBOUX, G.: [1] Mémoire sur l'approximation des fonctions de très grands nombres et sur une classe étendue de développements en série. J. de Math. pures et appl. (3) **4**, 5—56 (1878).

DELANGE, H.: [1] Sur un théorème de Pólya. Bull. Sci. math. (2) **77**, 56—62 (1953). [2] Sur certaines intégrales de Laplace. Bull. Sci. math. (2) **77**, 141—168 (1953).

DELL'AGNOLA, C. A.: [1] Estensione di un teorema di Hadamard. Ven. Ist. Atti **58**, 525—539, 669—677 (1898).

DENJOY, A.: [1] Sur les singularités de la fonction analytique définie par un élément de Weierstrass. C. r. Acad. Sci. (Paris) **205**, 453—455 (1937). [2] Sur les singularités d'une fonction analytique définie par un élément. C. r. Acad. Sci. (Paris) **206**, 737—740 (1938). [3] Sur les singularités des fonctions analytiques définies par un élément. C. r. Acad. Sci. (Paris) **206**, 1073—1076 (1938). [4] Etude sur la détermination des singularités de la fonction analytique définie par une série de Taylor. Ann. éc. norm. sup. Paris (3) **55**, 257—336 (1938).

DIENES, P.: [1] Leçons sur les singularités des fonctions analytiques. Paris 1923. [2] Taylor series. Oxford 1931.

DOETSCH, G.: [1] Theorie und Anwendung der Laplace-Transformation. Berlin 1937.

DUFFIN, R. J., and A. C. SCHAEFFER: [1] Power series with bounded coefficients. Amer. J. Math. **67**, 141—154 (1945).

DUFRESNOY, J., et CH. PISOT: [1] Prolongement analytique de la série de Taylor. Ann. éc. norm. sup. Paris (3) **68**, 105—124 (1951).

DVORETZKY, A.: [1] Sur les arguments des singularités des fonctions analytiques. C. r. Acad. Sci. (Paris) **205**, 406—409 (1937). [2] Sur les singularités des fonctions analytiques. Bull. Soc. math. Fr. **66**, 171—193 (1938).

EDREI, A.: [1] Sur certaines invariants-limites des séries entières. C. r. Acad. Sci. (Paris) **203**, 1488—1491 (1936). [2] Sur les déterminants récurrents et les singularités d'une fonction donnée par son développement de Taylor. C. r. Acad. Sci. (Paris) **207**, 560—562 (1938). [3] Sur les déterminants récurrents et les singularités d'une fonction donnée par son développement de Taylor. Compos. math. **7**, 20—88 (1939).

EGGLESTON, H. G.: [1] Note on the TAYLOR coefficients of a function with algebraic-logarithmic singularities on its circle of convergence. J. Lond. Math. Soc. **24**, 171—181 (1949). [2] Notes on TAYLOR coefficients. II. A further extension of JUNGENS theorem. J. Lond. Math. Soc. **25**, 58—61 (1950). [3] Coefficient theory of functions with singularities of the form $\left(\dfrac{1}{c-z}\right)^{\sigma}\left(\log\dfrac{1}{c-z}\right)^{K}\displaystyle\int\limits_{-\infty}^{+\infty}\dfrac{d\,\beta\,(t)}{(c-z)^{i\,t}}$.
Proc. Lond. Math. Soc. (2) **53**, 476—492 (1951). [4] A generalization of the HURWITZ composition theorem to irregular power series. Proc. Cambr. Phil. Soc. **47**, 477—482 (1951).

— and R. WILSON: [1] The coefficient theory of transcendental singularity of algebraic-logarithmic type. J. Lond. Math. Soc. **24**, 291—304 (1949).

ERDÖS, P.: [1] Note on the converse of FABRYs gap theorem. Trans. Amer. Math. Soc. **57**, 102—104 (1945).

— and G. PIRANIAN: [1] Overconvergence on the circle of convergence. Duke Math. J. **14**, 647—658 (1947).

EVGAROV, M. A.: [1] Power series with integral coefficients I. Mat. Sbornik **28**, (70), 715—722 (1951). [2] Power series with integral coefficients II. Mat. Sbornik. **29**, (71), 121—132 (1951).

FABER, G.: [1] Über Reihenentwicklungen analytischer Funktionen. Diss. München Univ. 1903. [2] Über die Fortsetzbarkeit gewisser TAYLORscher Reihen. Math. Ann. **57**, 369—408 (1903). [3] Über die Nichtfortsetzbarkeit gewisser Potenzreihen. Sitzgsber. bayr. Akad. Wiss., Math.-nat. Abt. **1904**, 63—74. [4] Über analytische Funktionen mit vorgeschriebenen Singularitäten. Math. Ann. **60**, 379—397 (1905). [5] Über Potenzreihen mit unendlich vielen verschwindenden Koeffizienten. Sitzgsber. bayr. Akad. Wiss., Math.-nat. Abt. **1906**, 581—583. [6] Bemerkungen zu einem funktionentheoretischen Satz des Herrn HADAMARD. Jber. dtsch. Math. Ver. **16**, 285—298 (1907). [7] Beitrag zur Theorie der ganzen Funktionen. Math. Ann. **70**, 48—68 (1911). [8] Über das Verhalten von analytischen Funktionen an Verzweigungsstellen. Sitzgsber. bayr. Akad. Wiss., Math.-nat. Abt. **1917**, 263—284. [9] Über TSCHEBYSCHEFsche Polynome. J. reine u. angew. Math. **150**, 70—106 (1920). [10] Abschätzung von Funktionen großer Zahlen. Sitzgsber. bayr. Akad. Wiss., Math.-nat. Abt. **1922**, 285—304.

FABRY, E.: [1] Sur les points singuliers d'une fonction donnée par son développement de TAYLOR. Ann. éc. norm. sup. Paris (3) **13**, 367—399 (1896). [2] Sur les séries de TAYLOR. C. r. Acad. Sci. (Paris) **124**, 142—143 (1897). [3] Sur les séries de TAYLOR. C. r. Acad. Sci. (Paris) **125**, 1086—1089 (1897). [4] Sur les séries de TAYLOR qui ont une infinité de points singuliers. Acta math. **22**, 65—87 (1898). [5] Sur les points singuliers d'une série de TAYLOR. J. de Math. pures et appl. (5) **4**, 317—358 (1898). [6] Sur les séries les plus générales. C. r. Acad. Sci. (Paris) **211**, 245—247 (1940).

FATOU, P.: [1] Sur les séries entières à coéfficients entiers. C. r. Acad. Sci. (Paris) **138**, 342—344 (1904). [2] Séries trigonométriques et séries de TAYLOR. Acta math. **30**, 335—400 (1906).

FEKETE, M.: [1] Über die Verteilung der Wurzeln bei gewissen algebraischen Gleichungen mit ganzzahligen Koeffizienten. Math. Z. **17**, 228—249 (1923). [2] Über Potenzreihen, deren Koeffizienten fast alle ganzzahlig sind. Math. Ann. **96**, 410—417 (1927).

FRÉCHET, M.: [1] Les fonctions prolongeables. C. r. Acad. Sci. (Paris) **165**, 669—670 (1917).

FREDHOLM, I.: [1] In G. MITTAG-LEFFLER, Sur une transcendante remarquable trouvée par M. FREDHOLM. Acta math. **15**, 279—280 (1891).

Fuchs, W. H. J.: [1] On the closure of $\{e^{-t}\, t^{\alpha_\nu}\}$. Proc. Cambr. Phil. Soc. **42**, 91—105 (1946).

Fukasawa, S.: [1] On an extension of Pólyas ganze ganzwertige Funktionen. Tôh. Math. J. **27**, 41—52 (1926). [2] On an extension of Pólyas ganze ganzwertige Funktionen. Proc. Imp. Acad. **3**, 122—124 (1926). [3] Über ganzwertige ganze Funktionen. Tôh. Math. J. **29**, 131—144 (1928).

Gelfond, A. O.: [1] Sur une théorème de MM. Wigert-Leau. Rec. math. **36**, 99—101 (1929). [2] Sur les propriétés arithmétiques des fonctions entières. Tôh. Math. J. **30**, 280—285 (1929). [3] Sur une théorème de M. G. Pólya. Atti Lincei Rend. **10**, 569—574 (1929). [4] O funkciyah celočislennyh v točkah geometričeskoi progressii. Mat. sb. Moskau **40**, 42—47 (1933). [5] Über Potenzreihen mit ganzen Koeffizienten. Wiss. Ber. Univ. Moskau **1934**, 29—33. [6] Interpolation et unicité des fonctions entières. Rec. math. Moskau **4**, (46), 115—147 (1938).

Gergen, J. J.: [1] On generalized lacunae. Ann. math. (2) **49**, 407—418 (1927). [2] Quelques théorèmes sur les séries de Taylor ayant les lacunes généralisées. C. r. Acad. Sci. (Paris) **184**, 1040, 1043 (1927).

— and D. N. Widder: [1] On Taylor series admitting the circle of convergence as a singular curve. Amer. J. Math. **50**, 139—146 (1928).

Graetzer, H.: [1] Note on power series. J. Lond. Math. Soc. **22**, 90—92 (1947).

Grönwall, H.: [1] Sur les fonctions qui ne satisfont à aucune équation différentielle algébrique. Oefversigt kongl. Vet. Ak.-Förh. Stockholm **55**, 387—395 (1898).

Hadamard, J.: [1] Essai sur l'étude des fonctions données par leur développement de Taylor. J. de Math. pures et appl. (4) **8**, 101—186 (1892). [2] Théorème sur les séries entières. Acta math. **22**, 55—63 (1899). [3] La série de Taylor et son prolongement analytique. Scientia **1901**, Nr. 12. Zweite Aufl. Bd. 1 (1926) zus. mit S. Mandelbrojt. [4] Observation de M. Hadamard sur la note précédente. C. r. Acad. Sci. (Paris) **184**, 581 (1927). [5] Observations sur la note de M. Mandelbrojt. C. r. Acad. Sci. (Paris) **204**, 1458—1459 (1937).

Hardy, G.: [1] On a theorem of Mr. G. Pólya. Proc. Cambr. Phil. Soc. **19**, 60—63 (1919). [2] On two theorems of F. Carlson and S. Wigert. Acta math. **42**, 327—339 (1920).

Hausdorff, F.: [1] Zur Verteilung der fortsetzbaren Potenzreihen. Math. Z. **4**, 98—103 (1919).

Häusler, L.: [1] Über das asymptotische Verhalten der Taylor-Koeffizienten einer gewissen Funktionenklasse. Math. Z. **32**, 115—146 (1920).

Hecke, E.: [1] Über analytische Funktionen und die Verteilung von Zahlen mod 1. Hamb. Abh. **1**, 54—76 (1922).

Hille, E.: [1] Note on Dirichlet series with complex exponents. Ann. Math. (2) **25**, 261—278 (1924).

Hurwitz, A.: [1] Sur un théorème de M. Hadamard. C. r. Acad. Sci. (Paris) **128**, 350—353 (1899).

— u. G. Pólya: [1] Zwei Beweise eines von Herrn Fatou vermuteten Satzes. Acta math. **40**, 179—181 (1917).

Ilieff, L.: [1] Analytisch nicht fortsetzbare Potenzreihen. Univ. de Sofia, fac. phys.-math. **42**, 67—81 (1946). [2] Analytisch nicht fortsetzbare Potenzreihen. C. r. Acad. bulg. Sci. **1**, 25—28 (1948).

Izumi, S.: [1] Über die ganzwertige ganze Funktion. Jap. J. Math. **5**, 5—22 (1928).

Jentzsch, R.: [1] Über Potenzreihen mit endlich vielen verschiedenen Koeffizienten. Math. Ann. **78**, 276—285 (1918).

Jessen, B.: [1] The theory of integration in a space of an infinite number of dimensions. Acta math. **63**, 249—323 (1934).

JUNGEN, R.: [1] Sur les séries de TAYLOR n'ayant que des singularités algebrico-logarithmiques sur leur cercle de convergence. Comm. math. Helvet. 3, 266—301 (1931).

KAKEYA, S.: [1] Notes on the maximum modulus of a function. Tôh. Math. J. 1916, 68—72.

KIERST, S., et E. SZPILRAJN: [1] Sur certaines singularités des fonctions analytiques uniformes. Fund. math. 21, 276—294 (1933).

KLOOSTERMAN, H. D.: [1] Über die Pole auf dem Rande des Konvergenzgebietes gewisser Potenzreihen. Math. Z. 26, 733—743 (1927).

KÖSSLER, M.: [1] Sur les singularités des séries entières. Rend. Acc. Linc. (6) 32, 26—29 (1923). [2] Nouveaux théorèmes sur les singularités des séries entières. Rend. Acc. Linc. (6) 32, 83—85 (1923). [3] Sur les singularités des séries entières. Rend. Acc. Linc. (6) 32, 528—531 (1923). [4] Sur les singularités des séries entières situées sur le cercle de convergence. Bull. Intern. Acad. des Sci. de Bohême (tschech.) 1923.

LANDAU, E.: [1] Note on Mr. HARDYs extension of a theorem of Mr. PÓLYA. Proc. Cambr. Phil. Soc. 20, 14—15 (1920). [2] Darstellung und Begründung einiger neuerer Ergebnisse der Funktionentheorie. Zweite Aufl. Berlin 1929.

LEAU, L.: [1] Recherche des singularités d'une fonction définie par un développement de TAYLOR. J. de Math. pures et appl. (5) 5, 365—425 (1899).

LECH, CHR.: [1] On the coefficients in the power series expansion of a rational function with an application on analytic continuation. Ark. mat. 1951, Nr. 24, 341—346.

LEHNER, J.: [1] Note on power series with integral coefficients. J. Lond. Math. Soc. 25, 279—281 (1950).

LEKKERKERKER, C. G.: [1] On power series with integral coefficients I. Nederl. Akad. Wet. Proc. 52, 740—746 (1949). — Indagationes Math. 11, 270—276 (1949). [2] On power series with integral coefficients II. Nederl. Akad. Wet. Proc. 52, 1164—1174 (1949). — Indagationes Math. 11, 438—448 (1949).

LE ROY, E.: [1] Sur les séries divergentes et les fonctions définies par un développement de TAYLOR. Ann. fac. Sci. Toulouse (2) 2, 317—430 (1900).

LEVINSON, N.: [1] On certain theorems of PÓLYA and BERNSTEIN. Bull. Amer. Math. Soc. 42, 702—706 (1933). [2] On the growth of analytic functions. Trans. Amer. Math. Soc. 43, 240—257 (1938). [3] Gap and density theorems. Amer. Math. Soc. Coll. Publ. 26 (1940).

LINDELÖF, E.: [1] Sur la transformation d'EULER et la détermination des points singuliers d'une fonction définie par son développement de TAYLOR. C. r. Acad. Sci. (Paris) 126, 632—634 (1898). [2] Quelques applications d'une formule sommatoire générale. Acta Soc. Sci. Fenn. 31, Nr. 3 (1902). [3] Sur une formule sommatoire générale. Acta math. 27, 305—311 (1903). [4] Le calcul des résidus. Paris 1905.

LÖSCH, F.: [1] Eine Verallgemeinerung der EULERschen Reihentransformation mit funktionentheoretischen Anwendungen. (Diss.) Math. Z. 30, 725—753 (1929). [2] Neuer Beweis des OSTROWSKISchen Überkonvergenzsatzes. Math. Z. 31, 138—140 (1929). [3] Über nicht fortsetzbare Potenzreihen mit Lücken. Math. Z. 32, 415—421 (1930).

MACINTYRE, J.: [1] LAPLACE transformation and integral functions. Proc. Lond. Math. Soc. (2) 45, 1—20 (1938).

— and R. WILSON: [1] Coefficient density and the distribution of singular points on the circle of convergence. Proc. Lond. Math. Soc. (2) 47, 60—80 (1940). [2] Some converse of FABRYs theorem. J. Lond. Math. Soc. 16, 220—229 (1941). [3] Associated integral functions and singular points of power series. J. Lond. Math. Soc. 22, 298—304 (1947). [4] Operational methods and the coefficients of certain power series. Math. Ann. 127, 243—250 (1954).

MANDELBROJT, S.: [1] Sur les séries de TAYLOR qui ont des lacunes. C. r. Acad. Sci. (Paris) 176, 728—731, 978—980 (1923). [2] Sur les séries de TAYLOR qui présentent des lacunes. Ann. sci. éc. notm. sup. Paris (3) 40, 413—462 (1923). [3] Sur la définition des fonctions analytiques. Acta math. 45, 129—143 (1924). [4] Sur les séries de TAYLOR prolongeables. C. r. Acad. Sci. (Paris) 178, 1873—1875 (1924). [5] Sur les séries de TAYLOR qui ont des lacunes généralisées. Bull. Soc. math. Fr. 53, 235—245 (1925). [6] Quelques théorèmes sur le nombre des points singuliers d'une série de TAYLOR. C. r. Acad. Sci. (Paris) 181, 20—22 (1925). [7] Quelques généralisations des théorèmes sur les séries de TAYLOR qui admettent des lacunes. C. r. Acad. Sci. (Paris) 182, 38—39 (1926). [8] La détermination effective des points singuliers d'une fonction analytique représentée par une série de puissances. C. r. Acad. Sci. (Paris) 182, 437—439 (1926). [9] La recherche des points singuliers d'une fonction analytique représentée par une série de puissances. J. de Math. pures et appl. (9) 5, 197—210 (1926). [10] Sur un complément d'un théorème de M. FATOU. C. r. Acad. Sci. (Paris) 184, 509—510 (1927). [11] Sur une classe particulière de séries entières. C. r. Acad. Sci. (Paris) 184, 1307—1309 (1927). [12] Sur un travail récent des MM. WIDDER and GERGEN. C. r. Acad. Sci. (Paris) 185, 925—926 (1927). [13] Sur les points singuliers d'une série de TAYLOR situés sur le cercle de convergence. J. de Math. pures et appl. (9) 6, 435—439 (1927). [14] Modern researches on the singularities of functions defined by TAYLOR series. Rice Inst. Pamphlet 14, 225—352 (1927). [15] Sur la composition des familles normales. C. r. Acad. Sci. (Paris) 186, 1418—1421 (1928). [16] Remarques sur le théorème de composition des familles normales. C. r. Acad. Sci. (Paris) 186, 1592—1594 (1928). [17] Les singularités des fonctions analytiques représentées par une série de TAYLOR. Mèm. des Sci. math. 54 (1932). [18] Théorèmes sur la convergence des séries de TAYLOR lacunaires. C. r. Acad. Sci. (Paris) 194, 824—827 (1933). [19] Théorème général fournissant l'argument des points singuliers situés sur le cercle de convergence. C. r. Acad. Sci. (Paris) 204, 1456—1458 (1937). [20] Applications d'un théorème sur les arguments des singularités. C. r. Acad. Sci. (Paris) 206, 730—732 (1938). [21] Sur un théorème de M. WHITTAKER. Bull. Soc. math. Fr. 69, Comm. et Conf. 1—2 (1941). [22] Analytic functions and classes of infinitely differentiable functions. Rice Inst. Pamphlet 29, Nr. 1, 1—142 (1942). [23] DIRICHLET series. Rice Inst. Pamphlet 31, 159—272 (1944) [24] Sur une inégalité fondamentale. Ann. éc. norm. sup. Paris (3) 63, 351—378 (1946). [25] Analytic continuation and infinitely differentiable functions. Bull. Amer. Math. Soc. 54, 239—248 (1948). [26] Séries lacunaires. Act. Sci. et ind. Paris 305 (1936).

DE MISÈS, R.: [1] La base géométrique du théorème de M. MANDELBROJT sur les points singuliers d'une fonction analytique. C. r. Acad. Sci. (Paris) 205, 1353—1355 (1937).

MORDELL, L. J.: [1] On power series with the circle of convergence as a line of essential singularities. J. Lond. Math. Soc. 2, 146—148 (1927).

MOTZKIN, TH.: [1] Bemerkung über Singularitäten gewisser mit Lücken behafteter Potenzreihen. Math. Ann. 109, 95—100 (1934).

NARUMI, S.: [1] On a power series having only a finite number of algebraico-logarithmic singularities on its circle of convergence. Tôh. Math. J. 30, 185—201 (1929).

OSTROWSKI, A.: [1] Über DIRICHLETsche Reihen und algebraische Differentialgleichungen. Math. Z. 8, 241—298 (1920). [2] Über vollständige Gebiete gleichmäßiger Konvergenz. Abh. math. Sem. Hamburg 1, 327—350 (1922). [3] Einige Bemerkungen über Singularitäten TAYLORscher und DIRICHLETscher

Reihen. Sitzgsber. preuß. Akad. Wiss. 1923, 39—44. [4] Über die Darstellung analytischer Funktionen durch Potenzreihen. Jber. dtsch. Math. Ver. 32, 286—295 (1924). [5] Bemerkung zu dem Aufsatz „Über die Darstellung analytischer Funktionen durch Potenzreihen". Jber. dtsch. Math. Ver. 34, 183 (1925). [6] On HADAMARDS test for singular points. J. Lond. Math. Soc. 1, 236—239 (1926). [7] On the representation of analytic functions by power series. J. Lond. Math. Soc. 1, 251—263 (1926). [8] Über Singularitäten gewisser mit Lücken behafteter Potenzreihen. Jber. dtsch. Math. Ver. 35, 269—280 (1926). [9] Über das HADAMARDsche Singularitätenkriterium in der Theorie der TAYLORschen und der DIRICHLETschen Reihen. Sitzgsber. Berl. math. Ges. 27, 32—47 (1926). [10] Über einen Satz des Herrn HADAMARD. Jber. dtsch. Math. Ver. 35, 179—182 (1926). [11] On representation of analytic functions by power series. (Addendum.) J. Lond. Math. Soc. 4, 199 (1932). [12] Über einen Satz von LEAU und die analytische Fortsetzung einiger Klassen TAYLORscher und DIRICHLETscher Reihen. Math. Ann. 108, 718—756 (1933). [13] Über die analytische Fortsetzung von TAYLORschen und DIRICHLETschen Reihen. Math. Ann. 129, 1—43 (1955).

PALEY, R. E. A. C., and N. WIENER: [1] FOURIER transform in the complex plane. Amer. Coll. Publ. 19 (1934).

— and A. ZYGMUND: [1] On some series of functions. Proc. Cambr. Phil. Soc. 26, 337—357 (1930).

PELLEGRINO, F.: [1] Una condizione necessaria e sufficiente perchè una serie di potenze abbia sulla circonferenza di convergenza un solo polo multiplo. Pont. Acc. Sci. 6, 115—123 (1949).

PERRON, O.: [1] Über die näherungsweise Berechnung der Funktionen großer Zahlen. Sitzgsber. bayr. Akad. Wiss., Math.-naturwiss. Abt. 1912, 191—200. [2] Über das Verhalten von $f^{(\nu)}(x)$ für $\lim \nu = \infty$, wenn $f(x)$ einer linearen homogenen Differentialgleichung genügt. Sitzgsber. bayr. Akad. Wiss., Math.-naturwiss. Kl. 1913, 355—382. [3] Über das infinitäre Verhalten der Koeffizienten einer gewissen Potenzreihe. Arch. Math. u. Phys. (3) 22, 329—346 (1914). [4] Über das Verhalten einer ausgearteten hypergeometrischen Reihe bei unbegrenztem Wachstum eines Parameters. J. reine u. angew. Math. 151, 63—78 (1920). [5] Über die Lage eines singulären Punktes auf dem Konvergenzkreis. Sitzgsber. bayr. Akad. Wiss., Math.-naturwiss. Kl. 1937, 169—181.

PETERSSON, H.: [1] Über Potenzreihen mit ganzen algebraischen Zahlenkoeffizienten. Abh. math. Sem. Hamburg 8, 315—322 (1931).

PFLUGER, A.: [1] Über das Anwachsen von Funktionen, die in einem Winkelraum regulär und vom Exponentialtypus sind. Compos. math. 4, 367—372 (1937). [2] Besprechung von R. C. BUCK [5]. Reviews 10, 693 (1949).

PHRAGMÉN, E., et E. LINDELÖF: [1] Sur une extension d'un principe classique d'analyse et sur quelques propriétés des fonctions monogènes dans le voisinage d'un point singulier. Acta math. 31, 381—406 (1908).

PINCHERLE, S.: [1] Sulla resoluzione dell'equazione $\Sigma\, h_\nu\, \varphi(x + a_\nu) = f(x)$ a coefficiente costanti. Mem. R. Acc. Sci. Bologna (4) 9, 45—71 (1888); französ. Übers. Acta math. 48, 279—304 (1926).

PIRANIAN, G.: [1] Algebraic-logarithmic singularities and HADAMARD's determinants. Duke Math. J. 11, 147—153 (1944).

PISOT, CH.: [1] La repartition modulo 1 et les nombres algébriques. Ann. Pisa (2) 7, 205—248 (1938). [2] Ein Kriterium für die algebraischen Zahlen. Math. Z. 48, 293—323 (1942). [3] Über ganzwertige ganze Funktionen. Jber. dtsch. Math. Ver. 52, 95—102 (1942). [4] Sur les fonctions analytiques arithmétiques à croissance exponentielle. C. r. Acad. Sci. (Paris) 222, 988—990 (1946). [5] Sur les fonctions arithmétiques et prèsque arithmétiques. C. r. Acad. Sci.

(Paris) **222**, 1027—1028 (1946). [6] Propriétés arithmétiques des coefficients des séries de TAYLOR. C. r. Acad. Sci. (Paris) **224**, 438—440 (1947).

PÓLYA, G.: [1] Über ganzwertige ganze Funktionen. Rend. circ. mat. Palermo **40**, 1—16 (1915). [2] Über Potenzreihen mit ganzzahligen Koeffizienten. Math. Ann. **77**, 497—513 (1916). [3] Über die Potenzreihen, deren Konvergenzkreis natürliche Grenze ist. Acta math. **41**, 99—118 (1918). [4] Über Potenzreihen mit endlich vielen verschiedenen Koeffizienten. Math. Ann. **78**, 286—293 (1918). [5] Über ganze ganzwertige Funktionen. Nachr. Ges. Wiss. Göttingen, Math.-phys. Kl. **1920**, 1—10. [6] Sur les séries entières à coéfficients entiers. Proc. Lond. Math. Soc. (2) **21**, 22—38 (1921). [7] Arithmetische Eigenschaften der Reihenentwicklungen rationaler Funktionen. J. reine u. angew. Math. **151**, 1—31 (1921). [8] Über die kleinsten ganzen Funktionen, deren sämtliche Derivierten im Punkte $z = 0$ ganzzahlig sind. Tôh. Math. J. **19**, 65—68 (1921). [9] Arithmetische Eigenschaften und analytischer Charakter. Jber. dtsch. Math. Ver. **31**, 107—115 (1922). [10] Bemerkungen über unendliche Folgen und ganze Funktionen. Math. Ann. **88**, 169—183 (1923). [11] Analytische Fortsetzung und konvexe Kurven. Math. Ann. **89**, 179—191 (1923). [12] Über die Existenz unendlich vieler singulärer Punkte auf der Konvergenzgeraden gewisser DIRICHLETscher Reihen. Sitzgsber. preuß. Akad. Wiss. **1923**, 45—50. [13] Sur certaines transformations ponctuelles linéaires des fonctions analytiques. Bull. Soc. math. France **52**, 519—532 (1924). [14] Sur l'existence d'une limite considérée par M. HADAMARD. L'enseign. math. **34**, 76—78 (1924/25). [15] Sur une condition à laquelle satisfont les coéfficients des séries entières prolongeables. L'enseign. math. **26**, 313—314 (1926). [16] Eine Verallgemeinerung des FABRYschen Lückensatzes. Nachr. Ges. Wiss. Göttingen, Math.-naturwiss. Kl. **1927**, 187—195. [17] Sur les singularités des séries lacunaires. C. r. Acad. Sci. (Paris) **184**, 502—504 (1927). [18] Sur un théorème de M. HADAMARD relatif à la multiplication des singularités. C. r. Acad. Sci. (Paris) **184**, 579—581 (1927). [19] Sur les fonctions entières à serie lacunaire. C. r. Acad. Sci. (Paris) **184**, 1526—1528 (1927). [20] Sur les coéfficients de la série de TAYLOR. C. r. Acad. Sci. (Paris) **185**, 1107—1108 (1927). [21] Über gewisse notwendige Determinantenkriterien für die Fortsetzbarkeit einer Potenzreihe. Math. Ann. **99**, 687—706 (1928). [22] Untersuchungen über Lücken und Singularitäten von Potenzreihen. Math. Z. **29**, 549—640 (1929). [23] Über Potenzreihen mit ganzen algebraischen Koeffizienten. Abh. Math. Sem. Hamburg **8**, 401—402 (1931). [24] Aufgabe 106: Zwei Potenzreihen derselben analytischen Funktion mit zueinander komplementären Konvergenzbereichen. Jber. dtsch. Math. Ver. **40**, *81* (1931). [25] Untersuchungen über Lücken und Singularitäten von Potenzreihen. Zweite Mitt. Ann. Math. (2) **34**, 731—777 (1933). [26] Sur les séries entières lacunaires non prolongeables. C. r. Acad. Sci. (Paris) **208**, 709—711 (1939). [27] Besprechung von A. SELBERG [1, 2]. Reviews **2**, 356 (1941). [28] On converse gap theorems. Trans. Amer. Math. Soc. **52**, 65—71 (1942). [29] Remarks on power series. Acta Sci. math. Szeged **12**, A 199—203 (1950).

PONTING, W.: [1] The location of singularities on the circle of convergence of gap series. I. Quart. J. Math. (2) **4**, 19—35 (1953).

PRINGSHEIM, A.: [1] Über Funktionen, welche in gewissen Punkten endliche Differentialquotienten jeder endlichen Ordnung, aber keine TAYLORsche Reihenentwicklung besitzen. Math. Ann. **44**, 41—56 (1894). [2] Über einige funktionentheoretische Anwendungen der EULERschen Reihentransformation. Sitzgsber. bayr. Akad. Wiss., Math.-phys. Kl. **1912**, 11—92. [3] Kritisch-historische Bemerkungen zur Funktionentheorie I. (Über den sogenannten VIVANTI-DIENESschen Satz.) Sitzgsber. bayr. Akad. Wiss., Math.-naturwiss.

Abt. **1928**, 343—358. [4] Kritisch-historische Bemerkungen zur Funktionentheorie II (mit Nachtrag). Über ein ziemlich kompliziertes Singularitätskriterium und einen scheinbar sehr elementaren Satz. Sitzgsber. bayr. Akad. Wiss., Math.-naturwiss. Abt. **1929**, 95—124. [5] Kritisch-historische Bemerkungen zur Funktionentheorie III (mit Nachtrag zu I und II). Sitzgsber. bayr. Akad. Wiss., Math.-naturwiss. Abt. **1929**, 295—306.]6] Vorlesungen über Funktionenlehre II, Leipzig 1932.

REY PASTOR, J.: [1] Sobre las singularidas algebraico-logaritmicas de las funciones analiticas. Bol. del sem. mat. Inst. mat. Hisp. Amer. **4**, 41—46 (1934—35).

RIESZ, M.: [1] Über Potenzreihen. Ark. mat., astr. och fys. **11**, Nr. 12, 1—16 (1916).

RIOS, S.: [1] Sobre los conjuntos de las series de TAYLOR prolongables y non prolongables. Publ. del inst. mat. de Rosario **1945**. [2] Sobre la probabilidad de que una serie de TAYLOR admitta prolongacion analitica. Rev. mat. Hisp. Amer. (4) **6**, 174—176 (1946). [3] On the sets of continuable and non continuable TAYLOR series. (Spanisch.) Publ. Inst. math. Univ. nat. Lit. **6**, 237—245 (1946).

RITT, J. F.: [1] On a general class of linear homogenous differential equations of infinite order with constant coefficients. Trans. Amer. Math. Soc. **18**, 27—49 (1917). [2] Note on DIRICHLET series with complex exponents. Ann. math. (2) **26**, 144 (1925).

RYLL-NARDZEWSKI, C., et H. STEINHAUS: [1] Sur les séries de TAYLOR. Studia math. **12**, 159—165 (1951).

SALEM, R.: [1] A remarquable class of algebraic integers. Duke Math. J. **11**, 103—108 (1944). [2] Power series with integral coefficients. Duke Math. J. **12**, 153—172 (1945). [3] Besprechung von CH. PISOT [3]. Reviews **4**, 270 (1945).

SAMET, P. A.: [1] Algebraic integers with two conjugates outside the unit circle. Proc. Cambr. Phil. Soc. **49**, 421—436 (1953). [2] Algebraic integers with two conjugates outside the unit circle II. Proc. Camb. Phil. Soc. **50**, 346 (1954).

SCHNEIDER, TH.: [1] Ein Satz über ganzwertige Funktionen als Prinzip für Transzendenzbeweise. Math. Ann. **121**, 131—140 (1949).

SCHOTTLÄNDER, ST.: [1] Der HADAMARDsche Multiplikationssatz und weitere Kompositionssätze der Funktionentheorie. Math. Nachr. **11**, 239—294 (1954).

SELESNEW, A. I.: [1] Verallgemeinerung eines Theorems von HADAMARD über die TAYLORschen Reihen, die sich nicht über ihren Konvergenzkreis fortsetzen lassen. Math. Sbornik (russ.) **20** (62), 311—316 (1947).

SELBERG, A.: [1] Über ganzwertige ganze transzendente Funktionen. Ark mat. og naturved. **44**, Nr. 4 (1940), [2] Über ganzwertige ganze transzendente Funktionen. II. Ark. mat. og naturved. **44**, Nr. 16 (1940). [3] Über einen Satz von A. GELFOND. Ark. mat. og naturved. **44**, Nr. 15 (1941).

SHAH, S. M.: [1] On the singularities of a class of functions on the unit circle. Bull. Amer. math. Soc. **52**, 1053—1056 (1946).

SHIMIZU, T.: [1] A remark on HADAMARDs theorem about the multiplication of singularities. Proc. Phys. Mat. Soc. Tokyo (3) **10**, 207—212 (1928). [2] On an extension of MANDELBROJTs theorem. Proc. Phys. Mat. Soc. Tokyo (3) **11**, 143—148 (1929).

SIEGEL, C. L.: [1] Algebraic integers whose conjugates lie in the unit circle. Duke Math. J. **11**, 597—602 (1944).

SOULA, J.: [1] Sur la recherche des points singuliers de certaines fonctions définies par leur développement de TAYLOR. J. de Math. pures et appl. (8) **4**, 97—153 (1921). [2] Sur la «séparation» des points singuliers. J. de Math. pures et appl. (9) **1**, 85—93 (1922). [3] Sur les fonctions définies par des séries de DIRICHLET. J. de Math. pures et appl. (9) **4**, 339—353 (1925). [4] Sur la comparaison des deux fonctions $\Sigma\, a_n\, z^n$ et $\Sigma\, z^n/a_n$. C. r. Acad. Sci. (Paris) **185**, 100—101 (1927.)

[5] Sur les points singuliers d'une fonction définie par une série de TAYLOR et sur certaines propriétés des fonctions analytiques. Ann. éc. norm. Paris (3) **44**, 97—151 (1927). [6] Sur les points singuliers des deux fonctions $\Sigma\, a_n z^n$ et $\Sigma\, z^n/a_n$. Bull. Soc. math. France **56**, 36—49 (1928). [7] Comparaison de divers théorèmes sur les séries de TAYLOR. C. r. Acad. Sci. (Paris) **188**, 133—135 (1929). [8] Sur les séries de TAYLOR. Bull. sci. math. (2) **53**, 247—267 (1929).

STEINHAUS, H.: [1] Über die Wahrscheinlichkeit dafür, daß der Konvergenzkreis eine Potenzreihe ihre natürliche Grenze ist. Math. Z. **31**, 408—416 (1929).

STRAUS, E. G.: [1] On entire functions with algebraic derivatives at certain algebraic points. Ann. math. (2) **52**, 188—198 (1950). [2] On the polynomials whose derivatives have integral values at the integers. Proc. Amer. Math. Soc. **2**, 24—27 (1951).

SZÁSZ, O.: [1] Über Singularitäten von Potenzreihen und DIRICHLETschen Reihen am Rande des Konvergenzbereiches. Math. Ann. **85**, 99—110 (1922).

SZEGÖ, G.: [1] Über Potenzreihen mit endlich vielen verschiedenen Koeffizienten. Sitzgsber. preuß. Akad. Wiss., Math.-phys. Kl. **1922**, 88—91. [2] TSCHEBYCHEFsche Polynome und nichtfortsetzbare Potenzreihen. Math. Ann. **87**, 90—111 (1922). [3] Bemerkungen zu einer Arbeit des Herrn M. FEKETE: Über die Verteilung der Wurzeln bei gewissen algebraischen Gleichungen mit ganzzahligen Koeffizienten. Math. Z. **21**, 203—208 (1924). [4] Lösung der Aufgabe 106. Jber. dtsch. Math. Ver. **43**, *13—16* (1934).

TRJITZINSKY, W. J.: [1] On composition of singularities. Trans. Amer. Math. Soc. **32**, 196—215 (1930). [2] A synthesis of the theorems of HADAMARD and HURWITZ on composition of singularities Proc. Nat. Acad. Sci., **17**, 568—570 (1931).

TSCHAKALOFF, L.: [1] Sur les singularités polaires des séries entières, C. r. Acad. bulg. Sci. **1**, 9—12 (1948).

TSUJI, M.: [1] On a power series which has only algebraic singularities on its convergence circle. Jap. J. Math. **3**, 69—85 (1926).

TURÁN, P.: [1] On the gap theorem of FABRY. Hung. Acta math. **1**, 21—29 (1947). [2] Eine neue Methode in der Analysis und deren Anwendungen. Budapest 1953.

VÄISÄLÄ, V.: [1] Verallgemeinerung des Begriffs der DIRICHLETschen Reihen. Acta Unic. Dorpat A I Nr. 2, 1—32 (1921).

VIJAYARAGHAVAN, T.: [1] Some configurations of points on a circle. J. Indian Math. Soc. **17**, 21—29 (1927).

WALFISCH, A. Z.: [1] On a theorem of PÓLYA converse to a theorem of FABRY. Soobsc. Akad. Nauk. Gruzin. SSR **8**, 197—204 (1947).

WHITTAKER, J. M.: [1] Interpolatory function theory. Cambridge 1935. [2] A gap theorem on power series. J. Lond. Math. Soc. **13**, 295—301 (1938).

— and R. WILSON: [1] FABRYs theorem and the isolated essential singularity of finite exponential order. J. Lond. Math. Soc. **14**, 202—208 (1939).

WIDDER, D. N., et J. J. GERGEN: [1] Une généralisation d'un théorème de M. MANDELBROJT. C. r. Akad. Sci. (Paris) **185**, 829—831 (1927).

WIENER, N.: [1] Gap theorems. C. r. cong. internat. math. Oslo **1**, 284—296 (1937). [2] A class of gap theorems. Ann. Scuola norm. Pisa (2) **3**, 367—372 (1934).

WIGERT, S.: [1] Sur les fonctions entières. Oefversigt af K. Vet. Ak. Förh. **57**, 1001—1011 (1900). [2] Sur une certaine classe de séries de puissances. Ark. mat. astr. och fys. **12**, Nr. 7 (1917). [3] Remarque sur une classe de séries de puissances. Tôh. Math. J. **30**, 346—353 (1929).

Wilson, R.: [1] An extension of the Hadamard-Pólya determinantal criteria for uniform functions. Proc. Lond. Math. Soc. (2) 39, 363—371 (1935). [2] A note on a theorem of Szegö. Math. Ann. 114, 540—542 (1937). [3] Functions with dominant singularities of generalized algebraico-logarithmic type. Proc. Lond. Math. Soc. (2) 42, 196—229 (1937). [4] Functions with dominant singularities of the generalized algebraico-logarithmic type II. On the order of the Hadamard product. Proc. Lond. Math. Soc. 43, 417—438 (1937). [5] Functions with dominant polar singularities on the circle of convergence. Proc. Edinburgh Math. Soc. (2) 8, 177—180 (1950). [6] Some extensions of Piranians theorems. Duke Math. J. 18, 643—651 (1951). [7] A note on a theorem of Pólyas. Quart. J. Math. Oxford ser. 3, 145—150 (1952). [8] Some applications of the Hurwitz-Pincherle composition theory. J. Lond. Math. Soc. 28, 484—490 (1953). [9] Directions of stronghest growth of the product of integral functions of finite order and mean type. J. Lond. Math. Soc. 28, 185—193 (1953). [10] On the Hadamard product of two isolated essential points of finite exponential order. J. Lond. Math. Soc. 28, 490—494 (1953).

Wright, E. M.: [1] The coefficients of certain power series. J. Lond. Math. Soc. 7, 256—262 (1932). [2] On the coefficients of power series having exponential singularities. J. Lond. Math. Soc. 8, 71—79 (1933). [3] On the coefficients of power series having exponential singularities II. J. Lond. Math. Soc. 24, 304—309 (1949).

Namenverzeichnis.

Sachverzeichnis.